よくわかる！
気象予報士試験

〈ゼロからはじめて合格できる！〉

浅野祐一　編著

弘文社

はじめに

　本書は，気象に関する知識がほとんどない人がゼロから勉強を始めて気象予報士試験合格に必要な最低限の知識を身につけられるようにまとめたものです。また，気象予報士試験受験経験者の総まとめに使えるようにもまとめられています。気象予報士は，平成6年から始まり試験回数も10回を超えています。気象予報士試験は開始当初基本的な事項を問う問題が多く，ある程度の知識を有していれば（記憶していれば）合格レベルに到達できました。しかし回数を重ねるにつれ問題が難化してきています。問題が難化しているといっても，決して気象の専門家しか分からないような問題が出ているわけではありません。難しくなっているというのは，単に事象を記憶しているだけでは合格レベルに達する正解を得られないということであって，基本的な事項を理解（暗記でなく）していれば十分合格に必要な回答ができるのです。

　気象予報士試験に合格するには単に暗記してもダメだ……とはいいましても，気象の素人が合格するためにはやはり最低限度必要な知識を身につける必要があります。気象予報士試験では気象理論，気象観測，予報技術，法規等のさまざまな分野の知識が必要になります。これまで，気象に関する文献がいろいろと世に出ていますが，気象予報士試験に必要な知識を身につけるためには理論なら理論の，法規なら法規のといったように，いろいろな分野の参考書を取りそろえねばなりませんでした。このため多くの参考書を買うための費用もかかり，また参考書の量が多いので全てを読んで理解するには膨大な時間が必要であり，このように多くの参考書を全て購入して勉強するのはあまり効率的とは言えませんでした。最近になって気象予報士試験に対応した参考書が幾つか出版されていますが，そうした参考書はまだ非常に少ないのが現状です。先に述べましたように，気象予報士試験は，年々難化してきており，現在の気象予報士試験に対応した各種の参考書だけでは合格に必要な最低限の知識を習得するのも難しい状況であります。また，特に実技試験でのポイントをまとめた参考書は極めて少なく，実技試験のコツを習得することは非常に難しいものでした。本書はこれらの問題点を解決するために，気象予報士の出題範囲の知識修得に最低限必要なポイントをまとめ実技試験のコツを簡潔にまとめたものです。

はじめにも述べましたように，気象予報士試験は気象の素人では合格できないような難しい試験ではありません。私は，元々気象の専門家でも，気象に関わる業務に就いているわけでもありませんでした。しかし，私のような気象に関する知識がゼロであった者でも，気象に関心を持ち，気象予報士試験の要点を押さえて勉強すれば気象予報士試験に十分合格できるのです。本書は気象の素人が勉強するということを前提に書かれていますので，あまり高度な内容には触れていません。順序だてて読んでいけば理解できる事柄ばかりです。気象の知識がない人が気象予報士試験に合格するために気象に関して素人の私が，何をどう勉強すればいいかを自分自身の経験からまとめてみたのが本書なのです。ですから，本書の内容には，厳密な点までは論じていないものもあります。しかし，気象現象の概要を大局的に理解できるようにポイントを絞って著したつもりです。

　本書は各項目についてのポイント説明と実際の気象予報士試験に出題された問題を研究して作成した予想問題から構成されています。ポイント説明部分を熟読し，気象予報士試験の予想問題を実際に解くことで，相乗的にその項目についての理解が可能になると共に気象予報士試験の傾向についてもつかめます。分からない分野については何度も繰り返してポイントを読み，問題を解いて理解を深めてください。本書の内容をマスターすれば必ず気象予報士試験合格レベルに達することができると信じています。

　本書が気象予報士を目指す少しでも多くの方々のお役に立てれば幸いです。

著者しるす

目　次

はじめに ……………………………………………………………（3）

序　章　気象予報士試験とは……………………………………（11）
　　　　　気象予報士試験概要　学科試験の内容　実技試験の内容　受験要綱
　　　　　現在出版されている主な参考書　本書の学習法

◎**第1章　気象学の基礎**……………………………………………（21）

　§1　太陽系と地球 ………………………………………………（22）
　　　　惑星の種別　惑星の大気　地球の大気と海洋の起源　電磁波の種類
　　　　可視光線

　§2　大気の鉛直構造 ……………………………………………（27）
　　　　大気の鉛直構造　オゾン層による紫外線の吸収　電離層

　§3　大気の熱力学 ………………………………………………（33）
　　　　理想気体の状態方程式　静力学平衡　相変化　大気中の水分表現
　　　　乾燥断熱減率　湿潤断熱減率　温位と相当温位　種々の温度の関係
　　　　大気の鉛直安定度　乾燥大気の静力学的安定性　温位に見る乾燥大
　　　　気の静力学的安定性　湿潤大気の静力学的安定性　逆転層

　§4　降水過程 ……………………………………………………（46）
　　　　過飽和　エアロゾル　凝結核　拡散過程　併合過程　雲粒や雨滴の
　　　　大きさ　水滴の成長　水滴の落下速度　過冷却水滴　氷晶核　氷粒
　　　　子の成長　冷たい雨　暖かい雨　雲の分類　霧

　§5　大気における放射 …………………………………………（56）
　　　　ステファン・ボルツマンの法則　ウィーンの変位則　透過と反射と
　　　　吸収　黒体　距離と放射エネルギーの関係　太陽定数　アルベド
　　　　放射平衡　温度　太陽と地球からの黒体放射　地球大気による吸収

　　　　　窓領域　温室効果　地球大気の熱収支　散乱

　§6　大気の運動 ……………………………………………………（66）
　　　　　気圧傾度力　コリオリ力　地衡風平衡　傾度風平衡　施衡風平衡
　　　　　摩擦力　温度風　発散と収束　渦度　気象現象のスケールについて

　§7　大規模な大気の運動 …………………………………………（78）
　　　　　緯度別の地球のエネルギー収支　熱の南北輸送　子午面循環　地球
　　　　　上の大気の流れ　水蒸気の南北輸送　渦と平行流の合成　温帯低気
　　　　　圧の発達　順圧大気　傾圧大気　大気中の熱の南北輸送　エネルギ
　　　　　ー変換

　§8　成層圏と中間圏内の大規模運動 ……………………………（88）
　　　　　成層圏の気温分布　成層圏と中間圏の風の分布　成層圏の突然昇温
　　　　　赤道域の準2年周期振動

　§9　中小規模の運動 ………………………………………………（93）
　　　　　風の鉛直シア　気団性雷雨　対流セルの一生　マルチセル型雷雨
　　　　　スーパーセル型雷雨　海陸風　台風の発生条件　台風の鉛直構造
　　　　　台風内の気温分布　台風に伴う上昇流と下降流　台風に伴う大気の
　　　　　流れ

　§10　気候の変動 ……………………………………………………（103）
　　　　　エルニーニョ現象　ラニーニャ現象　テレコネクション　火山噴火
　　　　　の影響　温室効果気体の増加と温暖化　人間活動に伴う硫酸エアロ
　　　　　ゾルの増加　気候変動　ブロッキング　酸性雨　ヒートアイランド
　　　　　現象

◎第2章　気象予測の基礎 ……………………………………………（109）

　§1　地上・高層気象観測 ……………………………………………（110）
　　　　　地上気象観測　海上気象観測　高層気象観測　地上実況気象通報式

§2 レーダー・衛星観測……………………………………………(130)
　　気象レーダー観測　気象レーダー方程式　レーダー反射因子Zと降水強度Rの関係　降水強度推定の誤差要因　レーダー・アメダス解析雨量図　地形エコーの除去　気象ドップラーレーダー　気象衛星観測　赤外画像　可視画像　代表的な衛星気象画像

§3 数値予報……………………………………………………(147)
　　数値予報　数値予報の流れ　客観解析　初期値化　数値予報に用いられる基礎方程式と物理法則の関係　総観規模の擾乱の予測に用いられる式　数値予報の予測の可能性　数値予報に含まれる誤差　地形の影響　パラメタリゼーション　数値予報のプロダクト

§4 総観規模現象………………………………………………(155)
　　高気圧　高気圧に伴う日本付近の天気　里雪と山雪　その他の高気圧の型　低気圧　低気圧に伴う天気　前線

§5 その他気象現象……………………………………………(166)
　　集中豪雨　ジェット気流

§6 天気への翻訳・確率予報…………………………………(170)
　　ガイダンス　ガイダンス作成手法　府県天気予報　地方天気分布予報　地域時系列予報　MOS　カルマンフィルター　ニューラルネット　確率予報とカテゴリー予報　コスト／ロス比　降水確率予報　短時間予報（ナウキャスト）降水短時間予報　週間天気予報　季節予報

§7 予報精度の評価……………………………………………(178)
　　カテゴリー予報の評価　量的予報の評価

◎第3章　関連法規 ……………………………………………(183)
　§1 気象業務法…………………………………………………(184)
　　予報とは　気象，地象，水象　気象予報士　予報業務の許可　警報　気象観測　その他　罰則規定

§2　災害対策基本法……………………………………………(194)
　　　災害対策基本法の概要　警報の伝達等

§3　水防法・消防法……………………………………………(197)
　　　水防法　消防法

◎第4章　実技試験対策 ……………………………………………(199)
　§1　各種天気図のポイント……………………………………(200)
　　　実況解析図　地上実況天気図　高層実況天気図　数値予報モデル資料　各種予想図　その他実況図及び予想図　降水短時間予想出力図

　§2　低気圧の発生と発達………………………………………(218)
　　　日本周辺で発達する低気圧　各種天気図における特徴　低気圧の発生　各種天気図にみる低気圧発生の兆候　雨雪判別

　§3　上昇流の要因………………………………………………(225)
　　　上昇流　上昇流発生要因

　§4　前線………………………………………………………(227)
　　　寒冷前線　温暖前線　各種天気図における特徴　梅雨前線　各種天気図における特徴　梅雨前線に伴う気象現象

　§5　寒冷渦……………………………………………………(232)
　　　寒冷渦　各種天気図における特徴　寒冷渦に伴う気象現象

　§6　エマグラムとSSI…………………………………………(235)
　　　エマグラム　SSI（ショワルター安定指数）　エマグラムからSSIを求める方法

　§7　オホーツク海高気圧………………………………………(237)
　　　オホーツク海高気圧　各種天気図に見る特徴

　§8　地形性降雨…………………………………………………(239)

地形性降雨

§9　寒冷気団低気圧（ポーラーロー）………………………………(241)
　　　寒冷気団低気圧（ポーラーロー）　衛星画像　ポーラーローと各種天
　　　気図の関係　ポーラーローに伴う気象現象

§10　台風 ………………………………………………………………(243)
　　　台風の定義　台風の強さと大きさの分類　台風のエネルギー　台風
　　　の構造　台風の進路　衛星画像　台風の温帯低気圧化　予報円と暴
　　　風警戒域　台風の進路予想図　台風に伴う気象災害

§11　冬の日本海側に見られる筋状雲 …………………………………(250)
　　　筋状雲　帯状対流雲　衛生画像　収束雲に伴う気象現象

§12　気象災害 …………………………………………………………(253)
　　　発達した積乱雲に伴う現象　大雨　短時間強雨　強風　波浪　大雪
　　　着氷，着雪　霧　台風に伴う現象　フェーン現象に伴う現象　低温，
　　　日照不足　なだれ　融雪洪水

§13　模擬問題 …………………………………………………………(256)

序章

気象予報士試験とは

気象予報士試験概要

気象予報士試験受験者と合格者の推移について

- 気象予報士試験は平成6年度より2回/年（平成6年度のみ3回実施）の実施がされているが，受験者数は大局的にみて増加傾向にある。
- また，合格率が急激に減少してきているのは，試験開始当初は気象関連の業務に関わっている受験者が全受験者数に対して相対的に多かったことと，近年の気象予報士試験の問題が難化してきていることが要因になっていると考えられる。

回数	試験年月	受験者数 応募総数	受験者数 当日受験	合格者数	合格率
第1回	1994年8月	3,103	2,777	500	18.0%
第2回	1994年12月	2,956	2,705	313	11.6%
第3回	1995年3月	3,012	2,771	277	10.0%
第4回	1995年8月	3,627	3,257	336	10.3%
第5回	1996年1月	2,753	2,461	204	8.3%
第6回	1996年8月	3,477	3,083	163	5.3%
第7回	1997年1月	2,924	2,587	206	8.0%
第8回	1997年8月	3,661	3,281	165	5.0%
第9回	1998年1月	3,484	3,037	162	5.3%
第10回	1998年8月	4,217	3,705	156	4.2%
第11回	1999年1月	4,172	3,592	160	4.5%
第12回	1999年8月	4,477	3,981	161	4.0%
第13回	2000年1月	4,344	3,803	195	5.1%
第14回	2000年8月	4,843	4,337	198	4.6%
第15回	2001年1月	4,286	3,671	234	6.4%
第16回	2001年8月	4,626	4,147	233	5.6%
第17回	2002年1月	4,508	3,962	211	5.3%
第18回	2002年8月	4,398	3,898	272	7.0%
第19回	2003年1月	4,740	4,091	242	5.9%
第20回	2003年8月	5,349	4,800	357	7.4%

実施回別の気象予報士試験の受験者と合格者の状況

気象予報士試験の内容について

気象予報士試験は学科試験（マークシート）2科目（一般知識，専門知識）と実技試験（記述式）2科目（実技試験1，実技試験2）からなる。各科目の詳細について以下に述べる。

学科試験の内容

学科試験は一般知識と専門知識の2科目からなり，それぞれ15問の五者択一式の問題からなっている。合格ラインはそれぞれ80％（11問正解/15問）前後。

1 予報業務に関する一般知識	2 予報業務に関する専門知識
イ．大気の構造 ロ．大気の熱力学 ハ．降水過程 ニ．大気における放射 ホ．大気の力学 ヘ．気象現象 ト．気候の変動　　　　　　　10〜11問 チ．気象業務法その他の気象業務 　　に関する法規　4〜5問	イ．観測の成果の利用 ロ．数値予報 ハ．短期用法・中期予報 ニ．長期予報 ホ．局地予報　　　　　15問 ヘ．短時間予報 ト．気象災害 チ．予想の精度の評価 リ．気象の予想の応用

学科試験の出題項目

次頁に示すのは気象予報士試験学科試験の項目別出題数一覧である。年度によって若干の変化があるが，概ね次頁に記載した比率で問題が出題されている。問題のレベルは基本的なものであるが，近年は現象の本質的な理解ができているかどうかを問う問題が増えてきており，単純に暗記しているだけでは合格レベルに達するのは難しくなっている。

一般知識	
・大気の構造	1～2問
・大気の熱力学	1問
・降水過程	1問
・大気における放射	1～2問
・大気の力学	1～2問
・気象現象	2～3問
・気候の変動	1問
・気象業務法他法規	4～5問

専門知識	
・観測成果の利用	4問
・数値予報	2～3問
・総観規模気象現象	3～4問
・局地予報	1～2問
・短時間予報	1問
・気象災害	1問
・気象の予報の応用	2問

実技試験の内容

　気象予報士実技試験は，実技1と実技2の2科目からなる。財団法人気象業務支援センターの気象予報士試験案内には下記の3項目が実技試験の内容として挙げられている。実技1と実技2については現在明確な違いは少なくなっているが，概ね実技1では「気象概況及びその変動の把握」を実技2では「局地的な気象の予測」をメインにしている。

・気象概況及びその変動の把握
・局地的な気象の予想
・台風など緊急時における対応

　これだけでは実際の試験の内容がよく分からないが，実際の実技試験は各種の天気図や資料などを見て気象概況を考察させたり，今後の現象の予測やその要因を分析させる問題が多く出題されている。台風などの気象災害に結びつくような現象については，その予測や対応について答えさせる問題も頻出である。また実技試験では字数制限をして回答させる問題（例：～について100字以内で述べよ）と空所補充式の問題から構成されている。後者では基本的な項目を理解していれば比較的点数を取りやすい問題が多いが，前者は短時間に簡潔な文章で回答をまとめねばならず，現象や要因について文章で表現する練習が必要である。また簡単な計算問題も出題されるが，これは学科の一般知識に出てくる内容を理解していれば十分対応でき，むしろ実技試験では点数を稼ぎやすい問題といえる。実技試験の合格レベルは約70％と考えられている。

受験要綱

- **試験実施日**

  気象予報士試験は年2回（例年1月末と8月末の日曜日）

- **受験申請書の受付**

  受験申請書の受付は，1月の試験であれば11月中旬～12月初旬，8月の試験であれば6月初旬から7月中旬〈詳細日程は毎年変更されるので確認が必要〉に実施される。

- **合格発表日**

  1月の試験では3月上旬，8月の試験では10月上旬に発表される。

- **受験資格**

  受験資格に特に制限はない。

- **受験料**

  ¥12,000（平成15年度実績）

- **試験地**

  札幌，仙台，東京，大阪，福岡，那覇の各都市

- **試験時間割**

試験時間	試験科目	試験方法
9:45～10:45	学科試験（一般知識）	多肢選択式
11:05～12:05	学科試験（専門試験）	多肢選択式
12:05～13:10	休　　憩	
13:10～14:25	実技試験1	記　述　式
14:45～16:00	実技試験2	記　述　式

- **試験科目の一部免除**

  学科試験（一般知識・専門試験）については，試験合格後1年以内に実施される気象予報士試験においてその合格科目の試験を免除される。また，気象業務に関する一定の業務経歴等を有する場合は学科試験の一部又は全部を免除される。

- **受験申請所等の請求，送付先**

  受験要綱については毎年発行されるので，必ず後記の（財）気象業務支援センターに問合せること。後記宛先に所定の定額小為替，返信用封筒などを送付すると気象予報士試験案内を入手できる。この中に気象予報士試験申請

書などの必要書類も含まれる。詳細については後記の（財）気象業務支援センターに問合せて確認する必要がある。

```
〒101-0054
東京都千代田区神田錦町3丁目17番地　東ネンビル
　　財団法人　気象業務支援センター　試験部
　　Tel　03-5281-3664（試験部）
　〈受付時間〉　月～金曜日（祭日は除く）10:00～16:00
```

・インターネットによる案内

　気象予報士試験の情報は，インターネット上でも得ることができる。受験案内等の基本的な事項については，（財）気象業務支援センターのホームページに常に最新の情報が掲載されている。

（財）気象業務支援センターホームページアドレス
http://www.jmbsc.or.jp

　上記の（財）気象業務支援センターのホームページにおいては，気象予報士や予報士試験に関するさまざまな情報を掲載しているので，こうした情報を上手に活用するとよい。

・試験場に持ち込み可能なものについて

　試験では，以下の物の持ち込みができる。

筆記用具（HBの鉛筆又はHB又はBのシャープペンシル，消しゴム），色鉛筆，マーカーペン，定規，デバイダー，ルーペ，時計（但し計算機能付きを除く）

※気象予報試験では，短時間で様々な天気図を読み取る必要があるが，試験問題の天気図には小さな文字が多く記述されているため，数字などが非常に読み取りにくいことがあり，値を読み間違うことが考えられる。上記の通り気象予報士試験ではルーペ（虫眼鏡）の持ち込みが許可されているので，念のためにこれを持ち込むようにしたほうがよい。

・気象予報士の登録について

　気象予報士となるためには試験合格後に気象予報士の登録を行う必要がある。登録に必要な書類については，試験合格時に合格通知と共に送付される。

・試験解答例の請求について

　気象予報士試験では受験した気象予報士試験の解答を請求することができる。詳細は（財）気象業務支援センターの気象予報士試験案内書を参照のこと。

現在出版されている主な参考書

- 一般気象学　小倉義光著　東京大学出版会

　　気象予報士を目指す者のバイブルと呼ばれている良書。学科試験一般知識の内，気象学に対応している。高校の数学や物理の知識は必要な部分があるが，本書の内容を理解できれば一般知識の気象学の分野は十分合格レベルに達する。

- 最新　天気予報の技術　天気予報技術研究会編　東京堂出版

　　気象学の一般知識から気象観測や数値予報などの専門知識の項目まで満偏なく記載されている。一部記述内容が大学数学レベルで書かれており，やや難易度が高い部分もあるが，学科試験の内容が一冊で網羅されている。

- 新・天気予報の手引き　安斎政雄著　（財）日本気象協会

　　国際気象通報式などを詳細に勉強できる。また，日本付近の高気圧や低気圧等の気象現象や，前線の構造など基本的な気象現象を素人にもわかりやすく解説している。学科試験の内特に専門知識の気象観測や総観気象の内容を勉強できる。

- 「ひまわり」で見る四季の気象　気象衛星センター監修（財）日本気象協会

　　専門知識の気象衛星画像の見方を学べる。また，気象衛星の画像は実技でも出題されるので実技対策にもなる。

- 気象ハンドブック　NHK出版会

　　気象観測や気象現象をまとめた本。様々な気象現象や用語を詳細に解説しており，内容は充実しているが，気象予報士の試験だけを考えると必ずしも都合よく編集されていないのが難点。

- 改正　気象業務法　（財）気象業務支援センター

　　気象業務法の本。お金に余裕のある人向けである。

- 気象予報士試験　（財）気象業務支援センター

　　気象予報士試験の過去問題集。解説も非常に丁寧に書かれているので気象予報士受験を目指す方は必修すべきものである。試験の模擬体験にもなる。

- 気象FAXの利用法（財）日本気象協会
- 気象FAXの利用法 Part II　（財）日本気象協会

　　どちらの本も実技試験に非常に役に立つ参考書である。各種天気図から日本付近で起こる気象現象について簡潔・適確にまとめられており，特に実技試験の内，説明記述形式問題の文章作成の参考になる。本書の内容を十分理解できれば実技試験の合格レベルに達することができる。

本書の学習法

　本書は気象予報士試験の出題範囲を全て網羅している。始めて勉強される方は第1章から順番に学習するとよい。各章は項目毎にセクション（§）に分割されており，それぞれのセクションには，習得すべき key point がはじめに記載されている。学習する際には，この key point に注目すると効率が上がる。第1～3章の各セクションの終わりには気象予報士試験の予想問題がある。各セクションの学習が一通り終わったらこの予想問題で習得度の確認を行うと効果的である。また，第4章の章末には実技試験予想問題がある。よく分からなかったり，できなかった項目については繰り返し学習すること。

　本書は，始めて学習される方だけでなくこれまで気象予報士試験の学習をされてきた方も十分活用できる。こうした方は主に予想問題を中心に行い，できなかった項目について集中的に学習すると効果的である。また各セクションともポイントを絞って簡潔に記述されているのでこれまでの学習の仕上げとしての復習にも適している。

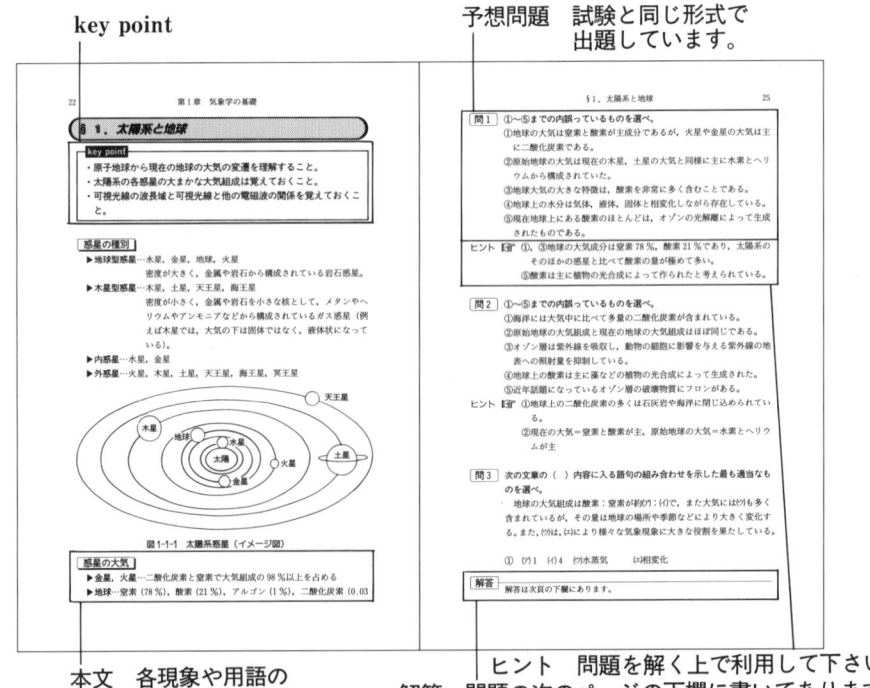

(添付資料1：本書に関連する数式や単位などについて)

＜数学記号・法則等＞

・比例記号：∝　（例 a は b に比例するとき $a \propto b$ と書く）
・マイナスのべき乗　$x^{-n} = 1/x^n$
・n 乗根　$\sqrt[n]{x} = x^{\frac{1}{n}}$
・三角関数　$\sin\theta = \dfrac{b}{a}$　$\cos\theta = \dfrac{c}{a}$　$\tan\theta = \dfrac{b}{c}$

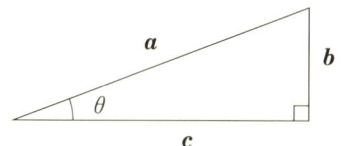

・球の表面積・体積　（球の半径を r とする）
　　表面積：$S = 4\pi r^2$
　　体積：$V = \left(\dfrac{4}{3}\right)\pi r^3$
・2次方程式の解の公式
　　$ax^2 + bx + c = 0$　　$(a \neq 0)$ の解は，$x = \dfrac{-b \pm \sqrt{b^2 - 4ac}}{2a}$

＜物理定数・単位＞

・重力加速度：$g = 9.8\,\text{m/s}^2$
・空気の気体定数：$R^* = 287\,\text{J/Kkg}$
・μ（マイクロ）$= 10^{-6}$
・h（ヘクト）$= 10^2$
・速さの単位：$1\,(\text{km/h}) = \dfrac{1000}{3600}(\text{m/s}) = 0.28\,\text{m/s}$
・速さの単位：kt(ノット)　1 kt ≒ 0.5 m/s
・温度の単位：0℃ = 273 K　（K は絶対温度といいケルビンと読む）
・密度の単位：$1\,\text{kg/m}^3 = \dfrac{1000}{1000000}(\text{g/cm}^3) = 10^{-3}(\text{g/cm}^3)$
・力の単位：N(ニュートン)　$1\,\text{N} = 1\,\text{kgm/s}^2$

- **仕事の単位**：J(ジュール) $1\,\mathrm{J} = 1\,\mathrm{Nm} = 1\,\mathrm{kgm^2/s^2}$
- **圧力の単位**：$1\,\mathrm{hPa}$(ヘクトパスカル)$=100\,\mathrm{Pa}$(パスカル)$=100\,\mathrm{Nm^{-2}}=100\,\mathrm{kg/ms^2}$
- **運動方程式**：(力 $F(\mathrm{N})$)＝(質量 $m(\mathrm{kg})$)×(加速度 $a(\mathrm{m/s^2})$)　$F=ma$
- **仕事**：(仕事 $W(\mathrm{J})$)＝(力 $F(\mathrm{N})$)×(力の方向に動いた距離$s(\mathrm{m})$)　$W=Fs$
- **圧力**：単位面積当たりにかかる力(圧力 $P(\mathrm{Pa})$)＝(力 $F(\mathrm{N})$)÷(面積 $S(\mathrm{m^2})$)

第1章

気象学の基礎

§1. 太陽系と地球

key point
- 原子地球から現在の地球の大気の変遷を理解すること。
- 太陽系の各惑星の大まかな大気組成は覚えておくこと。
- 可視光線の波長域と可視光線と他の電磁波の関係を覚えておくこと。

惑星の種別

▶ **地球型惑星**…水星，金星，地球，火星
　　　　　　　密度が大きく，金属や岩石から構成されている岩石惑星。
▶ **木星型惑星**…木星，土星，天王星，海王星
　　　　　　　密度が小さく，金属や岩石を小さな核として，メタンやヘリウムやアンモニアなどから構成されているガス惑星（例えば木星では，大気の下は固体ではなく，液体状になっている）。
▶ **内惑星**…水星，金星
▶ **外惑星**…火星，木星，土星，天王星，海王星，冥王星

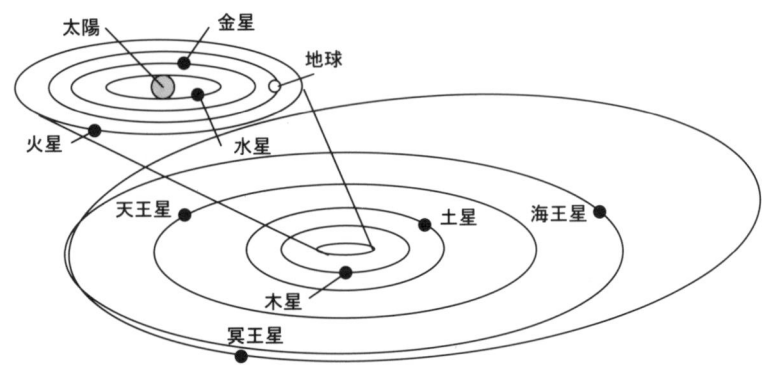

図1-1-1　太陽系惑星（イメージ図）

惑星の大気

▶ **金星，火星**…二酸化炭素と窒素で大気組成の98％以上を占める
▶ **地球**…窒素（78％），酸素（21％），アルゴン（1％），二酸化炭素（0.03

%)
▶木星，土星…水素，ヘリウム

地球の大気と海洋の起源

▶原始地球…水素やヘリウムの大気に覆われていた。
↓
太陽風の影響を受け水素やヘリウムの大気が地球から放散した。
↓
火山などにより地球内部から様々なガスが放出された。このガス中の水蒸気によって雲ができ，雨が降り海洋が発生。
↓
塩酸ガス（HCl）や二酸化硫黄（SO_2）などが海洋に溶け，海洋は酸性化した（＝塩酸（HCl）や硫酸（H_2SO_4）の海）。
↓
海洋にあまり溶けなかった二酸化炭素と窒素を主成分とする大気が構成された。（現在の金星，火星と類似）
↓
塩酸などの溶けた酸性の海水は，地殻の岩石と反応し中和された。海洋には二酸化炭素（CO_2）が溶けた。
↓
海洋に溶けた二酸化炭素（CO_2）はカルシウム（Ca）と反応し，石灰岩（$CaCO_3$）になった（地球上の二酸化炭素はこうしてできた石灰岩や海洋に閉じ込められている）。
↓
藻の光合成により酸素量が増加した。
↓
現在の地球の大気構成になった。

▶今の地球…窒素，酸素を主とする大気構成
　　酸素の生成は以下の2つの理由による。
　　①水蒸気の光解離作用（これによって生成される酸素量は少ない）。
$$H_2O \longrightarrow 2H+O \quad \text{＜紫外線により水分子が解離＞}$$
$$O+O \longrightarrow O_2$$

②海洋に発生した藍藻類による光合成によって発生（これが主要因）。
※光合成…水と二酸化炭素と光から酸素と糖類を生成する反応

$$H_2O + CO_2 \longrightarrow \{CH_2O\} + O_2$$

電磁波の種類

電磁波は，図1-1-2のように分類される。

波長 $0.39 \sim 0.74 \mu m$ の人間の目で見える電磁波を可視光線という。また，可視光線より波長の長いものを赤外線，短いものを紫外線という。過度に紫外線を浴びると細胞を傷つけ，人体に悪影響を及ぼす。地球では，オゾン層などの働きにより地表に到達する紫外線は極めて限られた量になっている。

X線は紫外線よりもさらに波長の短いものである。

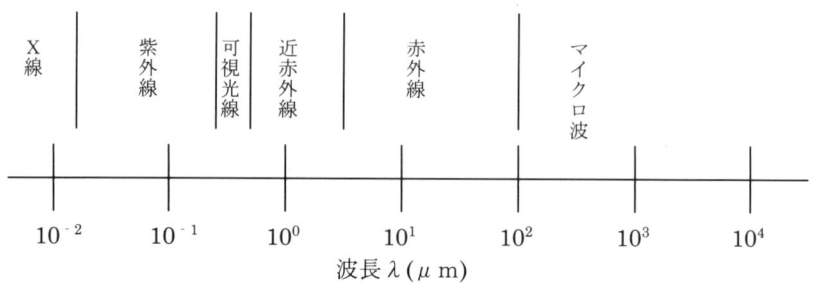

図1-1-2　電磁波の波長別名称

可視光線

可視光線は，その波長ごとに下図のような色の分布をしている。

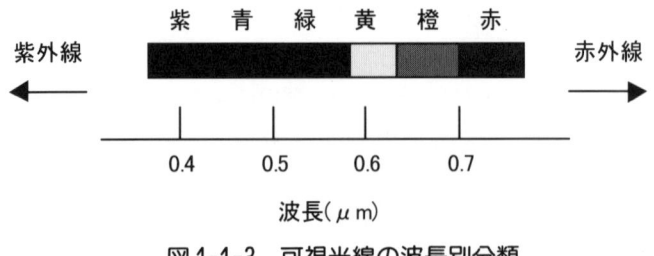

図1-1-3　可視光線の波長別分類

§1. 太陽系と地球

問1　①～⑤までの内誤っているものを選べ。
　①地球の大気は窒素と酸素が主成分であるが，火星や金星の大気は主に二酸化炭素である。
　②原始地球の大気は現在の木星，土星の大気と同様に主に水素とヘリウムから構成されていた。
　③地球大気の大きな特徴は，酸素を非常に多く含むことである。
　④地球上の水分は気体，液体，固体と相変化しながら存在している。
　⑤現在地球上にある酸素のほとんどは，オゾンの光解離によって生成されたものである。

ヒント　①，③地球の大気成分は窒素78％，酸素21％であり，太陽系のそのほかの惑星と比べて酸素の量が極めて多い。
　　　　⑤酸素は主に植物の光合成によって作られたと考えられている。

問2　①～⑤までの内誤っているものを選べ。
　①海洋には大気中に比べて多量の二酸化炭素が含まれている。
　②原始地球の大気組成と現在の地球の大気組成はほぼ同じである。
　③オゾン層は紫外線を吸収し，動物の細胞に影響を与える紫外線の地表への照射量を抑制している。
　④地球上の酸素は主に藻などの植物の光合成によって生成された。
　⑤近年話題になっているオゾン層の破壊物質にフロンがある。

ヒント　①地球上の二酸化炭素の多くは石灰岩や海洋に閉じ込められている。
　　　　②現在の大気＝窒素と酸素が主，原始地球の大気＝水素とヘリウムが主

問3　次の文章の（　）内容に入る語句の組み合わせを示した最も適当なものを選べ。
　地球の大気組成は酸素：窒素が約(ア)：(イ)で，また大気には(ウ)も多く含まれているが，その量は地球の場所や季節などにより大きく変化する。また，(ウ)は，(エ)により様々な気象現象に大きな役割を果たしている。

　① (ア)1　(イ)4　(ウ)水蒸気　　(エ)相変化

解答　解答は次頁の下欄にあります。

② (ア)1　(イ)4　(ウ)二酸化炭素　(エ)光解離
③ (ア)4　(イ)1　(ウ)二酸化炭素　(エ)光解離
④ (ア)4　(イ)1　(ウ)水蒸気　　　(エ)相変化
⑤ (ア)4　(イ)1　(ウ)二酸化炭素　(エ)光解離

ヒント (ア),(イ)地球の大気組成は窒素：酸素＝4：1である。
(エ)水蒸気は相変化により大気の諸現象に様々な影響を与えている。

解答　問1 ⑤　問2 ②　問3 ①

§2. 大気の鉛直構造

> **key point**
> ・大気の鉛直構造と各大気圏の特徴を覚えておくこと。
> ・オゾンの紫外線吸収のメカニズムを理解すること。

大気の鉛直構造

▶対流圏

地上から約11 km（一定ではない）までの層。高度が1 km増すごとに約6.5℃気温が減少する。

気温の鉛直分布は，太陽放射と地球放射の放射平衡と大気の対流とによって説明できる。

▶対流圏界面

対流圏と成層圏の境目。

▶成層圏

対流圏界面より上では高度20 km位まで気温が一定の層がある。それより上空の高度50 kmくらいまでは高度とともに気温が上昇する。この対流圏界面～50 kmくらいまでの層を成層圏という。

気温の鉛直分布は，オゾンの紫外線吸収（加熱）と長波放射（冷却）のバランスで近似的に表現できる。

▶成層圏界面

成層圏と中間圏の境目。

▶中間圏

高度約50 kmから高度約80 kmまでの層。大局的には高度とともに気温は減少する。

気温の鉛直分布は，主に長波放射（冷却効果）が影響している。

▶中間圏界面

中間圏と熱圏の境目。

▶熱　圏

高度80 km以上の層。大局的に見て高度とともに気温は上昇。

気温の鉛直分布は，主に気体分子による紫外線の吸収（加熱効果）が影響している。

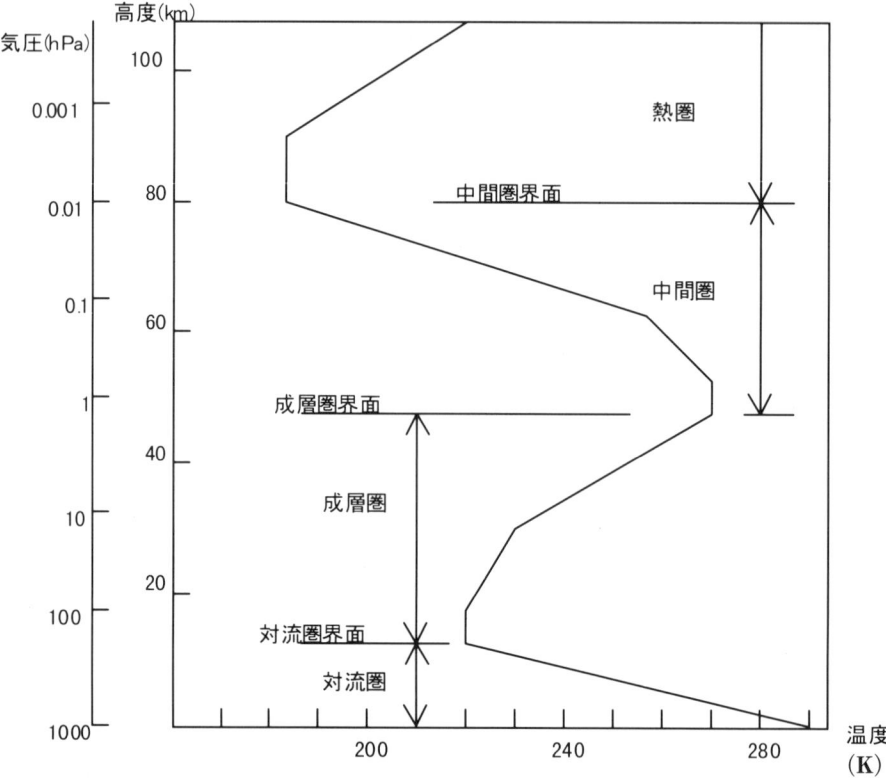

図 1-2-1　温度の高度分布

オゾン層による紫外線の吸収

　オゾン密度の極大域は高度 25 km 付近にある。

　酸素分子は，波長 $0.1 \sim 0.2\,\mu m$ の紫外線によって酸素原子に分解される。しかし，高度が下がると共に波長 $0.1 \sim 0.2\,\mu m$ の紫外線は吸収されて減少するので，酸素分子と酸素原子が同じ位の割合で存在するようになる。この酸素原子と酸素分子と第 3 の分子が衝突（三体衝突）することによってオゾンが生成される。しかし，オゾンは波長 $0.2 \sim 0.3\,\mu m$ の紫外線によって再び酸素分子と酸素原子に分解され，このときできる酸素原子とオゾンが反応し安定な酸素分子を生成している。大気では，このオゾンの生成と消滅が平衡している。

　O_2 ＋紫外線（波長 $0.1 \sim 0.2\,\mu m$）

→O+O ＜酸素分子の紫外線による光解離＞
O+O₂+M→O₃ ＜三体衝突によるオゾンの生成＞
　　　　　（Mは第3の分子）
O₃＋紫外線(波長 0.2〜0.3 μm)→O+O₂ ＜オゾンの光解離＞
O₃+O→2O₂＜オゾンと酸素原子が反応し，安定な酸素分子になる＞

成層圏の温度の極大は，オゾン密度の極大域（高度25km付近）よりも上空（高度50km付近）に存在することに注意。

オゾンは，主に低緯度地域で作られ，高緯度地域に運搬される。

　この運搬のプロセスにより，高緯度地域では夏よりも春のほうが，オゾン密度が大きい。

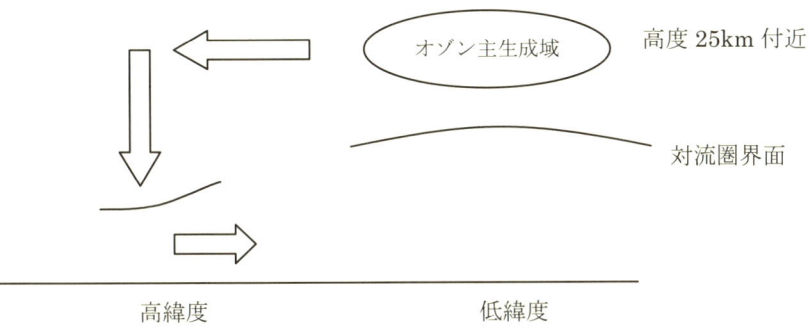

図1-2-2　オゾン運搬の仕組み

電離層

　高度100km位から上にある電子の多い層。紫外線により気体分子が電離されて生成。電離層は，複数の電子密度極大層からなる。この電子密度極大層は下層から順にD層，E層，F層からなり，F層はさらにF₁層とF₂層から構成されている。この電離層は電波を反射したり，吸収したりする。夜間，海外などのラジオ放送などの電波が日本に届くのは，夜間は太陽光がないために，電離層のD層がほとんど消滅し，他の層でも電子密度が小さくなるために電波が減衰されにくくなるためである。

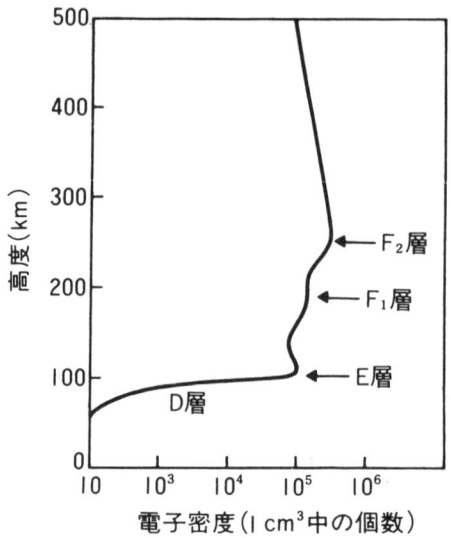

図1-2-3 電子数密度の高度分布（小倉義光：一般気象学　東京大学出版会）

プラスα　オゾン層の破壊について

　冷媒やスプレーの噴射材として使用されていたフロンガスが成層圏まで達すると，紫外線と反応して塩素原子が生成する。この塩素原子が触媒となり，オゾンを次々と破壊する。このため，極地方ではオゾン濃度の薄い領域（オゾンホール）ができる。

§2. 大気の鉛直構造

問1　①〜⑤までの内で，誤っているものを選べ。
　①大局的にみると対流圏では高度が上がると共に気温が下がり，成層圏では高度が上がると共に気温が上がっている。
　②成層圏の気温の高度分布は，主としてオゾンの紫外線吸収と長波放射の冷却効果が平衡して決定される。
　③高度約 80 km 以上では紫外線などによって電離された自由電子やイオンが存在する電離層が存在する。
　④大気はその温度分布の違いから下層より成層圏，対流圏，中間圏，熱圏の順に分布している。
　⑤成層圏と対流圏の間は逆転層があり，活発な対流活動は起こらない。

ヒント　☞　①成層圏では対流圏界面付近において高度によらず温度が一定の範囲があるが，それより上空においては高度と共に気温が上昇する。
　　　　　　④下層から対流圏，成層圏，中間圏，熱圏の順である。
　　　　　　⑤成層圏と対流圏の間は逆転層（第1章§3参照）となっており，活発な対流活動が起こらない。

問2　①〜⑤までの内で，誤っているものを選べ。
　①対流圏では平均的に 1 km 上昇する毎に約 6.5 ℃気温が下がる。
　②対流圏界面の高度は場所や時間によって変動する。
　③成層圏では対流が起こらないために分子量の大きい気体分子ほど下層に分布している。
　④中間圏では大局的にみて高度が上がると共に気温が下降する。
　⑤電離層の内 D 層は，夜間になると消滅する。

ヒント　☞　③地球の大気組成は高度 80 km 程度までほぼ一定である。
　　　　　　⑤夜間は太陽光の照射がなくなり電離層は減衰し，D 層については消滅する。

問3　①〜⑤までの内で，誤っているものを選べ。
　①対流圏の気温の高度分布は，太陽放射と地球放射の平衡と大気の対

解答　解答は次頁の下欄にあります。

流の関係によって説明できる。
②成層圏で最も気温が高いのは，オゾン密度が極大な高度 25 km 付近である。
③中間圏の気温の高度分布は，長波放射（冷却）の効果が影響する。
④熱圏の気温の高度分布は，気体分子による紫外線吸収（加熱）の効果に依存する。
⑤成層圏の気温の高度分布は，主としてオゾンの紫外線吸収（加熱）と長波放射（冷却）が平衡して決定される。

ヒント　☞　②紫外線が上層のオゾンにまず吸収され次第に弱まって下層に達するため，成層圏の気温が最大になるのはオゾン密度が最も大きい 25 km 付近よりも上空になる。

解答　問1 ④　問2 ③　問3 ②

§3. 大気の熱力学

> **key point**
> - 大気の熱力学は，気象現象の説明に不可欠な分野である。本節の内容は理解できるまで何度も繰り返し読み，問題も繰り返し解くこと。
> - 気体の状態方程式と静水圧平衡は，大気力学の基本なので十分理解すること。
> - 水の相変化に伴う熱の出入りは十分理解しておくこと。特に水蒸気が凝結するときの凝結熱と水が気化するときの気化熱は非常に重要である。
> - 混合比と湿数はその求め方を覚えておくこと。
> - 乾燥大気と湿潤大気の気温減率は水蒸気の影響で異なっていることを理解すること。
> - 温位や相当温位の意味を理解し，気温との違いをつかむこと。
> - 大気の安定，不安定を理解し，エマグラム（気温と気圧の関係を示した鉛直断面図）から読み取れるようにしておくこと。
> - 逆転層の種別とエマグラムでの特徴をつかんでおくこと。

理想気体の状態方程式（単位質量の大気に対する）

$pV = R^*T$　　p：気圧　V：気体の体積
　　　　　　　T：気体の温度　R^*：気体定数

（気体定数 R^* は乾燥標準大気では $287\ \mathrm{JK^{-1}kg^{-1}}$ で一定）

　例：体積一定のもとで，温度を下げると気圧は減少
　　　体積一定のもとで，温度を上げると気圧は増加

※高校の化学で気体の状態方程式を学んだ方ならばこのように説明するほうが分かり易いかもしれない。

状態方程式…$pV = nRT$
　　（p：気圧　V：体積　n：気体のモル数　R：気体定数　T：温度）
　　　　　　　$n = w/M$（w：質量　M：分子量）
　　　　　　　$\rho = w/V$（ρ：密度）

$$p = \frac{1}{V} \times \frac{w}{M} \times RT$$
$$= \frac{w}{V} \times \frac{R}{M} \times T = \rho R^* T \quad \left(R^* = \frac{R}{M}\right)$$

(状態方程式は気圧と密度と気温の関係式でも表現できる)

ここで,単位質量($w=1$)の気体を考えると,

$$p = \frac{1}{V} \times R^* T$$

となり,

$$pV = R^* T$$

の関係が成立する。

静力学平衡(静水圧平衡)

図1-3-1のモデルの気塊にはたらく力の関係は,次式に表現できる。

$$\Delta p = -\rho g \Delta z$$

ρ:気体密度　g:重力加速度　Δp:気圧変化量　Δz:高低差

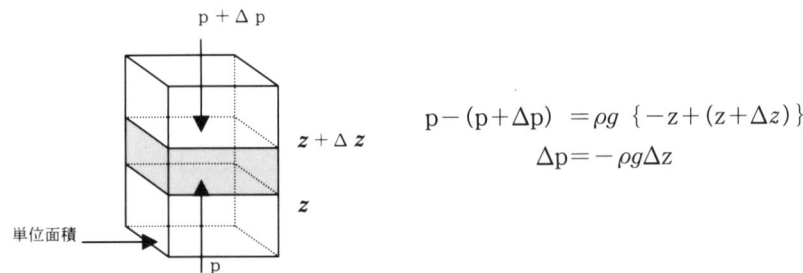

$$p - (p + \Delta p) = \rho g \{-z + (z + \Delta z)\}$$
$$\Delta p = -\rho g \Delta z$$

図1-3-1　静力学平衡の説明モデル

相変化

水は,その温度によって固体(氷),液体,気体(水蒸気)の3体に変化する。この変化のことを相変化という。相変化に際しては,熱(Q)の出入りがある。

　　例　　H_2O(液体) ＝ H_2O(固体) ＋Q(固化熱)　　Q>0
　　　　　H_2O(気体) ＝ H_2O(液体) ＋Q(凝結熱)　　Q>0

例えば2番目の例では,水蒸気が水になる場合には,凝結熱(潜熱)を放出することを意味している。

§3．大気の熱力学

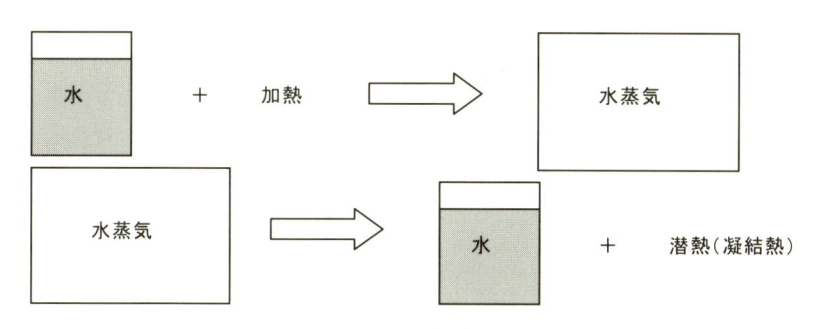

図1-3-2　水の相変化

大気中の水分表現

▶露点温度 Td（℃）
　　水蒸気を含む大気を冷却していき，その大気中の水蒸気が飽和し露が発生するときの温度
▶湿数（℃）
　　（気温 T）−（露点温度 Td）
▶相対湿度（％）
　　（空気中の水蒸気圧）÷（そのときの温度に対応する飽和水蒸気圧）×100 ％
▶混合比
　　（単位容積内の水蒸気の質量）÷（単位容積内の乾燥空気の質量）
　　飽和空気の混合比 w_s は，次式のように表現できる。

$$w_s = 0.6 \times \frac{e_s}{p} \quad (e_s：飽和水蒸気圧\quad p：湿った空気の圧力)$$

乾燥断熱減率

　　乾燥断熱減率 $\Gamma_d = 10 \text{ K km}^{-1}$（約 1 km 上昇するごとに気温が 10 K 下がる）。
　　乾燥断熱減率は，乾燥大気に対応しており，実際の地球大気の気温減率 6.5 K km^{-1} よりも気温減率が大きい。これは，地球大気には水蒸気が含まれているためである（湿潤断熱率参照）。

湿潤断熱減率

　　湿潤断熱減率 $\Gamma_m = 4 \text{ K km}^{-1}$（大気下層の湿潤大気が上昇する場合），

$\Gamma_m = 6〜7\ \mathrm{K\ km^{-1}}$（対流圏中層の平均的な値）。

大気は上昇することによって冷却される。大気中に存在可能な水蒸気量（飽和水蒸気量）は，大気温が低いほど少ない。冷却により大気中に含まれる水蒸気が凝結し，凝結熱（潜熱）を放出するために湿潤気温減率は，乾燥断熱減率に比べて気温減率が小さい。

温位と相当温位

▶温位

ある気圧，気温の大気塊を乾燥断熱変化で 1000 hPa まで持ってきたときの大気塊の温度（言い換えれば，乾燥断熱変化をする限り，その大気のもつ温位は不変である＝温位は一種の保存量である）。

$$\theta = T\left(\frac{p_0}{p}\right)^{\frac{R}{C_p}}$$

（θ：温位　p_0：一定気圧（普通 1000 hPa）　p：気圧　R：気体定数　C_p：定圧比熱）

▶相当温位

気塊に含まれる水蒸気がすべて凝結し，放出された凝結熱がすべて大気を加熱したとするときの温位。言い換えれば，水蒸気の効果を考えた温位。

温位とは

高度 1 km　気温 17 ℃，温位 300 K（気温は下がるが温位は変化しない！）

断熱上昇：熱のやり取りなしに上昇　大気は乾燥しており，水蒸気の凝結はなく乾燥断熱減率 $\Gamma = 10\ ℃/\mathrm{km}$ で上昇

高度 0 m　気温 27 ℃，温位 300 K

相当温位とは

水蒸気を含む大気 → 水蒸気が凝結し凝結熱が大気を加熱 → 乾燥大気 ＋ 凝結熱 ＋ 水

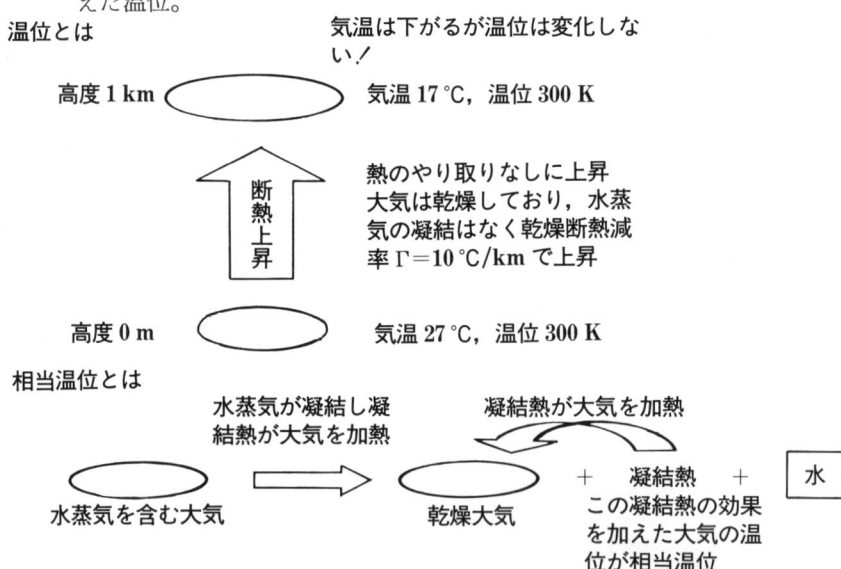

凝結熱が大気を加熱　この凝結熱の効果を加えた大気の温位が相当温位

図 1-3-3　温位と相当温位の考え方

§3．大気の熱力学

種々の温度の関係

今，気圧 p(hPa)，気温 T(℃)，露点温度 Td(℃)の空気塊を考える。A点からまだ飽和していない大気を断熱上昇させると大気温は乾燥断熱減率に沿って下降し，p(hPa)での露点温度 Td(℃)を通る等混合比線と乾燥断熱線の交点（凝結点 B）で気塊は飽和に達し凝結する。さらに気塊を上昇させると気塊の温度は湿潤断熱線に沿って下降する。p(hPa)で T(℃)の大気を乾燥断熱線に沿って 1000 hPa まで下降させたときの温度が，温位である。

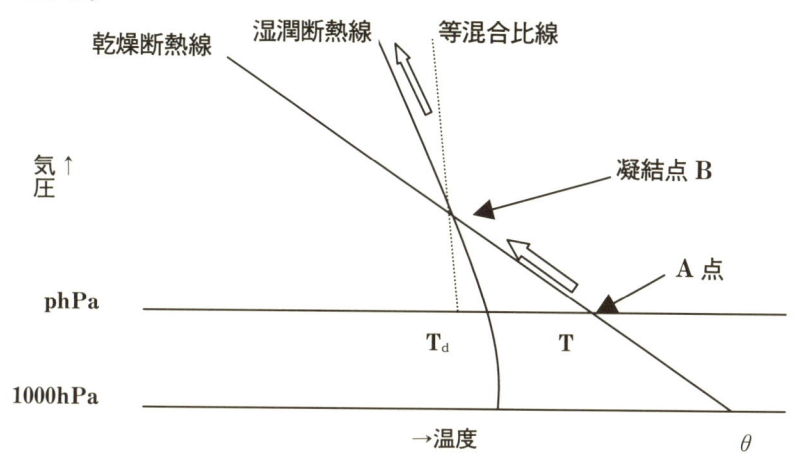

図 1-3-4　種々の温度表示の関係

大気の鉛直安定度

▶ **安定な成層**…上下の対流が起こりにくい状態
▶ **中立な成層**…安定でも不安定でもないその中間の状態
▶ **不安定な成層**…上下の対流が起こりやすい状態

〈不安定な状態〉

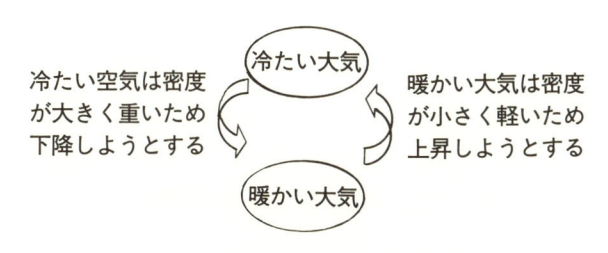

冷たい空気は密度が大きく重いため下降しようとする　　暖かい大気は密度が小さく軽いため上昇しようとする

上下の対流が起きやすく不安定

〈安定な状態〉

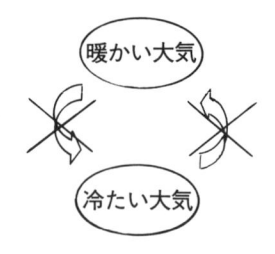

上下の対流が起きにくく安定

図 1-3-5　安定と不安定

乾燥大気の静力学的安定性

今，大気の気温減率を Γ，乾燥断熱減率を Γ_d とすると，
$\Gamma > \Gamma_d$ のとき　大気は不安定である
$\Gamma < \Gamma_d$ のとき　大気は安定である
$\Gamma = \Gamma_d$ のとき　大気は中立である

温位に見る乾燥大気の静力学的安定性

大気の温位が高度と共に増加する場合…大気は安定
大気の温位が高度と共に減少する場合…大気は不安定
大気の温位が高度により変化しない場合…大気は中立

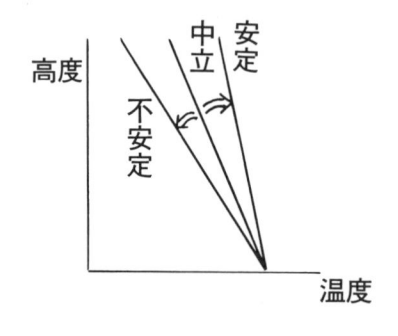

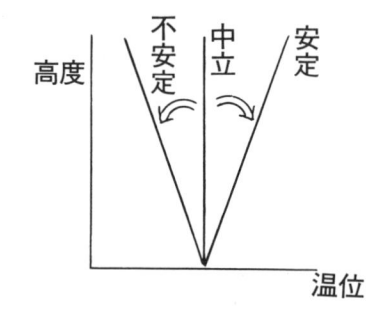

図 1-3-6　乾燥大気の静力学的安定性

§3. 大気の熱力学

例えば，図1-3-6の左図において現在大気の温度と高度の関係が不安定の線に沿っているとする。地上に存在する大気塊が上昇すると気温は乾燥断熱減率に沿って変化する。乾燥断熱減率に沿って上昇するということは，左図の中立の直線に沿って気温変化するということである。このとき地上にあった大気塊は，不安定線に沿った気温分布をしている周りの大気よりも気温が高くなりさらに上昇しようとする。

周囲の大気が，左図の安定な直線に沿った分布をしていればこれとは逆に上昇に伴って，周囲の温度よりも大気塊の気温が低くなるので大気は上昇できない。

湿潤大気の静力学的安定性

今，大気の気温減率をΓ，乾燥断熱減率をΓ_d，湿潤断熱減率をΓ_mとすると，

$\Gamma > \Gamma_d$のとき　大気は絶対不安定

$\Gamma < \Gamma_m$のとき　大気は絶対安定

$\Gamma_d > \Gamma > \Gamma_m$のとき　大気は条件付不安定

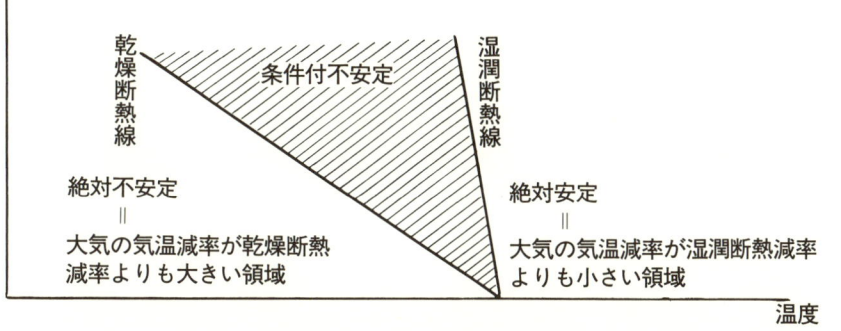

図1-3-7　湿潤大気の静力学安定性

逆転層

一般に対流圏では高度と共に気温が減少するが，高度と共に温度が高くなる気層ができることがある。この層は逆転層といい，静力学的に非常に安定な層となっている。逆転層は，以下のようにその発生要因別に分類される。

▶**接地逆転層**…放射冷却により，地表から大気が冷やされて発生
▶**沈降性逆転層**…高気圧により，上層の空気が断熱的に下降して発生
▶**移流逆転層**…前線等により暖気が寒気の上を滑昇して発生

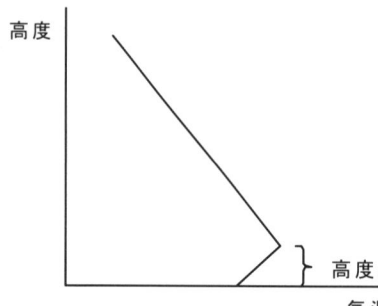

```
高度
 │\
 │ \
 │  \
 │   \
 │    \_ 高度と共に気温が上昇＝逆転層
 │     │
 └─────── 気温
大気の気温と高度の関係
```

図1-3-8　逆転層を含むエマグラム（温度と高度の関係を表わすグラフ）

プラスα　煙突から出る煙について

煙突の口を基準として，上空で安定（逆転層が存在するような場合）で，下層で不安定なときは，煙はいぶされたように下向きに広がっていく。一方煙突の口を基準として上層が不安定で下層が安定な場合は，煙は屋根の形のように上方に広がっていく。

§3．大気の熱力学

[問1]　空気塊の上昇に伴う現象に関する①〜⑤までの記述の内で，誤っているものを選べ。但し，空気塊は水蒸気を含まず，外部との熱のやり取りをしないものとする。
① 空気塊が上昇すると，空気塊にはたらく圧力は減少する。
② 空気塊が上昇すると，空気塊の体積は増加する。
③ 空気塊が上昇すると，空気塊の気温は上昇する。
④ 空気塊が上昇しても，空気塊の温位は変わらない。
⑤ 空気塊が上昇すると，空気塊の内部エネルギーは減少する。

ヒント　① 静力学平衡より高度が増すと圧力は減少する。「上昇＝圧力低下」
　　　　② 〜③「上昇＝圧力低下」と理想気体の状態方程式をリンクさせる。空気塊は，状態方程式より，圧力が減少すると気温は減少，体積は増加する。
　　　　⑤ 内部エネルギーは温度に比例する。

[問2]　下表は，大気温を地上から 1 km ごとに気温を測定した結果である。これについて①〜⑤までの内誤っているものを選べ。
但し，乾燥断熱減率を 10 ℃/km，湿潤断熱減率を 5 ℃/km とする。

高度 (km)	1	2	3	4	5	6	7	8	9	10	11	12	13
気温 (℃)	20	10	0	−3	−6	−13	−19	−26	−35	−42	−48	−48	−48

① 高度 3 km 以下の大気は，乾燥大気に対して中立である。
② 高度 3〜5 km の大気は，絶対不安定である。
③ 高度 11 km より上層は，成層圏になっていると考えられる。
④ 高度 11〜13 km では大気は絶対安定である。
⑤ 高度 11〜13 km では温位は上層ほど高くなっている。

ヒント　① 高度 3 km までの気温減率は $\gamma = 10$ ℃/km。乾燥断熱減率 $\Gamma = 10$ ℃/km より乾燥大気に対して中立
　　　　② 高度 3〜5 km の気温減率は $\gamma = 3$ ℃/km，これは湿潤断熱減

[解答]　解答は次頁の下欄にあります。

率よりも小さいので絶対安定である。

③〜⑤高度 11 km 以上では等温層である。等温層では，温位は高度と共に上昇＝絶対安定な層。

問3　ある地点で高層気象観測を異なる時刻で行ったところ下図のような気温の鉛直分布を得た。各観測時間で，今(1)〜(3)の地点について地上での高度が全て 0 m で等しいとき，高度 x (m) での(1)〜(3)の気圧 P_1, P_2, P_3 の関係を正しく表現しているものを選べ。

① $P_1 > P_2 > P_3$
② $P_1 = P_2 < P_3$
③ $P_1 < P_2 < P_3$
④ $P_1 > P_2 = P_3$
⑤ $P_1 = P_2 = P_3$

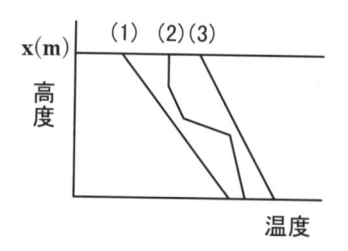

ヒント　(1), (2), (3)の平均気温を考えると $T_1 < T_2 < T_3$ となる。状態方程式から気温の低い気層では体積が同じであれば圧力が小さくなる。この関係から考えるとわかる。

問4　高さ 3500 m の山がある。この山の麓（1000 hPa）にあった気温 33 ℃，露点温度 16 ℃ の大気塊をこの山地の斜面に沿って強制上昇させた。この気塊は，高度(ア) m の地点で飽和し，そこから頂上までは湿潤断熱減率で上昇した。このときの気圧は 800 hPa であった。山頂に達した大気は斜面を下降し始め，地表に戻ると気温は(イ)℃になった。
但し，各気温における飽和水蒸気圧は以下の通りである。

解答　問1 ③　問2 ②

§3. 大気の熱力学

気温（°C）	10	12	14	16	18	20	22	24	26	28	30
飽和水蒸気圧 (hPa)	12	14	16	18	21	24	26	30	34	38	42

ヒント☞　露点に達するまでは混合比は保存される。露点に達した後は湿潤断熱減率に沿って気温は変化する。山頂から下降する際は乾燥断熱減率に沿って温度変化する。

はじめの混合比は，
$w = 0.6 \times (18/1000)$
※ 1000 hPa での露点温度 $T_d = 16°C$ における飽和水蒸気圧 $= 18$ hPa

さらに混合比は飽和するまで保存されるので，大気塊は 800 hPa で凝結することから，800 hPa（凝結高度）まで上昇した大気温での飽和水蒸気圧を y(hPa) とすると，
$w = 0.6 \times (y/800) = 0.6 \times (18/1000)$
∴　$y = 14.4 \text{(hPa)} \fallingdotseq 14 \text{(hPa)}$

これより上表から 14 hPa の飽和水蒸気圧になる気温を調べると 12°C であるとわかる。凝結高度までは大気は乾燥気温減率で上昇するので，凝結高度を x(m) とすると，
$33(°C) - 10(°C/km) \times x/1000 \text{(km)} = 12(°C)$
∴　$x = 2100 \text{(m)}$

となる。よって，凝結高度は，2100 m である。

気温は，上昇時は高度 2100 m までが乾燥断熱減率で変化し，21°C（$= 10°C/km \times 2.1$ km）減少。ここから山頂までが湿潤断熱減率で 7°C（$= 5°C/km \times 1.4$ km）減少するので，気塊は山頂で $33 - (21 + 7) = 5°C$ になる。ここから麓までは乾燥断熱減率で下降するので，35°C（$= 10°C/km \times 3.5$ km）気温が上昇する。すなわち麓に戻ってきた気塊は，$5 + 35 = 40°C$ となる。この問題は，フェーン現象の典型的な例である。

解答
問3 ③

フェーン現象

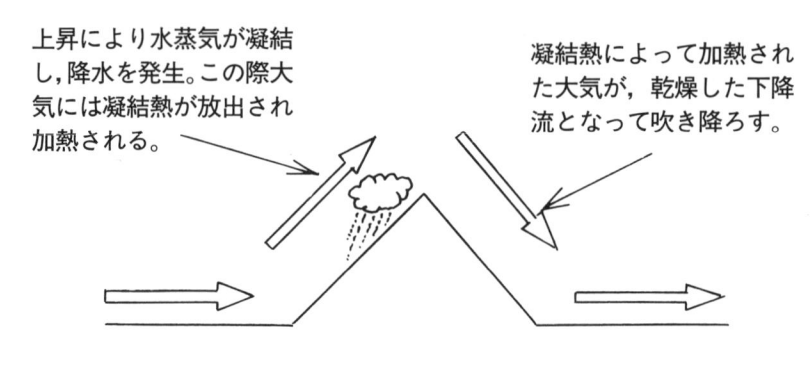

上昇により水蒸気が凝結し，降水を発生。この際大気には凝結熱が放出され加熱される。

凝結熱によって加熱された大気が，乾燥した下降流となって吹き降ろす。

風下側では，高温で乾燥した大気が流れ込むので，火災が発生しやすい。

問5　下図はある日の温位の鉛直分布である。この観測結果について述べた以下の文の空所に当てはまる①〜⑤の言葉の組み合わせの内適当なものを選べ。

　09時において，地表から400mの間に見られる層は高度と共に温位が上昇しており，(ア)な成層を形成している。これは，夜間に大気が放射冷却により地表から冷やされて生成されたもので，(イ)と呼ばれる。温位が高度によらず変化しない層は，(ウ)と呼ばれ，15時の時点では高度約1800mに達している。

①(ア)安定　　(イ)前線性逆転層　(ウ)対流層
②(ア)不安定　(イ)前線性逆転層　(ウ)混合層
③(ア)安定　　(イ)接地逆転層　　(ウ)対流層
④(ア)不安定　(イ)接地逆転層　　(ウ)混合層
⑤(ア)安定　　(イ)接地逆転層　　(ウ)混合層

解答　問4　(ア)2100　(イ)40

§3. 大気の熱力学　　　　45

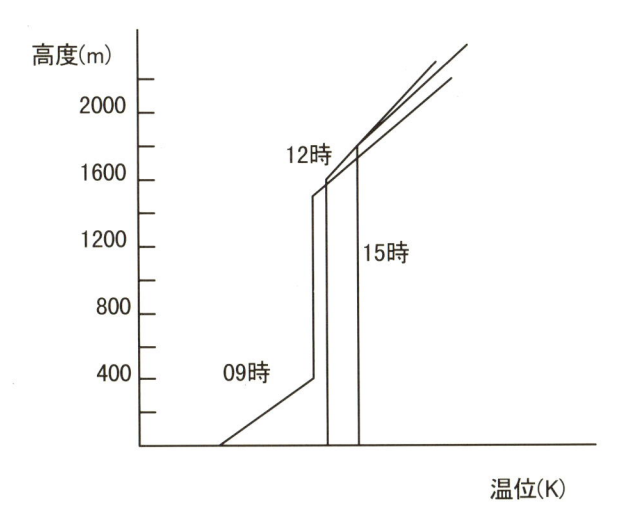

```
高度(m)
2000
1600    12時
1200         15時
800
400    09時
                              温位(K)
```

ヒント　放射冷却により形成される逆転層は接地逆転層で非常に安定な成層である。また高度と共に温位が変化しない層は混合層と呼ばれ，対流が起こる。

解答
問5　⑤

§4. 降水過程

> **key point**
> ・降水にエアロゾルが不可欠であることを理解すること。
> ・併合過程と拡散過程の仕組みと降水現象に果たす役割を理解すること。
> ・氷粒子の成長について理解しておくこと。
> ・暖かい雨と冷たい雨の違いを理解しておくこと。
> ・各種の雲と霧の発生状況を覚えておくこと。

過飽和

　ほこり等の微粒子を含まない清浄な空気中において，相対湿度が100％を超えても凝結が起こらない現象。これは，微小な水滴の表面張力が，水滴の表面積を最小にするように作用するためである。また，この表面張力は水滴の大きさが小さいほど大きい。

エアロゾル

　土壌粒子・海塩粒子・火山灰粒子・汚染粒子等の大気中に浮遊するいろいろな化学成分を持つ微粒子のことをいう。
　エアロゾルは，陸上のほうが海上よりも数が多く，陸上でも市街地で特に多い。
　陸上と海上のエアロゾルでは海上のエアロゾル粒子の方が大きい。

凝結核

　水蒸気を凝結させるための核。エアロゾルがこの役目を果たす。純粋な空気では相対湿度が100％を超えてもなかなか凝結が起こらないのに対し，エアロゾルを含む空気中では，エアロゾルを凝結核とし非常に小さな過飽和度で凝結する。
　※吸湿性のあるエアロゾルのほうが凝結核となりやすい。

拡散過程

　過飽和の水蒸気分子が凝結して水滴が成長する過程。

§4. 降水過程

併合過程

雲の中に大小さまざまな雲粒が含まれるとき，大きい水滴の落下速度は，小さい水滴の落下速度よりも大きい(落下速度参照)。このため，大きな水滴が小さな水滴を併合して水滴は大きくなる。

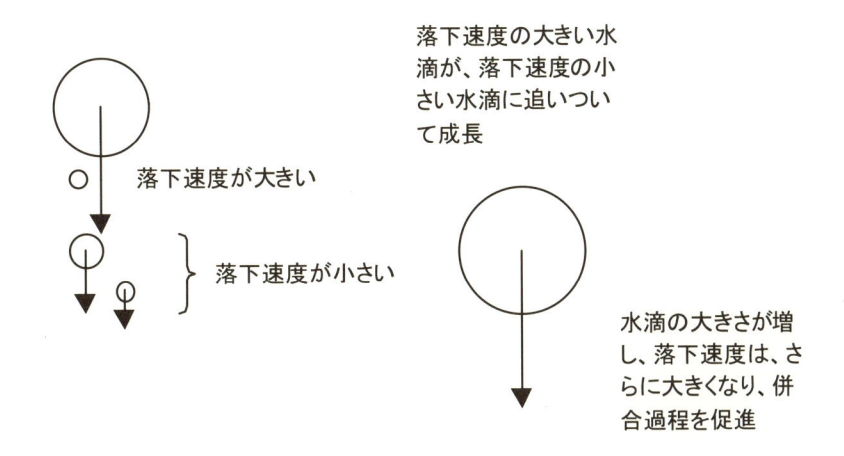

図1-4-1　併合過程

雲粒や雨滴の大きさ

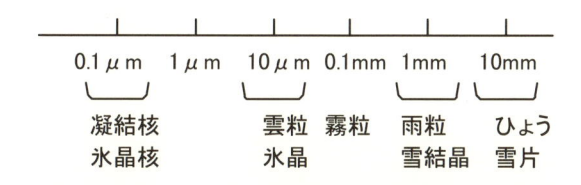

図1-4-2　雨滴や雲粒等の大きさ

大きさ	名称
0.1μm	凝結核 氷晶核
1μm	
10μm	雲粒 氷晶
0.1mm	霧粒
1mm	雨粒 雪結晶
10mm	ひょう 雪片

水滴の成長

水滴ははじめ主に拡散過程で成長するが，水滴がある程度成長し落下するようになると併合過程が主となり水滴が成長する。

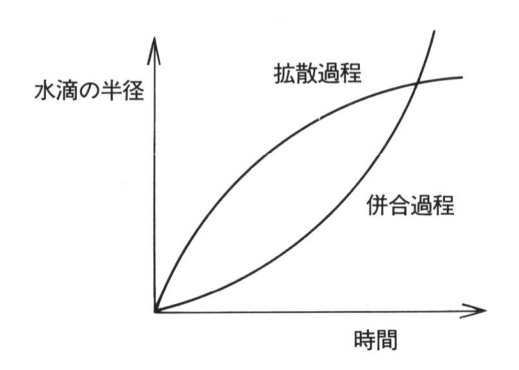

図 1-4-3　併合過程と拡散過程により時間経過と共に水滴の半径が成長する関係

水滴の落下速度

落下速度が一定となった質量 m の水滴が受ける力のつりあいは以下の等式で表わされる。

$$mg = 6\pi r \eta V$$

(g：重力加速度，r：水滴の半径，η：粘性係数，V：落下速度)

$$m = \left(\frac{4}{3}\right)\pi \rho r^3 \text{ なので,}$$

$$V \propto r^2$$

※ 水滴の大きさが大きいほど V は大きくなる。

$6\pi r \eta V$
（空気による抵抗力）

$$mg = \left(\frac{4}{3}\right)\pi \rho r^3 g$$

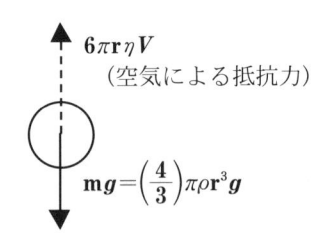

図 1-4-4　水滴に働く力のつりあい

§4. 降水過程

過冷却水滴
0℃以下になっても凝結しない水滴を過冷却水滴という。

氷晶核
氷晶の生成を促し，氷晶の核となる微粒子を氷晶核という。純粋な過冷却水滴は，約 −40℃になるまで凍結しないが，氷晶核を含む大気ではこれよりも高い温度で氷粒子を生成する。

氷粒子の成長
①水蒸気の昇華による成長
　　水面に対する飽和水蒸気圧は氷面に対する飽和水蒸気圧に比べて大きいため，水滴に対しては飽和していなくても氷粒に対しては飽和している状態がある。このとき，水蒸気は昇華して氷粒を成長させる。
②過冷却水滴との衝突による成長
　　過冷却水滴と氷粒が共存するとき，過冷却水滴が氷粒に衝突，付着し成長する。
③氷粒子同士の衝突による成長
　　落下速度の異なる氷粒が，互いに衝突し付着することによって成長。

冷たい雨
氷晶が溶けて雨となるもの（日本の降水はほとんどこれにあたる）。

暖かい雨
氷晶を作らず，水滴だけが成長して降る雨。

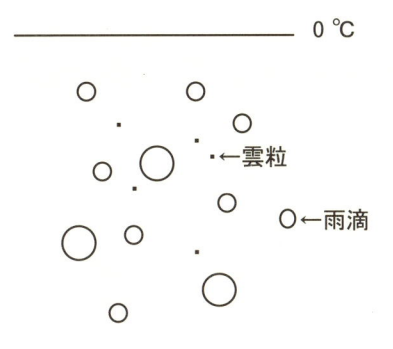

暖かい雨

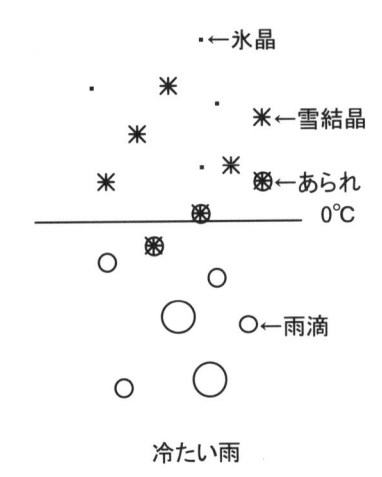

図1-4-5　暖かい雨と冷たい雨

雲の分類

層		名称	略語	高度 (m)
層状雲	上層雲	巻雲 巻積雲 巻層雲	Ci Cc Cs	極地方　　3〜8 km 温帯地方　5〜13 km 熱帯地方　6〜18 km
	中層雲	高積雲	Ac	極地方　　2〜4 km 温帯地方　2〜7 km 熱帯地方　2〜8 km
		高層雲 乱層雲	As Ns	一般に中層。時に上層まで分布。 一般に中層。上層〜下層にも広がる。
対流雲	下層雲	層積雲 層雲	Sc St	各地方共　地表〜2 km
		積雲 積乱雲	Cu Cb	Cu, Cb：雲底は普通下層にあり雲頂は上層まで達することが多い。

表1-4-1　雲の分類

§4．降水過程

▶ **上層雲**

巻雲
　　筋雲ともいう。一般に白色の繊維状の雲で，氷晶から構成される。

巻積雲
　　さば雲，いわし雲のこと。小さな白い雲がたくさん集まった状態。氷晶から構成されている。

巻層雲
　　うす雲ともいう。薄く，白っぽく平面状に広がる雲。氷晶から構成され，日のかさ，月のかさを生じる。

▶ **中層雲**

高積雲
　　ひつじ雲。巻積雲よりも大きな雲が集まった状態。通常は水滴から構成されているが，非常に低温の場合は，氷晶である。

高層雲
　　おぼろ雲。灰色またはうす墨色のどんよりとした雲。雲を通して，太陽や月がぼんやりと見える程度の状態。非常に厚い場合は，太陽や月を隠すこともある。水滴と氷晶が混合した状態で，上部は主に氷晶から構成されている。

乱層雲
　　雨雲，雪雲。暗く灰色の雲が一様に広がっている状態。雨や雪をもたらす。通常太陽は，雲に覆われて見えない。

▶ **下層雲**

層積雲
　　くもり雲，さばり雲。白色又は灰色の大きな雲の塊が線状や波状に並んでいる状態。一般に水滴から構成される。

層雲
　　きり雲。灰色で一様な雲。霧と違って，地面には雲底がついていない。

積雲
　　わた雲。発達したものは，雄大積雲，入道雲になる。鉛直に発達した雲で，主に水滴から構成される。雨滴や雪片が含まれることもある。

積乱雲
　　かなとこ雲。鉛直に非常に発達した雲。雲頂ではかなとこ状に雲が広

がっていることが多い。水滴と氷晶からなるが，上部は氷晶から構成される。雲内に大きな雨滴，雪片，雹（ひょう）等を含んでいる。

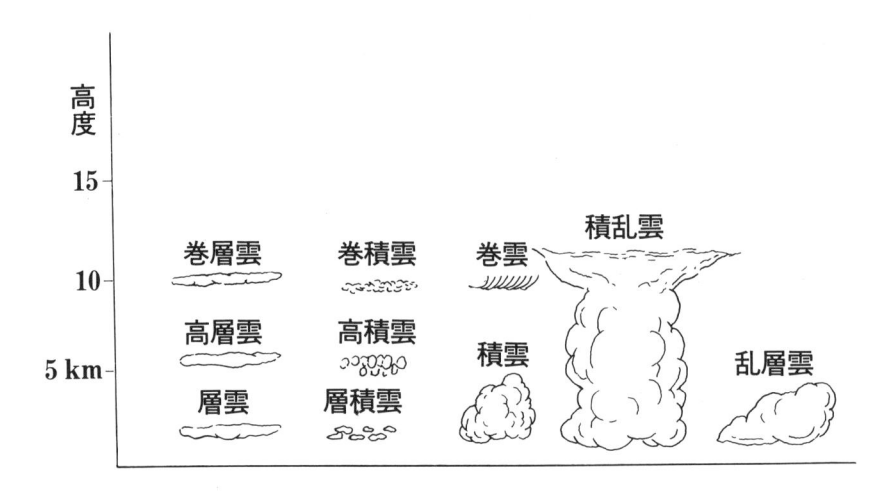

図 1-4-6　各種の雲

霧

▶ 放射霧…放射冷却現象により地表面が冷えて，気温を下げることにより発生
▶ 移流霧…暖かい空気が冷たい地表面や海面に接して発生
▶ 蒸気霧…大気がその気温よりも高い水面に接するとき発生
▶ 前線霧…前線付近で暖気と寒気が混合して発生
▶ 滑昇霧…空気が山腹に沿って上昇するときに断熱膨張の効果により発生

§4. 降水過程

問1 下記の文章の空所を埋める語句の組み合わせのうち①〜⑤の内の正しいものを選べ。

　非常に小さい水滴が(ア)に逆らって成長するには，大きな過飽和度が必要となる。しかし実際の大気で大きな過飽和度が実現することはほとんどない。では，どうして降水現象に至るまでの水滴が成長するのであろうか。(イ)が含まれる大気中では，(イ)が凝結核として作用し，非常に小さな過飽和度で水滴を生成する。水滴は，はじめ(ウ)を経て成長するが，水滴の大きさがある程度大きくなると，大きい水滴と小さい水滴の(エ)の差による(オ)を経て水滴は成長する。このように氷晶の生成が起こらない降水を暖かい雨という。

① (ア)万有引力　(イ)イオン　(ウ)併合過程　(エ)密度　(オ)拡散過程
② (ア)クーロン力　(イ)イオン　(ウ)拡散過程　(エ)電位　(オ)併合過程
③ (ア)表面張力　(イ)エアロゾル　(ウ)拡散過程　(エ)落下速度　(オ)併合過程
④ (ア)万有引力　(イ)エアロゾル　(ウ)拡散過程　(エ)密度　(オ)併合過程
⑤ (ア)表面張力　(イ)エアロゾル　(ウ)併合過程　(エ)落下速度　(オ)拡散過程

ヒント　(ア)表面張力は水滴が小さいほど大きい。
　　　　　(イ)エアロゾルを含まない大気では相対湿度が100％を超えても水蒸気の凝結が起こりにくい。
　　　　　(ウ)〜(オ)降水過程は，はじめは拡散過程が主で，その後併合過程が主となる。
　　　　　氷晶核を形成しない降水過程で降る雨は暖かい雨である。

問2 ①〜⑤までの記述の内で，誤っているものを選べ。
① エアロゾルを含まない空気では相対湿度が100％を超えても水蒸気の凝結が起こりにくい。
② 海洋上のエアロゾルは陸上のものに比べて大きく，また単位体積当たりに存在するエアロゾルの数も多い。
③ 過冷却な雲の中で雲粒と氷晶が共存するときは氷晶の方が先に成長する。
④ 併合過程で雨滴が成長するには降水粒子の大きさがまちまちであ

解答　解答は次頁の下欄にあります。

るほうがよい。
⑤ 水滴の表面張力は，水滴の大きさが大きいほど小さい。

ヒント ②海洋上は，陸に比べてエアロゾルが少ないが，その大きさは陸のものよりも大きい。
③氷晶に対する飽和水蒸気圧の方が小さいので，氷晶の方が先に成長する。
④併合過程により雨粒が成長するためには大きさ（落下速度）の異なる粒が必要。
⑤表面張力は，水滴の半径が大きいほど小さくなる。

問3 雨滴が落下し，落下速度が一定になると，重力は落下速度と雨滴の半径に比例するようになる。

$$mg \propto rV$$

（m：雨滴の質量　g：重力加速度，r：水滴の半径，V：落下速度）
このとき，半径 $2\,\mu m$ の雨滴と半径 $6\,\mu m$ の雨滴の落下速度の比を求めると，（　）になる。①〜⑤の内，（　）に埋めるべきものを選べ。

① 1：2
② 1：9
③ 2：3
④ 4：9
⑤ 1：3

ヒント 密度が一定であれば，半径が1の球の質量が m であるとき，半径 r の球の質量は $r^3 m$ となる（∵球の体積は $(4/3)\pi r^3$）。
よって半径 r の雨滴について，$mg \propto rV$ の関係により落下速度を求めると，

$$V \propto \frac{mg}{r} = \frac{4}{3} \times \frac{\pi r^3 \rho g}{r} \propto r^2$$

となり，落下速度 V は r^2 に比例することになる。
よって，

$$V(r=2):V(r=6) = 2^2:6^2 = 4:36 = 1:9$$

解答
問1 ③

§4．降水過程

問4 ①〜⑤までの記述の内で，誤っているものを選べ。
① 吸湿性のあるエアロゾルは雲粒の成長を促進する。
② 雪片と雨滴では雪片の方が空気抵抗が大きく落下速度が小さい。
③ 日本の降水は暖かい雨が多い。
④ 純粋な水滴は $-40\,°\mathrm{C}$ 位まで過冷却である。
⑤ 大気中にエアロゾルが多量に含まれると大気の視程を悪化させる。

ヒント ①海塩粒子などの吸湿性のあるエアロゾルは雲粒の成長を促進する。
②雪片の方が空気抵抗が大きい。
③日本の降水の大部分は冷たい雨である。
③エアロゾルが非常に多く霧に混じるとスモッグになり，湿度が低く，多量のエアロゾルが存在すると煙霧になる。

解答
問2 ②　問3 ②　問4 ③

§5. 大気における放射

> **key point**
> ・ステファン・ボルツマンの法則は覚えておくこと。
> ・放射強度は距離の2乗に反比例する関係を覚えておくこと。
> ・地球のアルベドは0.3である。
> ・惑星の放射平衡温度の求め方は理解しておくこと。
> ・太陽放射（短波放射）と地球放射（長波放射）の波長領域の違いを覚えておくこと。
> ・太陽放射強度のスペクトルの図（図1-5-5）から地球大気による電磁波の吸収を理解すること。
> ・温室効果のメカニズムを理解し，大気が存在する場合の放射平衡の関係式から放射平衡温度を求められるようにしておくこと。
> ・地球の熱収支を覚えておくこと。
> ・散乱の種類とその違いを覚えておくこと。

ステファン・ボルツマンの法則

すべての物体はその温度に応じた電磁波を放射しており，その放射量は，物体の絶対温度（0℃＝273K）の4乗に比例する。

$$I = \sigma T^4$$

（I：放射強度　σ：ステファン・ボルツマン定数　T：絶対温度）

ウィーンの変位則

放射強度が最大となる波長 λ_m（μm）は，絶対温度 T に反比例する。

$$\lambda_m = \frac{2897}{T}$$

透過と反射と吸収

入射する放射量＝透過する放射量＋反射する放射量＋吸収される放射量
上式の両辺を入射する放射量で割ると，

$$1 = 透過率\tau + 反射率 r + 吸収率 a$$

と表現できる（図1-5-1）。

§5. 大気における放射

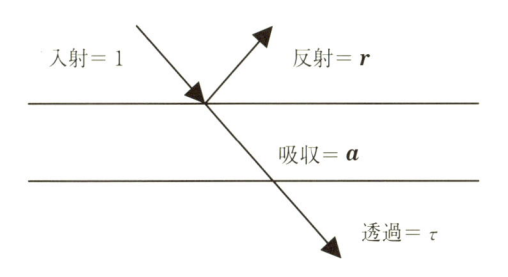

図1-5-1 透過率と反射率と吸収率の関係

|黒体|

　放射を完全に吸収する（前述の式の $a=1$ となる）物体を黒体という。

|距離と放射エネルギーの関係|

　放射エネルギーは，距離の2乗に反比例する。

　例：図1-5-2において，中心からの距離を d_1, d_2 とする球面上での放射エネルギーをそれぞれ I_1, I_2 とすると次式が成立。

$$I_1 \times 4\pi d_1^2 = I_2 \times 4\pi d_2^2$$

$$\therefore \frac{I_1}{I_2} = \frac{d_2^2}{d_1^2}$$

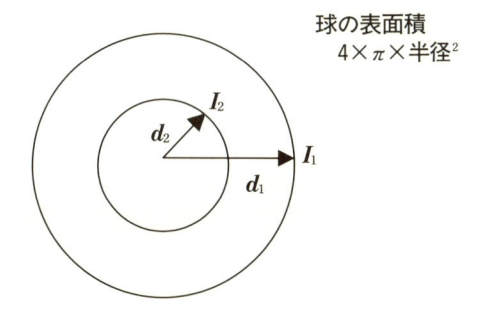

球の表面積
$4 \times \pi \times 半径^2$

図1-5-2 距離と放射エネルギーを説明する図

太陽定数

地球の上端で太陽に直角の方向な単位面積が，単位時間に受ける太陽の放射エネルギー量を太陽定数という。

アルベド

地球に入射してきた太陽放射の一部は，大気中のエアロゾルなどで反射されたり，地表面で反射される。このとき，入射放射量と反射放射量の比（反射率）を地球のアルベドという。地球のアルベド（A）は，A=0.3である。

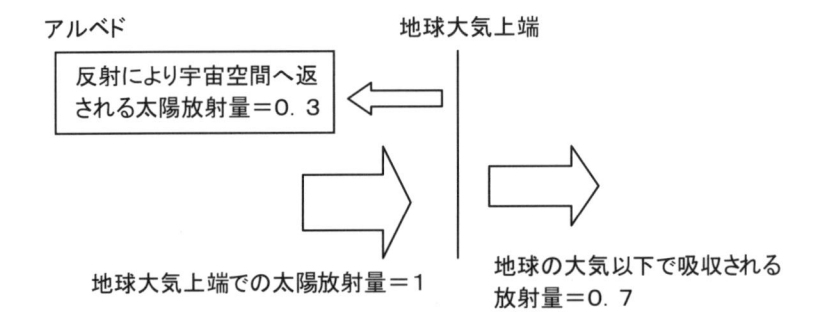

図1-5-3　地球のアルベド

放射平衡温度

太陽定数 S_0，地球のアルベドを A，地球の半径を r_e，地球の放射強度を I_e とすると次式のような等式が成立する。

$$S_0(1-A)\pi r_e^2 = 4\pi r_e^2 I_e$$

さらに，ステファン・ボルツマンの法則より，地球の放射強度 I_e は，

$$I_e = \sigma T_e^4 \quad (T_e：地球の放射平衡温度)$$

と表現できるので，地球の放射平衡温度は，次式のように表現できる。

$$T_e^4 = \frac{S_0(1-A)}{4\sigma}$$

この式に数値を入れて計算すると Te=255 K となり，実際の地表の平均温度 T=288 K よりも低い。これは，後述するような温室効果の影響によるためである。

§5. 大気における放射

太陽と地球からの黒体放射

太陽と地球の黒体放射を比べると，太陽放射では波長が約 $0.5\,\mu$m のところに，地球での放射では波長が約 $11\,\mu$m のところに放射強度の最大値がある。このことから，前者を短波放射または太陽放射，後者を長波放射または地球放射と呼ぶ。

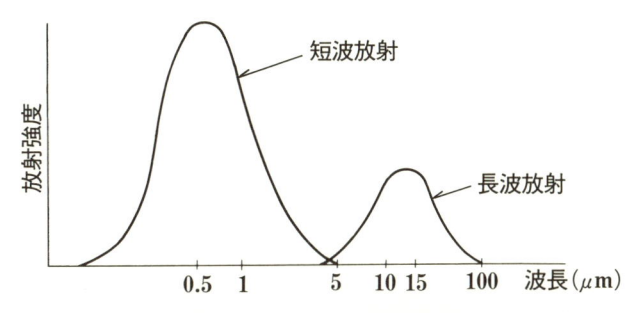

図 1-5-4 太陽と地球からの黒体放射のイメージ

地球大気による吸収

図 1-5-5 に大気上端と地表で観測される太陽放射強度のスペクトラムを示す。この図で影のついている部分は地球大気による吸収を表わしている。吸収には，紫外線域でのオゾンや，可視光線，赤外線域での水蒸気と二酸化炭素の寄与が顕著である。

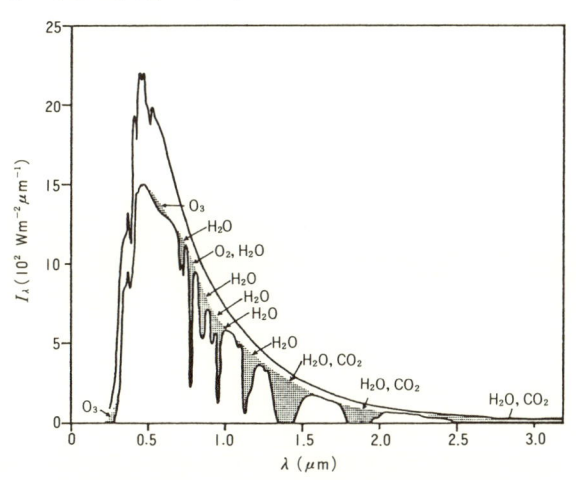

(Handbook of Geophysics and Space Environments , McGrow-Hill Book Co., New York 1964)
図 1-5-5 大気上端と地表面で観測される太陽放射強度のスペクトラム(前出：一般気象学)

窓領域

大気による吸収が少ない波長λ＝11μm付近の領域。人工衛星の放射計などには窓領域を採用している。

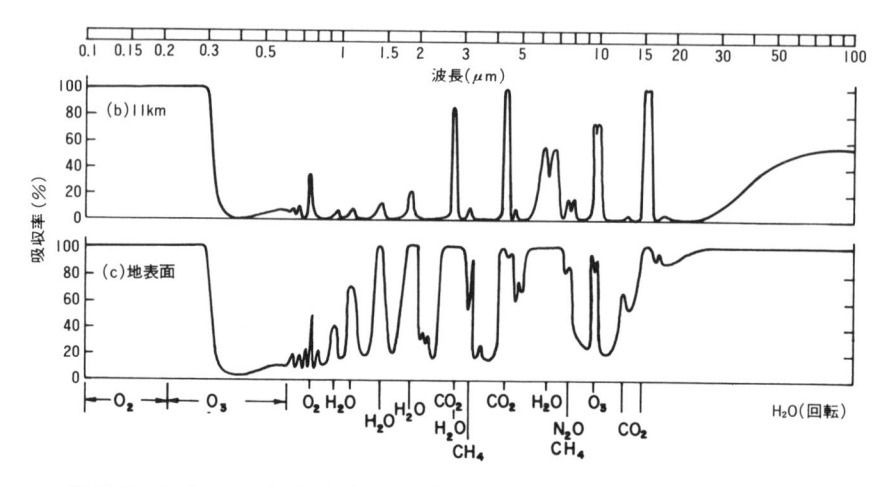

(R.M.Goody,Atomospheric Radiation I:Theoretical Basis,Oxford Univ.Press,1964)
図1-5-6　地球大気による吸収率（前出：一般気象学）

温室効果

図1-5-7のように地球大気を一枚の層とする。気層の温度をT_a，地表面の温度をT_g，気層への日射量をI_E，気層による大気の吸収率を太陽放射に対して0.2，地球放射に対して1とする。また，地表面は黒体であると仮定する。

このとき地表面では次式が成立。

$$0.8 I_E + \sigma T_a^4 - \sigma T_g^4 = 0$$

また，気層に対しては，次式が成立。

$$0.2 I_E - 2\sigma T_a^4 + \sigma T_g^4 = 0$$

この2式よりT_gを消去すると，

$$\sigma T_a^4 = I_E$$

逆にT_aを消去すると，次式が成立する。

$$\sigma T_g^4 = 1.8 I_E$$

よって，T_gとT_aとの関係は，$T_g > T_a$となる。

大気が存在しない場合は上の例におけるT_aが地表の放射平衡温度に相当するので，地球大気が存在することによって，地表面の気温が大気の存在しない場合に比べて高いことがわかる。この現象を温室効果という。

§5. 大気における放射

地球上において温室効果を持つ代表的な気体として二酸化炭素やメタンがある。

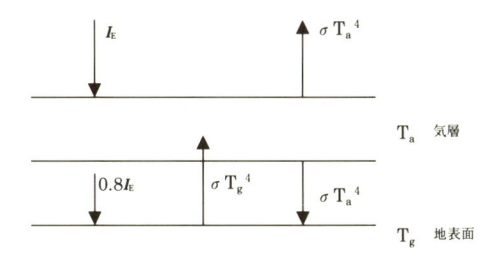

図1-5-7 温室効果の説明図

地球大気の熱収支

地球大気の熱収支を図1-5-8に示す。

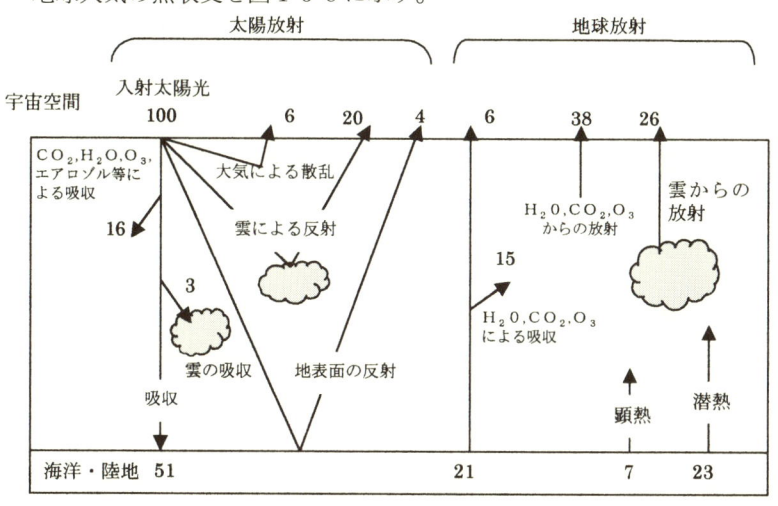

図1-5-8 地球大気の熱収支

散乱

＜レイリー散乱＞

電磁波の波長が，電磁波を散乱させる粒子の半径よりも非常に大きい場合の散乱。散乱光の強度は電磁波の波長の4乗に反比例する。

空が青く見えるのは，気体分子の大きさよりも可視光の波長が大きく，さらに青色と赤色の波長では青色の方が，波長が短いため，散乱強度が

大きいためである。

　　　※紫の方が波長が短いが，太陽光線では紫は青よりもエネルギーが小さく，地球大気が厚いため，地表までに散乱，減衰されるために空は紫でなく青いのである。

＜ミー散乱＞

　電磁波の波長と散乱させる粒子の半径がほぼ同じ程度の大きさの場合の散乱。

　雲が白く見えるのは，雲粒が可視光線を散乱させているためである。

プラスα　様々な光学現象について

　大気の気温やエアロゾル，水滴等の影響により大気中に進入した太陽光線は様々な光学現象を起こす。

　例えば，雨上がりなどで大気中に大量の水滴が存在する場合，太陽光が水滴によって屈折・反射の現象を起こすと虹が生じる。また，太陽や月に層状雲（水滴からなる層雲）がかかると太陽や月の周りに虹の輪ができることがある（コロナ）。

　地表面の大気温とそれよりも上層の大気温に差があるとき光がその気層間で屈折して物体が浮かんで見えたり上下逆さまに見えたりする現象が蜃気楼である。

§5. 大気における放射

問1 地球と火星の放射平衡状態を考える。地球も火星も黒体放射するものとし，ステファンボルツマンの法則が成立するとする。地球と火星のアルベドをそれぞれ 0.3，0.15 とし，地球と火星の太陽からの平均距離の比が，2：3 であるとする。このとき，地球の放射平衡温度 $T_{地}$ と火星の放射平衡温度 $T_{火}$ の比を求めると，（　）となる。
次の①〜⑤の内上の文章の（　）に入る適当なものを選べ。

① $\sqrt[4]{4} : \sqrt[4]{9}$
② $\sqrt[4]{9} : \sqrt[4]{4}$
③ $\sqrt[4]{34} : \sqrt[4]{63}$
④ $\sqrt[4]{63} : \sqrt[4]{34}$
⑤ $\sqrt[4]{4} : \sqrt[4]{3}$

ヒント ☞ 放射エネルギーが距離の2乗に反比例することと，ステファン・ボルツマンの法則を組み合わせて考える。

地球，火星の放射強度，太陽定数，惑星の半径をそれぞれ $I_{地}$，$I_{火}$，$S_{地}$，$S_{火}$，$r_{地}$，$r_{火}$，アルベドを $A_{地}$，$A_{火}$，すると，

地球：$S_{地} \times \pi r_{地}^2 (1-A_{地}) = 0.7 \times S_{地} \times \pi r_{地}^2 = 4\pi r_{地}^2 \times I_{地} = 4\pi r_{地}^2 \times \sigma T_{地}^4$

火星：$S_{火} \times \pi r_{火}^2 (1-A_{火}) = 0.85 \times S_{火} \times \pi r_{火}^2 = 4\pi r_{火}^2 \times I_{火} = 4\pi r_{火}^2 \times \sigma T_{火}^4$

また，$S_{地}$ と $S_{火}$ の関係は，それぞれ太陽からの距離の2乗に反比例するので，太陽から地球までの距離及び火星までの距離をそれぞれ $d_{太陽-地球}$，$d_{太陽-火星}$ とすると，

$$S_{地} : S_{火} = d_{太陽-火星}^2 : d_{太陽-地球}^2 = 9 : 4$$

の関係がある。

よってこれらの式より，

$$T_{地}^4 : T_{火}^4 = 0.7 S_{地} : 0.85 S_{火} = 0.7 \times d_{太陽-火星}^2 : 0.85 \times d_{太陽-地球}^2$$
$$= 0.7 \times 9 : 0.85 \times 4 = 63 : 34$$

の関係が得られる。

よって，$T_{地} : T_{火} = \sqrt[4]{63} : \sqrt[4]{34}$

問2 ①〜⑤までの記述の内で，誤っているものを選べ。

① レイリー散乱では，波長の短い電磁波ほど強く散乱される。
② 黒体とは入射する放射をすべて吸収する物体で，この放射エネルギーはステファン・ボルツマンの法則によって求められ，物体の絶対

解答 解答は次頁の下欄にあります。

温度の4乗に比例する。
③放射冷却は風が強く，雲の多い時ほど顕著である。
④オゾンは紫外線をよく吸収する。
⑤エアロゾルが増加すると直達日射量は減少するが，散乱日射光は増加する。

ヒント ①レイリー散乱では散乱は波長の4乗に反比例する。
③放射冷却は晴天で，風の弱い日に強い。雲は，陸へ向けて反射される赤外放射をもたらし，風は大気を対流混合させ大気温を均一化する。
⑤エアロゾルは太陽からの直達日射を減らし，散乱光を増加させる。

問3 ①〜⑤までの記述の内で，誤っているものを選べ。
①地球には太陽からの太陽放射エネルギーが入射するが，このうちの約30％は，地球表面や雲による反射などにより宇宙空間に戻る。
②赤外放射のうち波長が11 μm 付近の波長は，地球大気による吸収がほとんどない。この波長域を窓領域という。
③地球放射のピークは赤外線域で，太陽放射のピークは可視領域である。
④二酸化炭素や窒素は，長波をよく吸収する温室効果気体である。
⑤電磁波の波長と散乱させる粒子の大きさが同じ位の時に起こる散乱をミー散乱という。

ヒント ①地球のアルベドは0.3
②窓領域は気象衛星による放射計の観測に利用されている。
③地球放射のピークは約11 μm，太陽放射のピークは約0.5 μm にある。
④窒素は長波に対して透明で，温室効果気体ではない。

問4 惑星に大気がある場合とない場合の温度の違いを求める。いま，大気がない場合の地表の放射平衡温度を T_0，大気がある場合の地表温度

解答 問1 ④

§5. 大気における放射

を T_2, 大気温を T_1 とする。このとき T_0, T_1, T_2 の関係を表わす最も適当なものを①～⑤の中から選べ。

但し，宇宙空間から惑星に入射する放射は大気によって 10％吸収され，地表面からの放射は大気によって全て (100％) 吸収されるものとする。

① $T_0^4 = T_1^4 = T_2^4$
② $1.9\,T_0^4 = 1.9\,T_1^4 = T_2^4$
③ $0.1\,T_0^4 = 1.9\,T_1^4 = 0.1\,T_2^4$
④ $T_0^4 = 1.9\,T_1^4 = 1.9\,T_2^4$
⑤ $0.1\,T_0^4 = 0.1\,T_1^4 = T_2^4$

ヒント 宇宙空間から惑星に入射する放射を I_0 とする。各層でのつりあいの式を考えると，

大気があるとき，

地表面：$0.9\,I_0 + \sigma T_1^4 = \sigma T_2^4$

大　気：$0.1\,I_0 + \sigma T_2^4 = 2\sigma T_1^4$

大気がないとき，

$$I_0 = \sigma T_0^4$$

この3つの式から I_0 を消去する。

$T_0^4 = T_1^4$

$T_2^4 = 1.9\,T_1^4 = 1.9\,T_0^4$

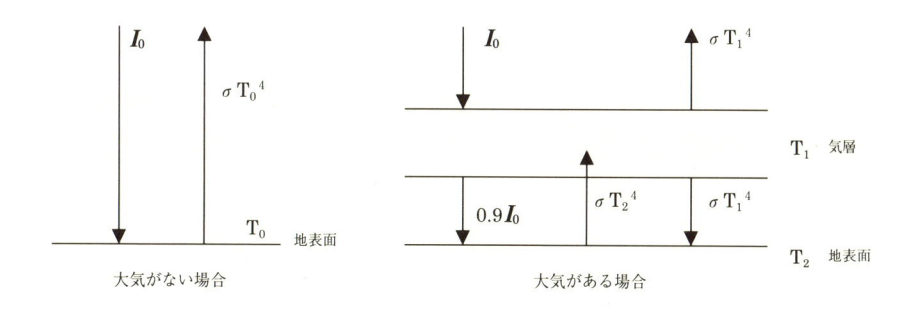

解答 問2 ③　問3 ④　問4 ②

§6. 大気の運動

> **key point**
> - 気圧傾度力とコリオリ力のつりあいからなる地衡風平衡の式は学科，実技とも頻出問題なので，地衡風の計算はできるようにしておくこと。
> - 台風の問題では傾度風を求めさせる問題も出題されているのでこれも習得しておくこと。
> - 摩擦力の影響も理解しておくこと。
> - 収束量と発散量の計算ができるようにしておくこと。
> - 渦度を理解し，渦度の計算ができるようにしておくこと。
> - 北半球（南半球）ではコリオリ力は運動方向の右向き（左向き）に働く。
> - 温度風の関係はジェット気流を理解する上で重要であり，北半球では高温側を右側に見るように風が吹く。
> - 気象スケールについては，細かいところまで覚える必要はないが，総観規模とメソスケールの現象の見分けができるようにしておくこと。

気圧傾度力

図1-6-1で表わす単位体積の空気塊に作用する力 F_0 を考えると，

$$F_0 = \frac{-p\Delta s \Delta z + (p-\Delta p)\Delta s \Delta z}{\Delta s \Delta n \Delta z}$$

$$= -\frac{\Delta p}{\Delta n}$$

となる。上式は単位体積あたりにはたらく力なので，単位質量にはたらく力 F は，

$$F = -\frac{1}{\rho} \cdot \frac{\Delta p}{\Delta n} \qquad (\rho：空気の密度)$$

となる。この力 F を気圧傾度力という。

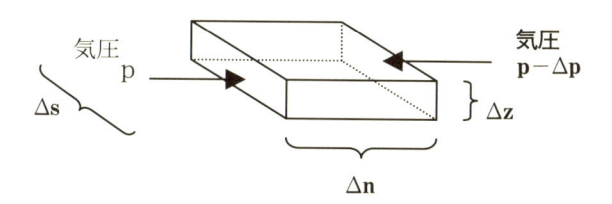

図 1-6-1　気圧傾度力の説明モデル

コリオリ力

　北（南）半球では物体に働く力に対して直角右（左）向きにみかけの力（コリオリ力）が作用する。
　地衡風（気圧傾度力とコリオリ力がつりあう時の風）の速さを V とすると，単位質量の空気塊に作用する力は，
　　コリオリ力 $=2\Omega V \sin\phi = fV$　　（Ω：地球の自転角速度　ϕ：緯度）
と表現される。
　また上式の f（$=2\Omega \sin\phi$）はコリオリパラメータと呼ばれる。

地衡風平衡

　気圧傾度力とコリオリ力が，つりあっている状態を地衡風平衡といい，このとき吹く風を地衡風という（図1-6-2）。

$$-\frac{1}{\rho}\cdot\frac{\Delta p}{\Delta n}=fV\ (=2\Omega V \sin\phi)\quad <気圧傾度力＝コリオリ力>$$

このとき地衡風 V は，

$$V=-\frac{1}{\rho f}\cdot\frac{\Delta p}{\Delta n}$$

と表現できる。ここで，静力学平衡の関係式 $\Delta p=-\rho g\Delta z$ を代入すると，地衡風 V は

$$V=\frac{g\Delta z}{f\Delta n}$$

とも表現できる。

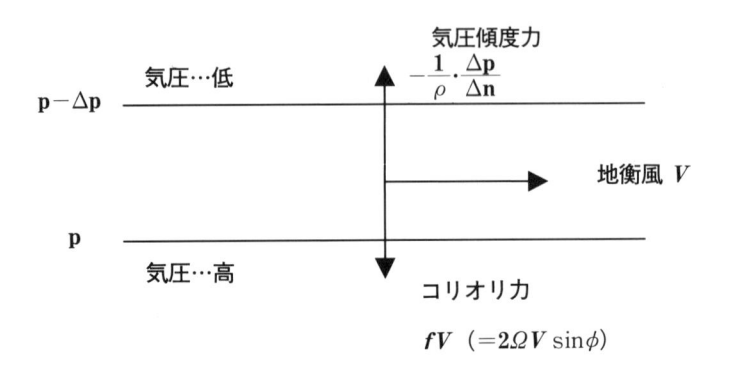

図1-6-2　北半球の地衡風の説明モデル

[傾度風平衡]

　空気塊が，台風等の曲率の大きな運動をしているときは，遠心力の影響を無視できなくなり，地衡風平衡が成立しなくなる。このとき単位質量の空気塊に作用する力のつりあいは，

$$\frac{V^2}{r} + fV = P_n \quad (V：傾度風\quad f：コリオリパラメータ\quad P_n：気圧傾度力)$$

$$(高気圧では P_n < 0,\quad V < 0\quad 低気圧では P_n > 0,\quad V > 0)$$

と表現できる。ここで，$\frac{V^2}{r}$ が遠心力を表わす項である。

　この式から傾度風 V（遠心力とコリオリ力と気圧傾度力のつりあいを考えた時の風）は，

$$V = \frac{1}{2}\left(-fr \pm \sqrt{f^2 r^2 + 4 r P_n}\right)$$

と表現できる。

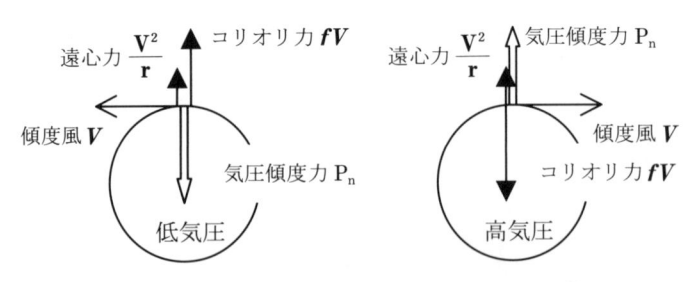

図1-6-3　北半球の傾度風平衡を説明するモデル

§6. 大気の運動　　　　　　　　69

> **旋衡風平衡**

竜巻のように曲率が大きくスケールが小さい現象では，コリオリ力の影響はほとんど無視できる。このとき気圧傾度力と遠心力はつりあっている。この遠心力と気圧傾度力がつりあうときの風を旋衡風という。

> **摩擦力**

地表面付近を運動する大気には，摩擦力が作用する。摩擦力は運動方向の逆向きに作用する。

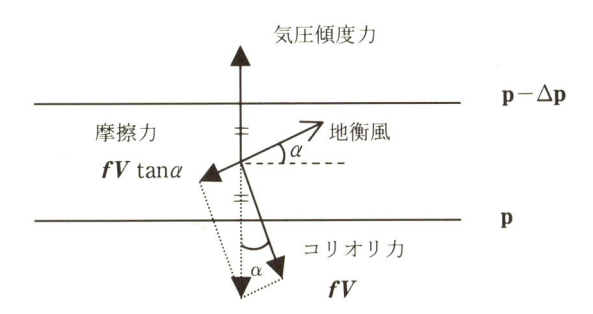

図1-6-4　摩擦力を含めた力のつりあい

> **温度風**

水平面内に気温傾度があるとき，地衡風が高度と共に変化する関係を温度風の関係にあるという。北半球の地衡風は，高温部を右に見るようにして高さと共に強くなる。

地衡風が上空に向かって時計回りに変化しているときは，暖気移流を，反時計回りに変化するときは，寒気移流を表わす。

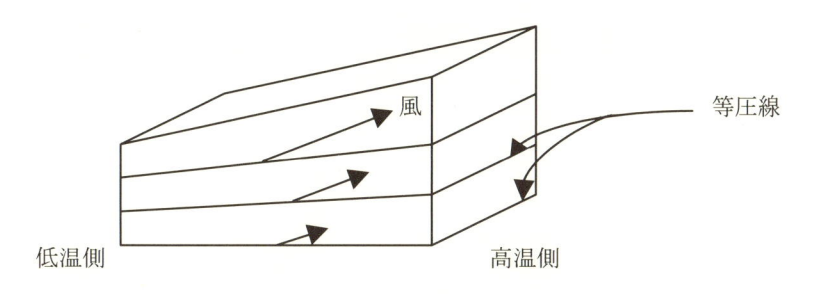

図1-6-5　温度風の関係

ホドグラフ

各気圧面での地衡風をベクトルで表示して表現したものをホドグラフという。ホドグラフで上空に向かって風ベクトルが時計回りに変化している場合は暖気移流がある状態，反時計回りに変化している場合は寒気移流がある状態。

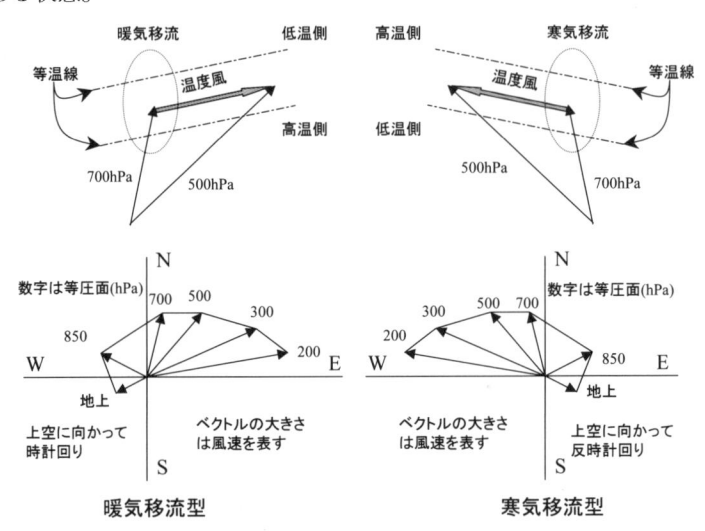

図1-6-6　ホドグラフ

発散と収束

次式は水平面上の水平発散量 D を表わす。

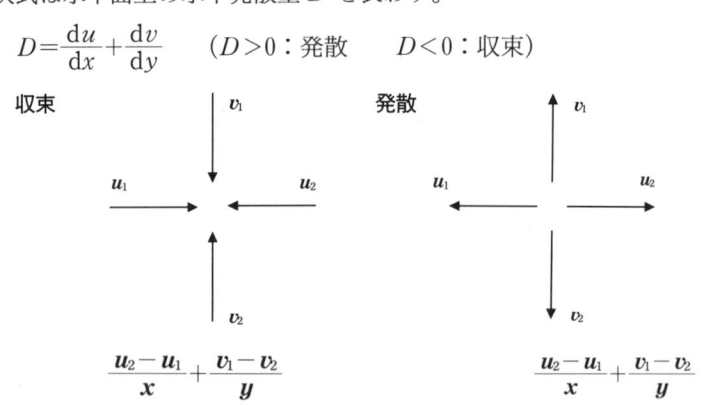

$$D = \frac{du}{dx} + \frac{dv}{dy} \quad (D>0：発散 \quad D<0：収束)$$

$$\frac{u_2 - u_1}{x} + \frac{v_1 - v_2}{y} \qquad \frac{u_2 - u_1}{x} + \frac{v_1 - v_2}{y}$$

具体的には収束モデルで $v_1 = u_2 = -1\,\mathrm{m/s}$，$v_2 = u_1 = 1\,\mathrm{m/s}$ 発散モデルで $v_1 = u_2 = 1\,\mathrm{m/s}$，$v_2 = u_1 = -1\,\mathrm{m/s}$ を代入して計算すると分かりやすい。

図1-6-7　水平収束と発散のモデル

§6．大気の運動

渦度

　渦度とは，図1-6-7にあるように流れに直角に位置する棒を回転させようとする度合い。

　風速場での回転を相対渦度といい，地球自転の渦度（コリオリパラメータ）と相対渦度の和を絶対渦度という。絶対渦度は保存量である。
次式は相対渦度ζを求める式である。

$$\zeta = \frac{dv}{dx} - \frac{du}{dy}$$

　　　（$\zeta > 0$：正渦度…反時計回りの回転　　$\zeta < 0$：負渦度…時計回りの回転）

　北半球で低気圧性の循環は正渦度，高気圧性の循環は負渦度である。
絶対渦度ηは，次式のようになる。

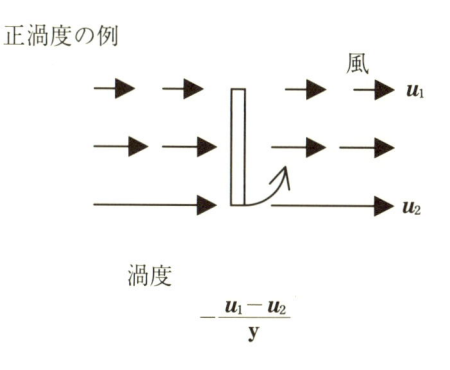

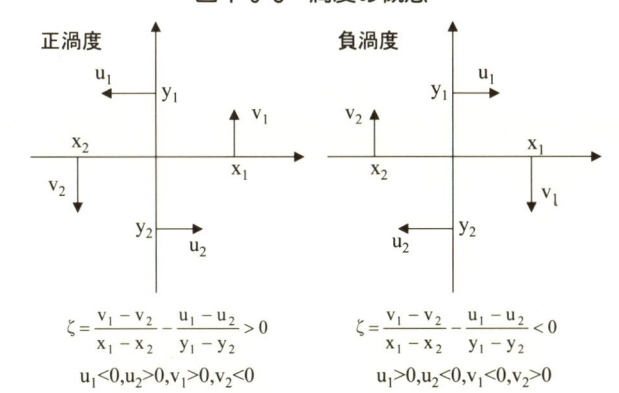

$$\eta = \zeta + f \quad (f：コリオリパラメータ)$$

正渦度の例

風

渦度
$$= \frac{u_1 - u_2}{y}$$

図1-6-8　渦度の概念

正渦度

$$\zeta = \frac{v_1 - v_2}{x_1 - x_2} - \frac{u_1 - u_2}{y_1 - y_2} > 0$$
$u_1<0, u_2>0, v_1>0, v_2<0$

負渦度

$$\zeta = \frac{v_1 - v_2}{x_1 - x_2} - \frac{u_1 - u_2}{y_1 - y_2} < 0$$
$u_1>0, u_2<0, v_1<0, v_2>0$

図1-6-9　渦度

気象現象のスケールについて

気象現象の水平スケールと時間スケールの関係は図1-6-9のとおりである。水平スケールの大きいものほど時間スケールも大きくなる。

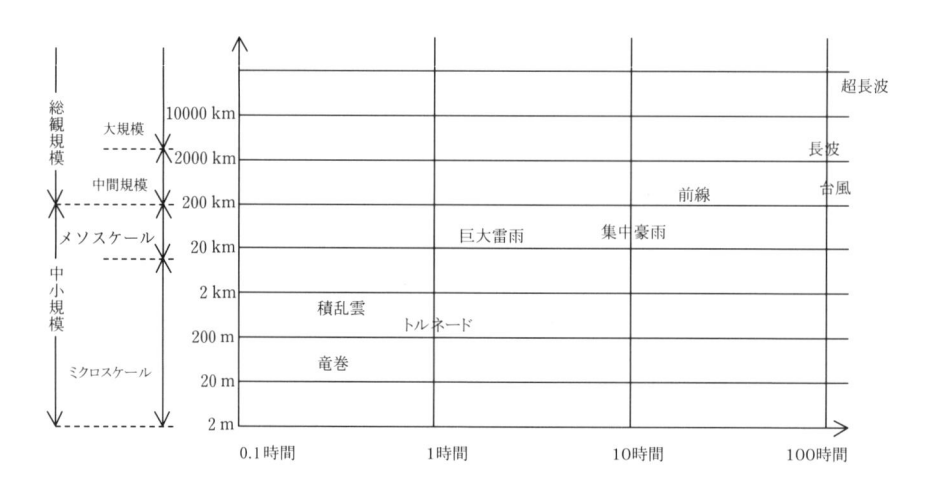

図1-6-10　気象現象の水平スケールと時間スケール

コーヒーブレイク

ルーペの持ち込みについて

　気象予報試験では，短時間で様々な天気図を読み取る必要がある。しかし，試験問題の天気図には小さな文字が多く記述されているため，数字や記号を読み間違うことが考えられる。気象予報士試験ではルーペ（虫眼鏡）の持ち込みが許可されているので，極力これを持ち込むようにしたほうがよい。

§6. 大気の運動

問1 500 hPa面において，地点A（東経135°北緯25°）での高度を5800 m，地点B（東経135°北緯35°）での高度を5200 mとする。このとき，A−B間の500 hPa面では地衡風平衡が成り立つとすると地衡風の大きさと方向は次の①〜⑤のうちのいずれになるか。

但し，コリオリパラメータを$7.3×10^{-5}\text{s}^{-1}$とする。また，A-B間の距離は1100 km，重力加速度を10 m/s^2とする。

① 西風，50 m/s
② 東風，50 m/s
③ 西風，75 m/s
④ 東風，75 m/s
⑤ 西風，100 m/s

ヒント 📖 地衡風を求める式に入れて計算する。
$$V = \frac{10}{7.3×10^{-5}} × \frac{(5800-5200)}{1100×10^3} = 74.7 \text{ m/s}$$

また，気圧傾度力は北向きであり，コリオリ力はこれに対応して南向きに働く。ゆえに風の方向は西風である。

問2 ある等圧面で北半球のある地点Aと地点Bの間に地衡風平衡が成り立っているとする（地点Aは地点Bの北側に位置している）。このとき，地点Aと地点B間の高度差を求めたい。但し，地衡風はを東風で風速50 m/s，重力加速度を10 m/s^2，コリオリパラメータを$1.0×10^{-4}\text{s}^{-1}$，A−B間の距離を1000 kmとする。

次のうち地点Aと地点Bの関係を表わす最も適当なものを①〜⑤より選べ。

① 地点Aの方が地点Bより1000 m高い。
② 地点Bの方が地点Aより1000 m高い。
③ 地点Aの方が地点Bより500 m高い。
④ 地点Bの方が地点Aより500 m高い。
⑤ 地点Aの方が地点Bより100 m高い。

ヒント 📖 地衡風の関係式から，

解答 解答は次頁の下欄にあります。

$$V = \frac{\text{重力加速度}}{\text{コリオリパラメータ}} \times \frac{2\text{点間の高度差}}{2\text{点間の距離}}$$

$$50 = \frac{10}{10^{-4}} \times \frac{\Delta z}{1000 \times 10^3}$$

$\Delta z = 500$ m

又，下図のように気圧傾度力は南向きであるので，A点の方が高度が高い。

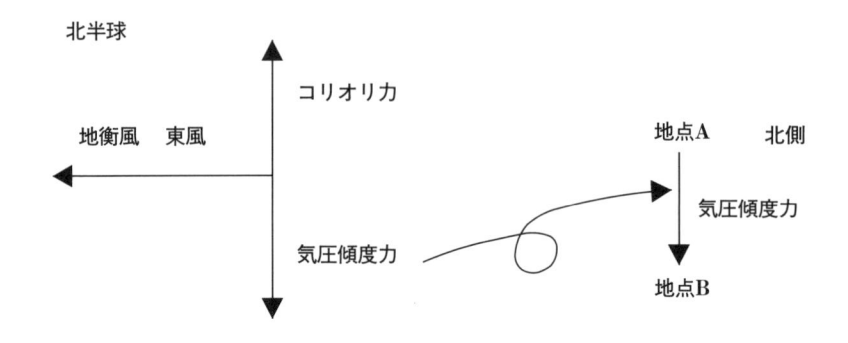

北半球

コリオリ力
地衡風　東風
気圧傾度力
地点A　北側
気圧傾度力
地点B

問3 ①〜⑤までの記述の内で，誤っているものを選べ。

①傾度風平衡とは，気圧傾度力とコリオリ力と遠心力のつりあいによるものであり，曲率の大きな擾乱で成立する。

②旋衡風平衡とは気圧傾度力と摩擦力がつりあうものである。竜巻などの現象で成立。

③南半球ではコリオリ力は風ベクトルに対して直角左向きに作用するので南半球の高気圧性循環は反時計回りである。

④暖気移流域では風は上空に向かって時計回りに変化している。

⑤地衡風平衡は，気圧傾度力とコリオリ力がつりあうとき成立する。

ヒント ①傾度風平衡は気圧傾度力とコリオリ力と遠心力がつりあう時の風。

②旋衡風は気圧傾度力と遠心力がつりあう時の風。竜巻などに対して成立。

解答

問1 ③

§6．大気の運動   75

③北(南)半球ではコリオリ力は風ベクトルに対して右(左)向き。
⑤地衡風は気圧傾度力とコリオリ力がつりあう時の風。

問4　北半球の地衡風と傾度風の大きさについて述べた①～⑤の記述の内，最も適当なものを選べ。但し，気圧傾度力の大きさは地衡風，傾度風とも同じものとする。
①高気圧性循環でも低気圧性循環でも地衡風＝傾度風
②高気圧性循環でも低気圧性循環でも地衡風＞傾度風
③高気圧性循環でも低気圧性循環でも地衡風＜傾度風
④高気圧性循環では地衡風＞傾度風，低気圧性循環では地衡風＜傾度風
⑤高気圧性循環では地衡風＜傾度風，低気圧性循環では地衡風＞傾度風

ヒント☞　北半球の低気圧を考える。傾度風を$V_傾(>0)$，地衡風を$V_地(>0)$とする。

傾度風平衡　　$\dfrac{V_傾^2}{r}+fV_傾=P_n$

　　　　　　　(f：コリオリパラメータ　$P_n(>0)$：気圧傾度力)

地衡風平衡　　$fV_地=P_n$

　　　　　　　$\therefore V_地 > V_傾$

逆に北半球の高気圧の場合は，傾度風及び地衡風をそれぞれ$V_傾(>0)$，$V_地(>0)$とすると，

傾度風平衡　　$\dfrac{V_傾^2}{r}+P_n=fV_傾$

　　　　　　　(f：コリオリパラメータ　$P_n(>0)$：気圧傾度力)

地衡風平衡　　$fV_地=P_n$

　　　　　　　$\therefore V_地 < V_傾$

解答
　問2　③　　問3　②

問5 北半球で，等圧線と角度 θ で風速 30 m/s の風が吹いている。今，コリオリパラメータを $1\times10^{-4}\mathrm{s}^{-1}$，単位質量の大気にはたらく気圧傾度力を 4×10^{-3} m/s^2 とすると風と等圧線のなす角度を表現した①～⑤の内で最も適当なものを選べ。

① $\cos\theta = 1/2$
② $\cos\theta = \sqrt{3}/2$
③ $\cos\theta = \sqrt{3}/4$
④ $\cos\theta = 3/4$
⑤ $\cos\theta = 1/3$

ヒント ☞ 風と等圧線のなす角は θ なので，下図の関係から次式が成立。

$$4\times10^{-3}\times\cos\theta = 30\times1\times10^{-4}$$
$$\cos\theta = 3/4$$

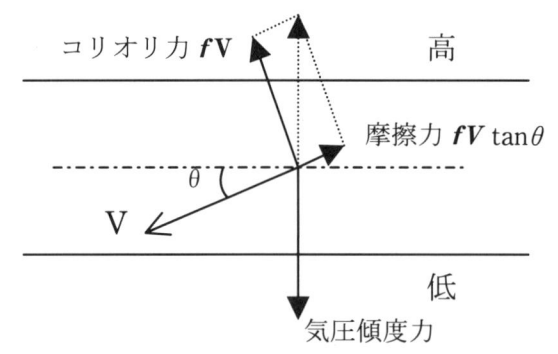

問6 次の①～⑤の流れの中で北半球の低気圧性循環で見られるものと同じ渦度を持つものを選べ。

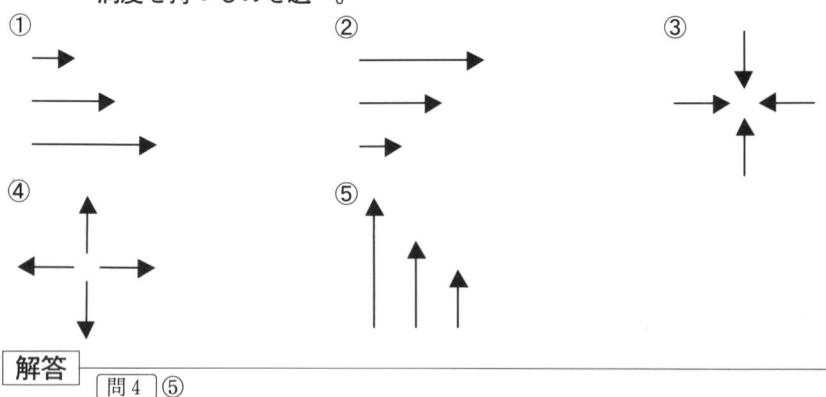

解答 問4 ⑤

§6．大気の運動

ヒント　渦度を求める式に代入して計算。
　　　　①正渦度（低気圧性循環）
　　　　②負渦度（高気圧性循環）
　　　　③収束
　　　　④発散
　　　　⑤負渦度（高気圧性循環）

問7　次の(ア)～(エ)の流れを渦度の大きさ順に並べたとき最も適当なものはどれか①～⑤の内より選べ。但し，図中の d, V は正の数とする。

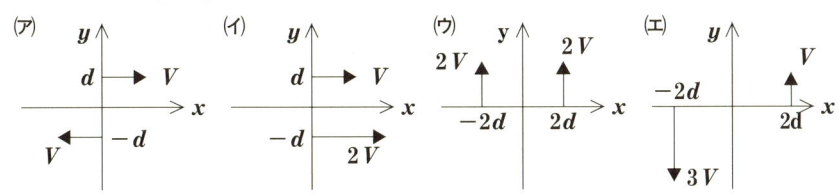

(ア) (イ) (ウ) (エ) の流れ図

① (エ)<(ウ)<(イ)<(ア)
② (ア)<(イ)<(ウ)<(エ)
③ (ア)<(ウ)<(エ)<(イ)
④ (エ)<(イ)<(ウ)<(ア)
⑤ (ア)<(ウ)<(イ)<(エ)

ヒント　渦度を求める式に代入して計算。
　　(ア)渦度 $= -(V-(-V))/2d = -V/d$
　　(イ)渦度 $= -(V-2V)/2d = V/2d$
　　(ウ)渦度 $= (2V-2V)/4d = 0$
　　(エ)渦度 $= (V-(-3V))/4d = V/d$
　　∴(ア)<(ウ)<(イ)<(エ)

解答　問5 ④　問6 ①　問7 ⑤

§7. 大規模な大気の運動

key point
- 地球の熱は低緯度側から高緯度側に輸送されていることを理解すること。
- 南北熱輸送における海洋と大気の役割の分担を理解すること。
- ハドレー循環，フェレル循環，極循環を覚えておくこと。
- 渦と平行流の合成から波ができることを認識しておくこと。
- 温帯低気圧の発達の仕組みは実技試験でも頻出事項であるので，十分にマスターすること。
- 有効位置エネルギーが運動エネルギーに変換されることにより低気圧が発達する仕組みを理解すること。

緯度別の地球のエネルギー収支

　地球が吸収する太陽放射エネルギーと地球が放射するエネルギーは，地球全体としてはつりあっているが，緯度別にみると図1-7-1のような分布になっている。地球が吸収する太陽放射エネルギーは低緯度ほど多く，高緯度では低緯度に比べてかなり少ない。一方地球が放出する放射エネルギーは低緯度側と高緯度側の差異が吸収する太陽放射エネルギーの場合に比べて小さい。言いかえれば，低緯度側で熱供給を受け，高緯度側で熱の放出を行って熱的な平衡状態になっているということである。この吸収エネルギーと放出エネルギーの差は，低緯度高緯度間での様々な熱移動によって補われている。

熱の南北輸送

　先に述べたとおり，地球のエネルギー収支は緯度ごとに異なっており，このアンバランスは熱の南北輸送によって補われている（低緯度で余分に供給された熱エネルギーを高緯度に輸送）。熱の輸送は大きく分けて大気によるものと海洋によるものとに分けられ，大気の熱輸送については，さらに乾燥大気による熱輸送と水蒸気による熱輸送に分けられる（図1-7-2）。海洋による熱輸送は主に低緯度側での熱輸送量が多い。また，中緯度から高緯度にかけては大気による熱輸送が卓越している。

§7．大規模な大気の運動   79

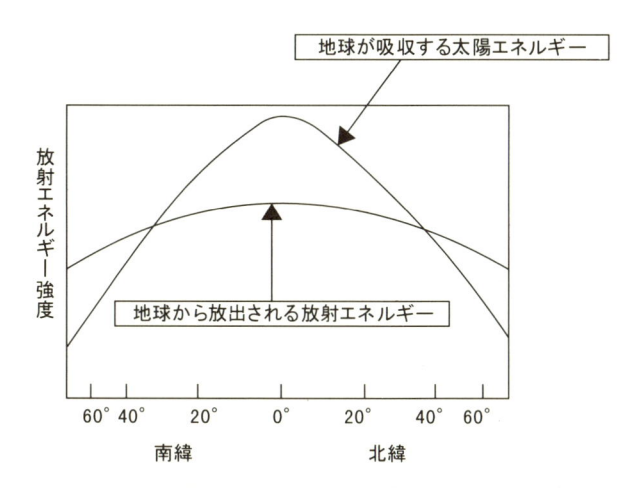

図1-7-1　緯度別の地球のエネルギー収支イメージ

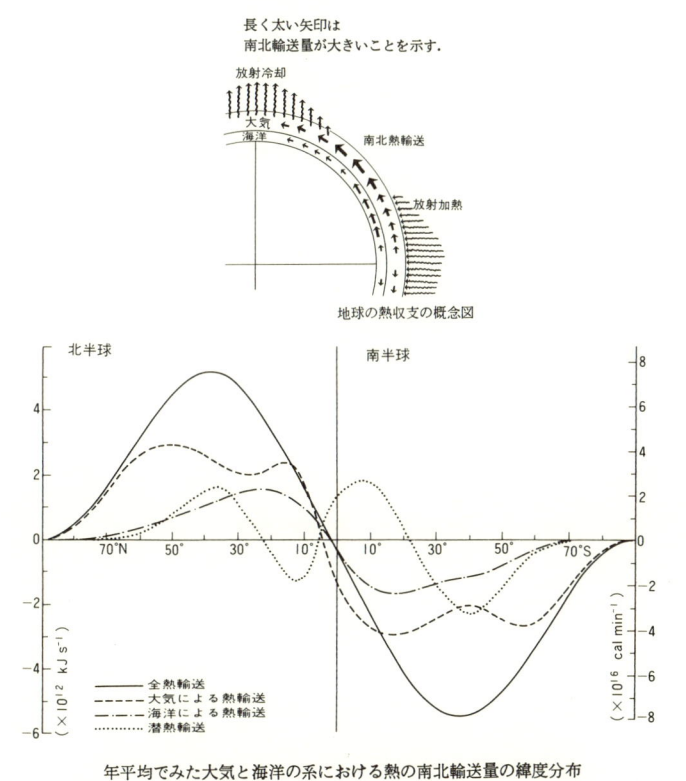

図1-7-2　地球の南北熱輸送（前出：一般気象学）

年平均でみた大気と海洋の系における熱の南北輸送量の緯度分布

― 全熱輸送
--- 大気による熱輸送
−・− 海洋による熱輸送
‥‥ 潜熱輸送

子午面循環

▶ハドレー循環

　低緯度の暖かい空気が熱帯収束帯で北半球と南半球の貿易風の収束により上昇し、中緯度にかけて循環流を生じて熱輸送する直接循環。

▶フェレル循環

　ハドレー循環と極循環の間にある間接循環。高緯度（低温）側で上昇，低緯度側（高温側）で下降する循環。

▶極循環

　低緯度側で上昇，高緯度側で下降する直接循環。

> 各子午面循環は、季節によってその循環位置が変化する。

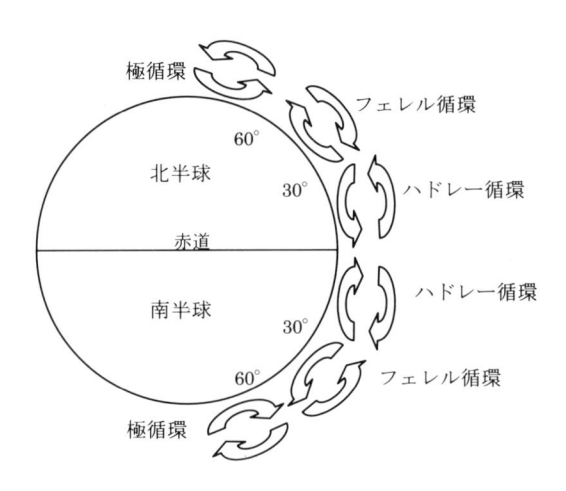

図1-7-3　子午面循環

§7. 大規模な大気の運動

地球上の大気の流れ

地球の水平面上の流れは，図1-7-4に表現されるとおりである。低緯度では偏東風，中〜高緯度では偏西風が卓越している。

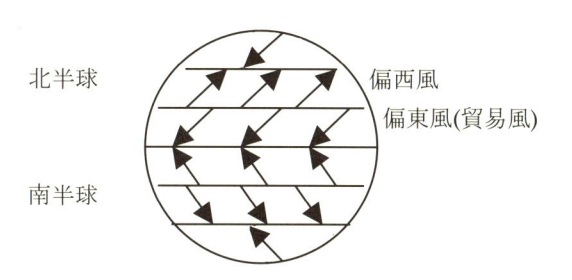

図1-7-4　地球の水平面上での風の分布

水蒸気の南北輸送

熱だけでなく，水蒸気についても降水量が蒸発量より大きい地域から蒸発量が降水量より大きい地域へ南北輸送されている。亜熱帯では年間を通して降水が少なく，降水量に比べて蒸発量の方が多い。この亜熱帯大気中に余分に放出されている水蒸気の一部は，熱帯収束帯に輸送され，そこで降水となる。このため熱帯地域では，大気への水蒸気蒸発量よりも降水量の方が多い分布になっている。

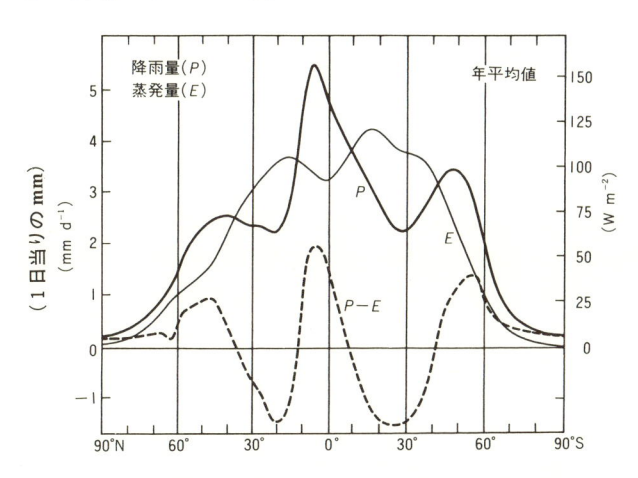

(C.W.Newton,ed.,Meteor.Monogr.13, American Meteorological Society,1972)
図1-7-5　水蒸気の南北輸送（前出：一般気象学）

渦と平行流の合成

　図 1-7-6 にあるような渦と平行流を考える。この渦と平行流が合わさると波のような波動になる。

　このとき，渦を北半球での高，低気圧の渦と置き換えると偏西風帯の波動の発達を説明できる。南北の温度傾度から緯線に平行に西風が吹き，これに高，低気圧の渦が乗ることにより偏西風は波を打つようになる。北半球では低気圧は反時計回り，高気圧は時計回りなので偏西風波動で谷になる部分は低気圧性，山になる部分は高気圧性になる。

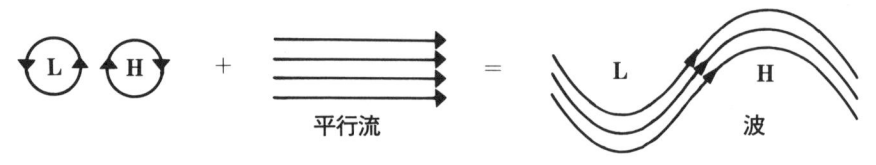

L は低気圧 H は高気圧（北半球）

図 1-7-6　渦と平行流から波となる概念説明図

温帯低気圧の発達

　温帯低気圧の発達の様子を模式的に表わしたのが図 1-7-7 である。
① 500 hPa 面の気圧の谷が深まっていく。
② 低気圧の後面から寒気移流，前面から暖気移流がある。
③ 低気圧の発達に伴い，西傾していた 500 hPa の気圧の谷と地上低気圧中心を結ぶ線が，垂直になっていく。

　また，発達中の偏西風波動の鉛直断面を表わしたのが図 1-7-8 である。図 1-7-7 及び図 1-7-8 で発達中の波動において，気圧の谷の軸が西に傾いている理由は次の通りである。気圧の谷の西では寒気があるため空気の密度が大きく，東側では暖気があるため空気の密度が小さい。このため静力学平衡により，気圧の谷の軸の東側は等圧面の間隔が大きく，西側では小さくなり気圧の谷の軸は上空に向かって西に傾く。

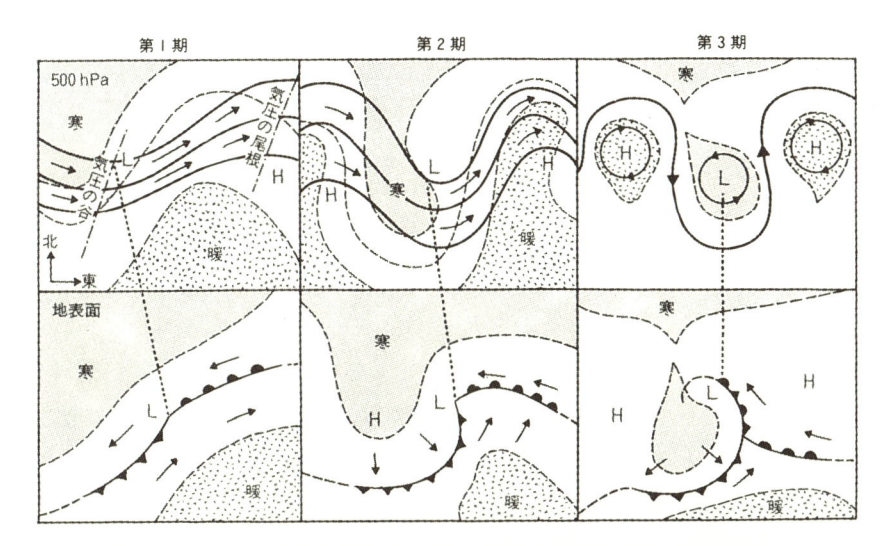

上段が500hPaの天気図で下段が地上天気図．実線は等高度線で破線は等温線．第1期は発達の初期．第2期では急速に発達中．第3期では完全に発達し，これ以後は衰退に向かう．HとLの記号はそれぞれ高気圧と低気圧の中心を示す．

図1-7-7　温帯低気圧の発達（前出：一般気象学）

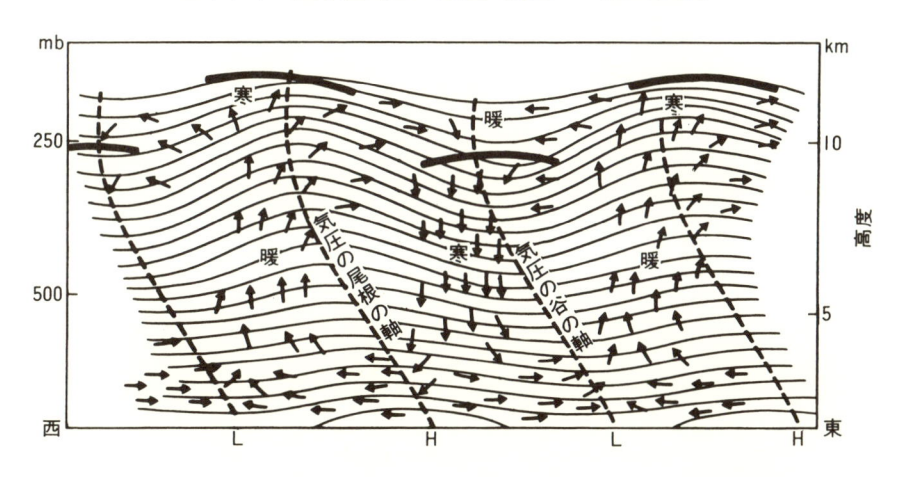

図1-7-8　発達中の偏西風波動の鉛直断面図（前出：一般気象学）

| 順圧大気 |

等圧面と等密度面が平行している状態

傾圧大気

等圧面と等温面（または等密度面）が交差する状態。等圧面上に等温線や等密度線が引けるような状態。

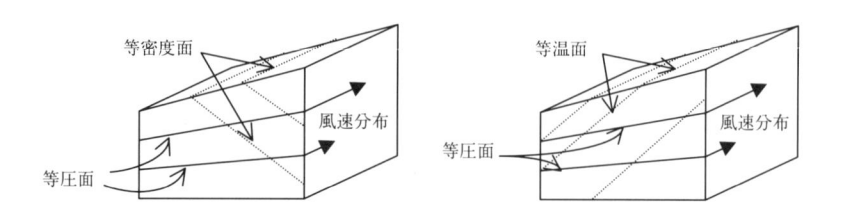

図 1-7-9 傾圧大気のモデル

大気中の熱の南北輸送

低緯度ではハドレー循環の南北鉛直断面の熱輸送が主であるが，中〜高緯度地域では偏西風帯の波動（傾圧不安定波）による輸送が卓越している。傾圧不安定波の例としては，移動性高気圧，温帯低気圧がある。

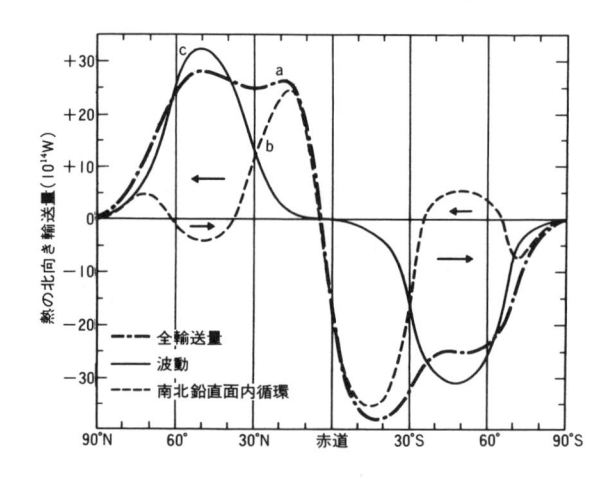

(C.W.Newton,ed.,前出)

図 1-7-10 大気中の熱の南北輸送（前出：一般気象学）

§7．大規模な大気の運動

エネルギー変換

　傾圧不安定波は，有効位置エネルギーを運動エネルギーに変換して発達する。図1-7-11にこのモデルを示す。高緯度側の寒気と低緯度側の暖気が図1-7-11の一番左の状態であるとする。寒冷な空気は暖気に比べて密度が大きいので，より多くの有効位置エネルギーを持っている。

　寒気は暖気よりも密度が大きいので暖気の下にもぐりこみ，有効位置エネルギーを運動エネルギーに変換することによって傾圧不安定波の発達に寄与している。

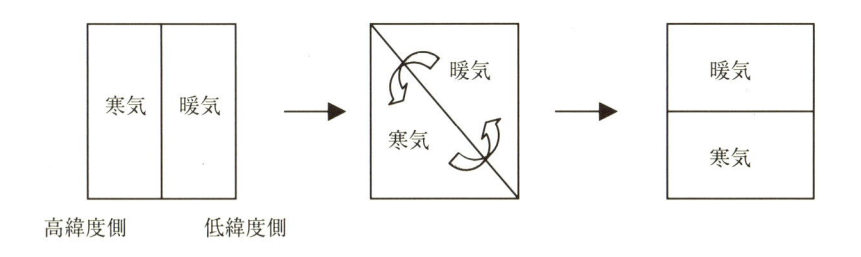

図1-7-11　有効位置エネルギーから運動エネルギーへの変換

問1 ①～⑤までの記述の内で、誤っているものを選べ。

① ハドレー循環は、高温位側（低緯度側）で上昇し、低温位側（高緯度側）で下降する直接循環である。
② フェレル循環は、高温位側（低緯度側）で上昇し、低温位側（高緯度側）で下降する直接循環である。
③ 極循環は、高温位側（低緯度側）で上昇し、低温位側（高緯度側）で下降する直接循環である。
④ 地球に吸収される太陽放射エネルギーは、高緯度側より低緯度側の方が多い。
⑤ 熱の南北輸送には海洋の影響も含まれている。

ヒント ②フェレル循環は間接循環で、高温側で下降、低温側で上昇する。
⑤海洋による熱の南北輸送は特に低緯度地域で重要である。

問2 ①～⑤までの記述の内で、誤っているものを選べ。

① 対流圏の低緯度地域では貿易風という東よりの風が卓越し、中～高緯度地域では偏西風という西風が卓越している。
② 水蒸気の南北輸送は、水蒸気の蒸発量と降水量の差から解析できる。
③ 中～高緯度地域での大気の南北熱移動では、フェレル循環による効果のほうが、傾圧不安定波による効果よりも大きい。
④ 傾圧大気では、等圧面上に等温線や等高度線を引くことができる。
⑤ 波は平行流と渦の合成流として表現できる。

ヒント ②水蒸気の蒸発量と降水量の差は、正味の水蒸気供給量となり、この緯度別の変化量から水蒸気の南北輸送を解析できる。
③中～高緯度での熱輸送は傾圧不安定波による効果が卓越している。
⑤渦と平行流を合成すると波になる。

問3 ①～⑤までの記述の内で、誤っているものを選べ。

① 移動性高気圧や温帯低気圧は、中～高緯度の南北熱輸送の主要因である。

解答 解答は次頁の下欄にあります。

②北半球で発達中の温帯低気圧の鉛直断面では，気圧の谷（トラフ）が上空ほど西に傾いている。
③北半球で発達中の温帯低気圧中心の東側では暖気移流が，西側では寒気移流がみられる。
④傾圧不安定波は，大気温の有効位置エネルギーが運動エネルギーに変換されて発達する。
⑤子午面循環の循環箇所は年間を通じて，まったく同じ位置に起こっている。

ヒント ☞ ①移動性高気圧や温帯低気圧は傾圧不安定波で，中〜高緯度の南北熱輸送に大きな役割を果たす。
　　　　②〜③発達中の低気圧に伴う特徴としては，上空の気圧の谷が地上気圧の谷に対して西傾(又は渦管の西傾)，低気圧前面の暖気移流と後面の寒気移流がある。
　　　　⑤子午面循環の循環箇所は，年間を通じて変化している。

解答
問1 ②　問2 ③　問3 ⑤

§8. 成層圏と中間圏内の大規模運動

key point
- 夏季と冬季の成層圏の気温分布を覚えておくこと。
- 成層圏の突然昇温と赤道域の準2年周期振動を覚えておくこと。

成層圏の気温分布

　成層圏の温度分布は，図1-8-1のようになる。地表では一年を通じて赤道が極よりも高温である。また，対流圏界面の高さも一年を通じて赤道付近がもっとも高い。このため高度10〜25 kmの部分においては赤道付近の気温がもっとも低くなっている。高度25 km以上の範囲をみてみると，夏半球の極域から赤道に向けて気温が下降していき，冬半球の極域で気温が最も低くなっている。

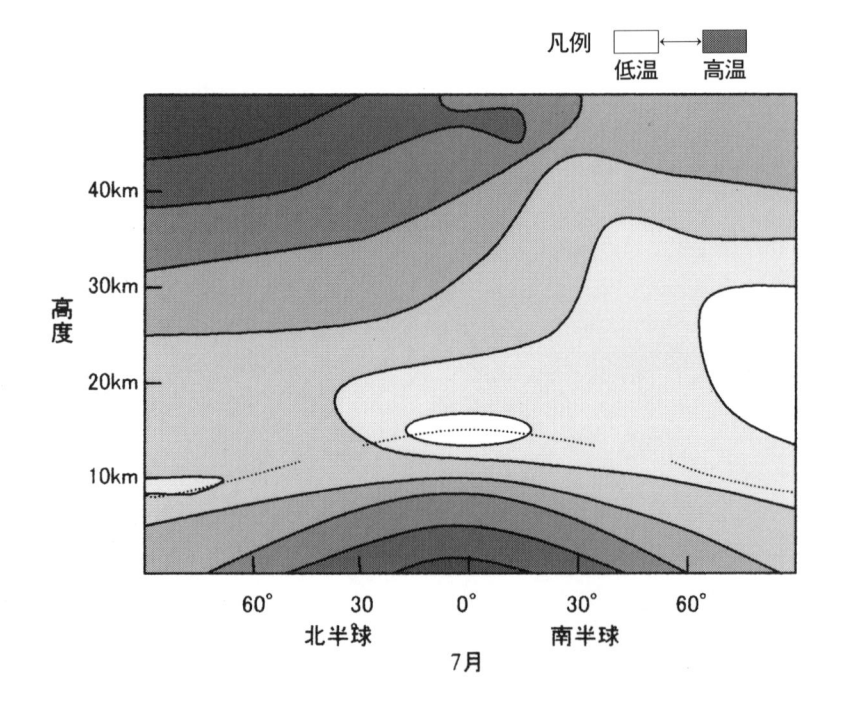

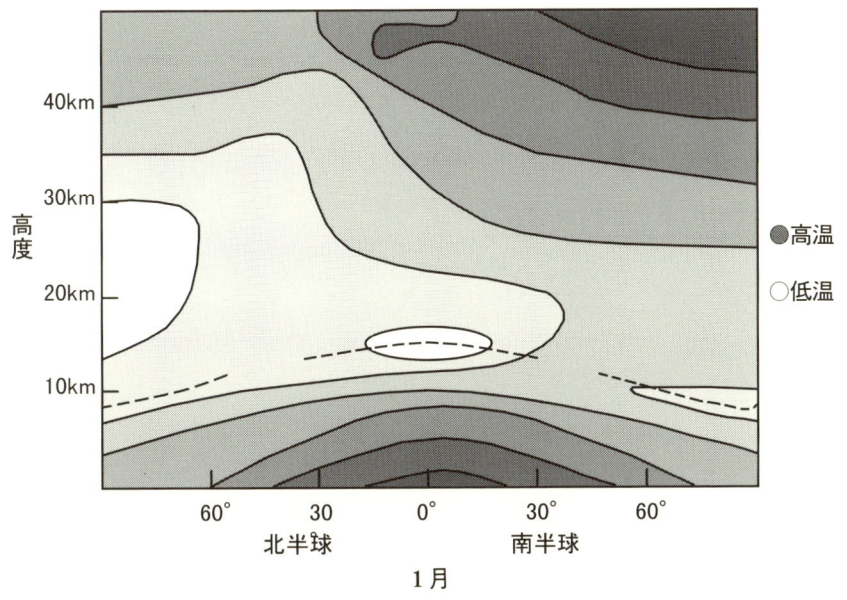

§8．成層圏と中間圏内の大規模運動

図1-8-1 季節別の成層圏界面までの気温の緯度，高度分布のイメージ図

※------は対流圏界面を表わす

成層圏と中間圏の風の分布

　成層圏と中間圏の風の分布は，夏半球では東風，冬半球では西風となっている。

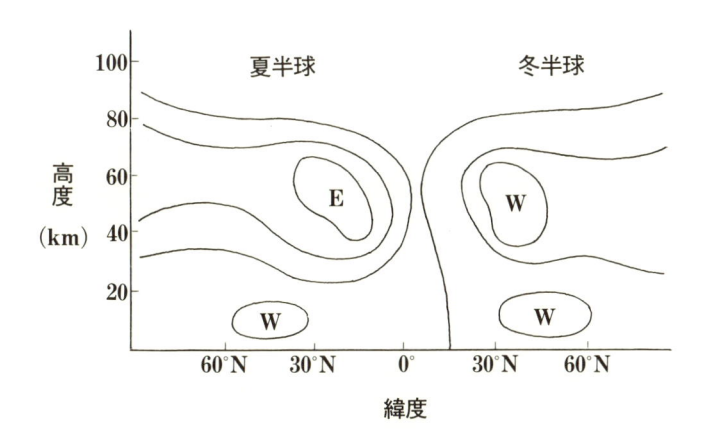

図1-8-2　成層圏と中間圏の風の分布のイメージ図

成層圏の突然昇温

　冬半球高緯度地域の成層圏では，極を取りまいて西風の渦が卓越しているが，この渦が急に崩壊し極側で大きな昇温が起こることがある。これを成層圏の突然昇温という。

赤道域の準2年周期振動

　赤道域の下部成層圏では東風と西風が平均して約26ヶ月ごとに入れ替わっている。これを準2年周期振動という。

§8. 成層圏と中間圏内の大規模運動　　　91

問1　下記に示す地上から 50 km までの大気の気温分布を説明する①〜⑤の選択肢のうち，最も適当なものを選べ。

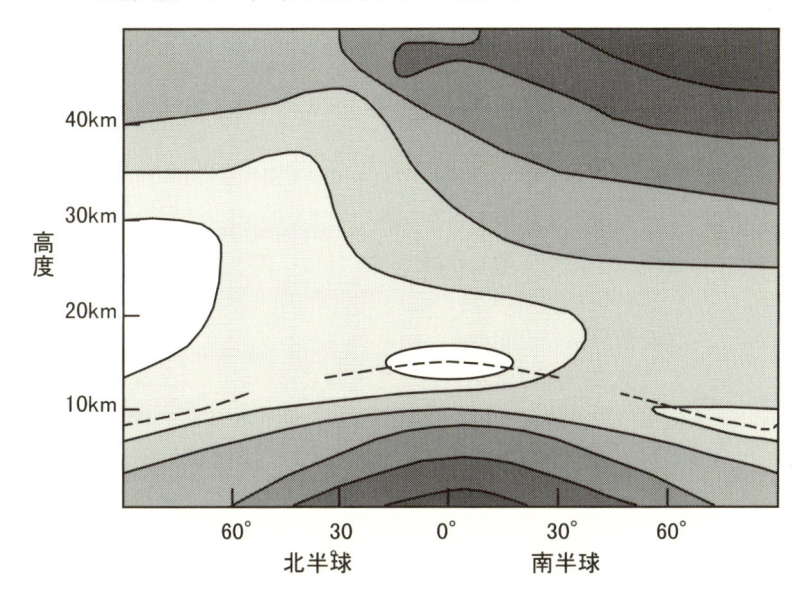

①上図は北半球の夏と冬を表わす。
②上図は北半球の春を表わす。
③上図は北半球の夏を表わす。
④上図は北半球の秋を表わす。
⑤上図は北半球の冬を表わす。

ヒント　夏半球では，高度 25 km 以上の範囲で極域から赤道に向けて気温が下降する。よって上図は南半球が夏半球であるので，北半球では冬である。

問2　①〜⑤までの記述の内で，誤っているものを選べ。
①中緯度帯の成層圏から中間圏にかけては冬季は東風，夏季は西風が卓越する。
②赤道上空の成層圏下部では準2年周期振動という東風と西風が周期的に変化する現象がある。

解答　解答は次頁の下欄にあります。

③冬半球高緯度地域の成層圏では，極を中心とした西風の渦が卓越しているが，この渦が突然崩れて極側で大きな昇温が起こることがある。
④下部成層圏では年間を通じて赤道域の気温が最も低い。
⑤夏半球高緯度地域の成層圏では，極を取りまく高気圧が卓越している。

ヒント ☞ ①中緯度帯成層圏から中間圏では冬の西風，夏の東風。
②準2年周期振動では，約26ヶ月毎に成層圏下部の東風と西風が入れ替わっている。
③突然昇温の説明。
④下部成層圏で年間を通じて最も気温が低いのは赤道域。
⑤夏半球高緯度地域の成層圏では，極を取りまく高気圧が，冬半球高緯度地域の成層圏では，極を取りまく低気圧がみられる。但し，冬極では突然昇温があるとこの循環は崩れる。

解答 問1 ⑤ 問2 ①

§9. 中小規模の運動

> **key point**
> ・風の鉛直シア，水平シアは頻出キーワードなので覚えておくこと。
> ・マルチセル型雷雨は日本でよく起こる現象であるので，よく理解しておくこと。
> ・海陸風のメカニズムを理解しておくこと。
> ・台風は，実技試験での出題頻度も高いのでよく勉強しておくこと。
> ・台風の気温鉛直分布や風速分布をよく理解しておくこと。

風の鉛直シア

風速，風向が高度と共に変化する割合。(風のシアとは空間的な風の変化率で，水平距離に対する風向・風速の変化率は風の水平シアという)

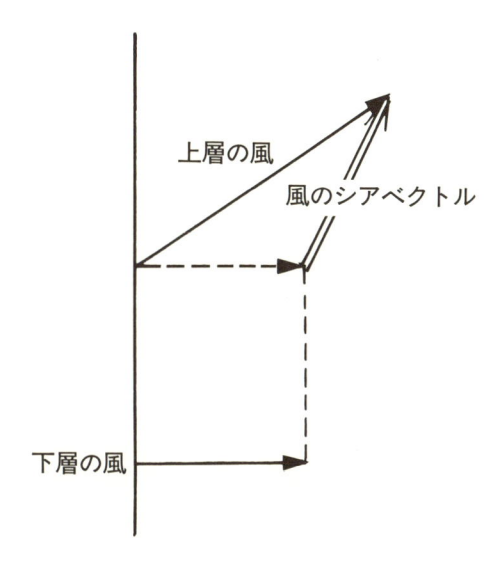

図1-9-1 風の鉛直シア

気団性雷雨

風の鉛直シアが弱い時に発生。ランダムな対流セルからなる。

> 対流セルの一生

　対流セルは，発達期・成熟期・衰弱期のサイクルからなっている。発達期では積乱雲内全体において上昇気流が存在する状態で，降水現象が地上でまだ観察されない段階である。成熟期では，降水粒子が増加，成長しこれらが落下するときに大気を引きずり下ろす効果により，積乱雲の下層で下降気流が発生する。この下降気流は上層への暖湿気流の補給を断ち，積乱雲内の上昇気流は次第になくなっていく。これが衰弱期である。

　　　　発達期　　　　　　成熟期　　　　　　衰弱期

積乱雲の全体に上昇気流　降水によって下層の大気　上昇流が断たれ積乱雲
がある　　　　　　　　　が引きずり下ろされ下層　全体に下降気流が発生
　　　　　　　　　　　　では下降気流が発生

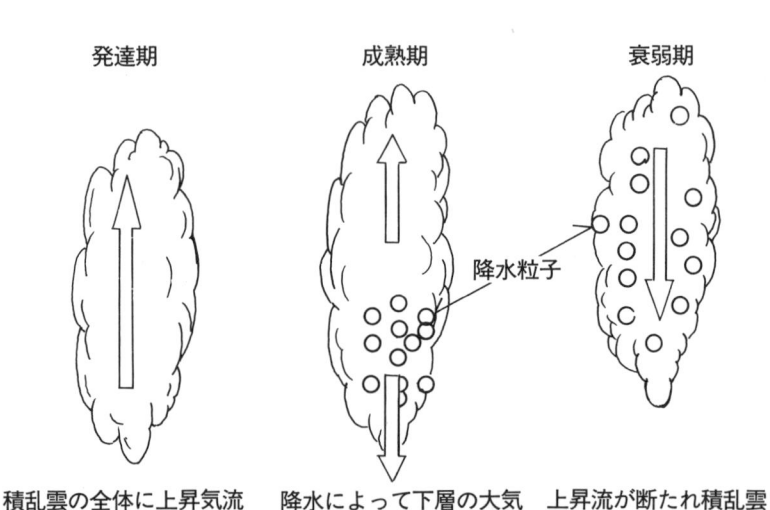

図1-9-2　対流セルの一生

> マルチセル型雷雨

　風の鉛直シアが強いときに発生。規則的に組織化された複数のセルから構成される。個々のセルが世代交代を繰り返すので，マルチセル型のストームは長時間継続する。
　日本で起こる巨大雷雨はほとんどがこのマルチセル型である。

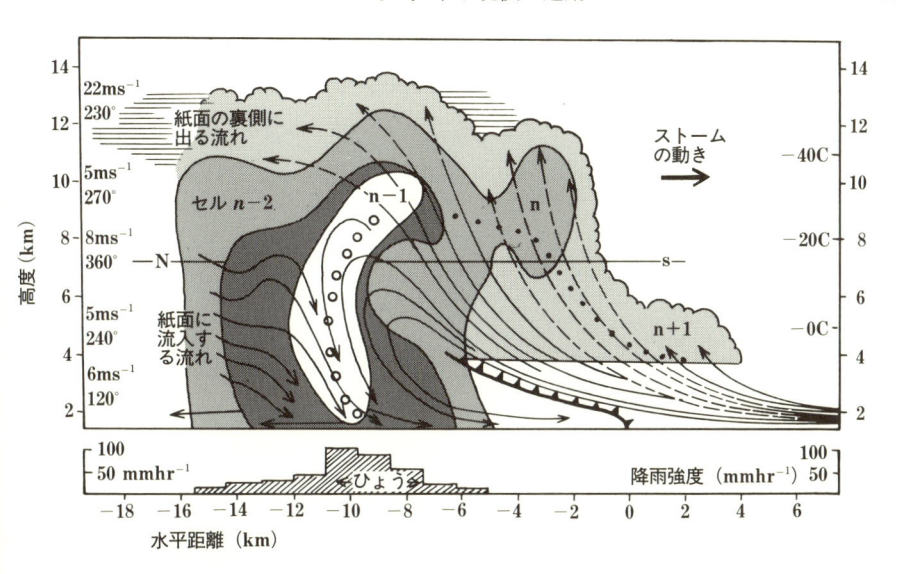

図 1-9-3 マルチセル型のストームの構造（一般気象学）

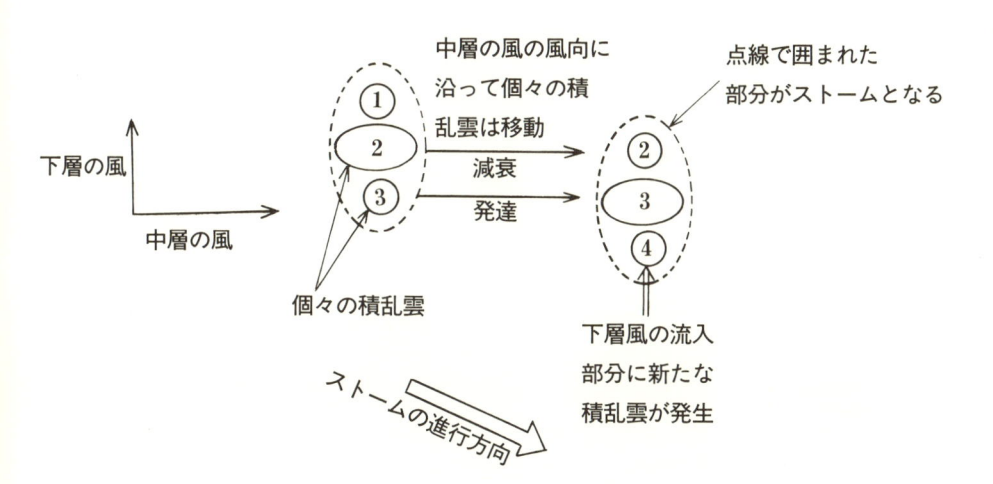

(K.A.Browning et al.,Mon.Weather Rev.,104,American Meteorological Society,1976)

図 1-9-4 マルチセル型ストームの移動モデル

スーパーセル型雷雨

風の鉛直シアが強いときに発生。巨大な一つの雲の塊から構成される。図1-9-5にあるようにフックエコーが見られ，またストーム内の下降流とストームに流入してくる暖湿気流との間に陣風線という小型の寒冷前線を形成する。

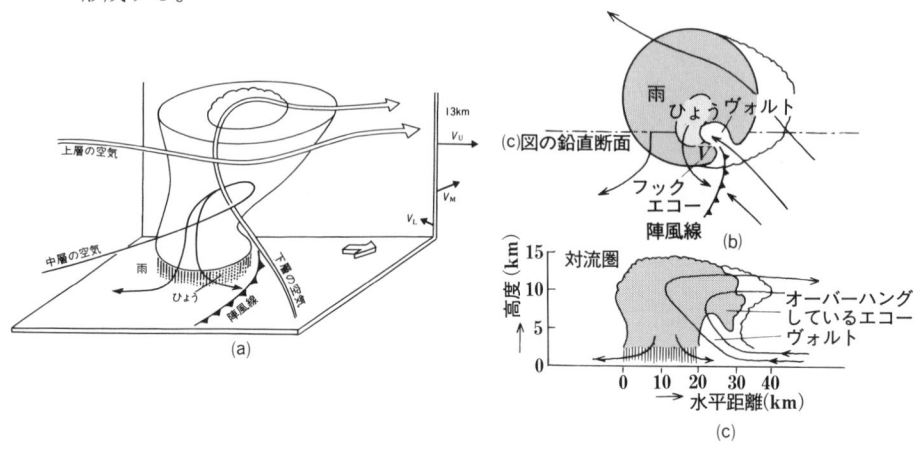

(a)移動しつつあるストームに相対的な3次元的な空気の流れ，図の右側に，ストームに相対的な対流圏下層（V_L），中層（V_M），上層（V_U）の一般場の風が示してある。下層の流れが上昇気流を，中層の流れが下降気流を養う。地表面における陣風線の位置も示してある。(b)上からみたストームの構造，薄く塗った部分は小さい雲粒から成る雲の部分で，濃い部分が強いレーダーエコーをもつ降水部分。実線はストームに相対的な対流圏下層における流れ。上昇気流や下降気流があるから，図の下半部のように，ある水平面内の流線は途中でとぎれている。スーパーセル型のストームに伴って龍巻が起こるとすれば，Vの記号の位置で発生する。(c)鉛直断面でみた構造，細い実線は流線を表わすが，下層空気が上昇し雲の上部で雲を脱出する流れが同一断面内で起こっているわけでなく，実際にはこの紙面に直角な方向の流れも重なっている。

図1-9-5　スーパーセル型ストームの構造（前出：一般気象学）

海陸風

海と陸では海の方が，比熱が大きいため昼間の日射では陸地のほうが早く暖められる。このため昼間は暖められた陸地から上昇気流が起こる。この上昇気流によって失われる大気分を補うために海から陸へ向かって風が吹くことを海風という。一方夜間は，陸上のほうが先に冷やされるので，昼間とは逆の現象が起こる。これを陸風という。海風と陸上の大気の密度差から前線が発生し，対流雲が発生することがある。これを海風前線という。

§9．中小規模の運動　　　　　　　　97

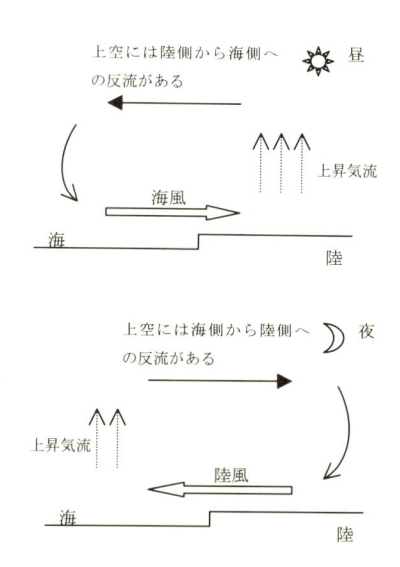

図1-9-6　海陸風の説明モデル

> 台風の発生条件

　緯度5°より高緯度の地域で海面水温が26.5℃以上の地域に発生する。海面から補給される水蒸気は，積雲対流によって潜熱を放出する。これは，台風のエネルギー源となる。

> 台風の鉛直構造

　台風では下層と上層で風の分布が異なる。台風に伴う風を接線成分と動径成分に分けると，図1-9-7のようになる。さらに，接線成分と動径成分の鉛直断面における分布は，それぞれ図1-9-8のようになる。これらより，
　①接線成分は地面摩擦の効果がなくなる境界層上端で最大になる。
　②中心に近いほど接線成分は大きい。(中心にきわめて近い個所では速度は弱くなる)
　③対流圏下層では接線成分は反時計回り，上層では時計回りの流れがある。
　④動径速度は境界層内部で最大である。
　⑤対流圏上層では中心から外側に向かう動径速度を持つ。
ということがわかる。

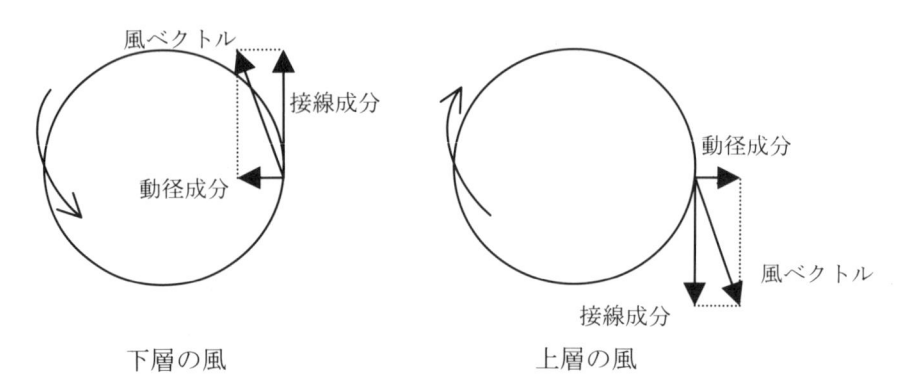

図1-9-7　台風に伴う風の接線成分と動径成分

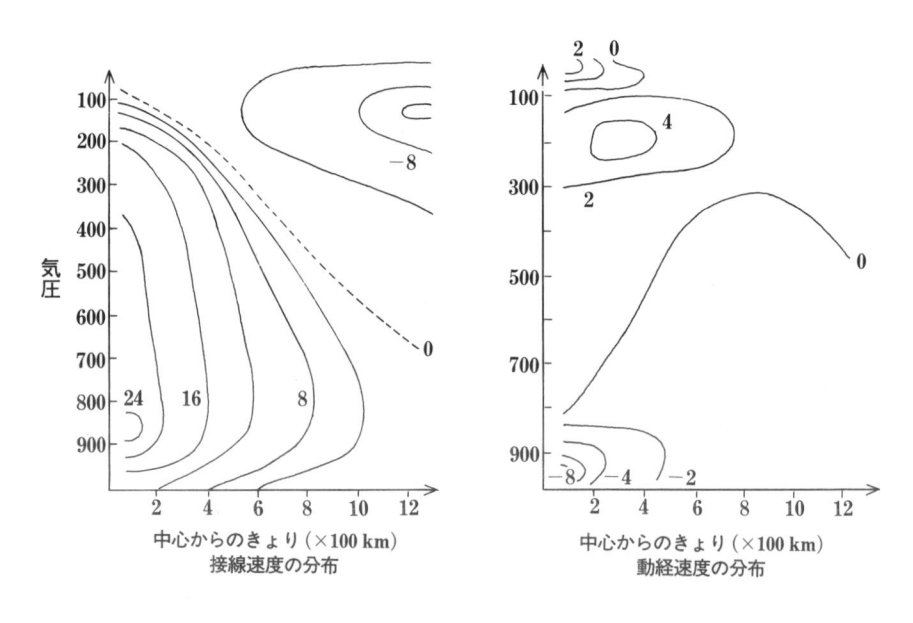

図1-9-8　鉛直断面における台風の接線成分と動径成分の分布のイメージ

台風内の気温分布

　　台風は中心に近いほど周囲の気温よりも気温が高い状態になる。また，上層の方が下層に比べて気温差がより大きくなる。

§9. 中小規模の運動　　　　　　　　　99

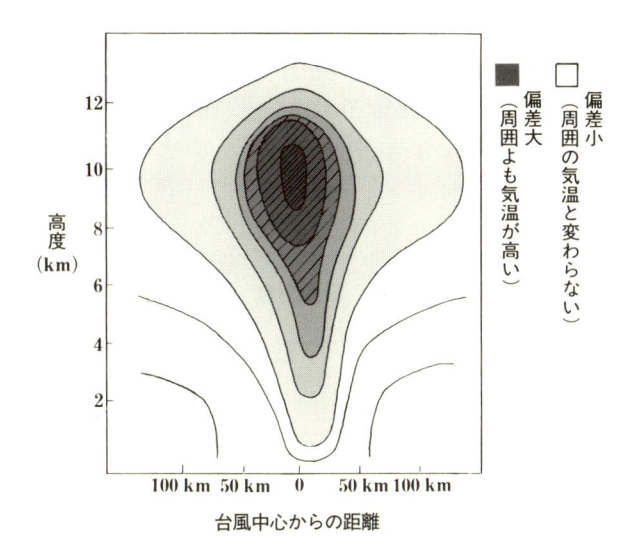

図1-9-9　台風の鉛直断面における気温偏差分布のイメージ

台風に伴う上昇流と下降流

　台風に伴って，中心付近では強い上昇流があるが台風の目の中では下降流がある。

台風に伴う大気の流れ

　台風に伴う大気のモデルは図1-9-10のようになる。

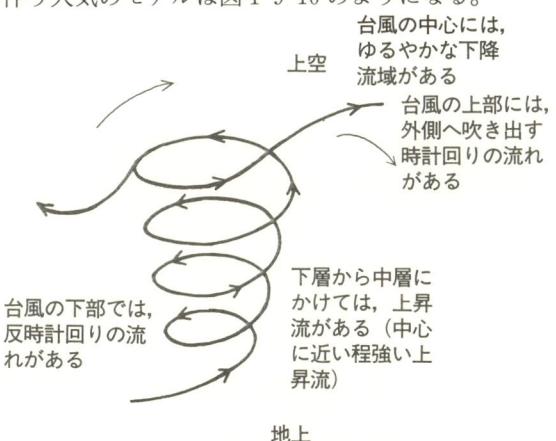

図1-9-10　台風に伴う大気の流れモデル

第1章　気象学の基礎

問1 ①〜⑤までの記述の内で，誤っているものを選べ。
①積乱雲などの発達した対流雲からの下降気流はダウンバーストと呼ばれ，航空機の航行にも影響を与えるので注意が必要である。
②マルチセル型の雷雨やスーパーセル型の雷雨は風の鉛直シアーが大きいときに発生する。
③スーパーセル型のストームではフックエコーがみられる。
④日本で起きる巨大雷雨はスーパーセル型の方が多い。
⑤気団性雷雨は，風の鉛直シアーが小さいときに発生する。

ヒント　①ダウンバースト…ストームなど積乱雲に伴って発生する強い下降発散気流。
　　　　②マルチセル型，スーパーセル型の雷雨は風の鉛直シアーが大きいときに発生する。
　　　　③フックエコーはスーパーセル型のストームの特徴である。
　　　　④日本ではマルチセル型のストームの方が多い。
　　　　⑤気団性雷雨は，風の鉛直シアーが小さいときに発生する。

問2 ①〜⑤までの記述の内で，誤っているものを選べ。
①積乱雲が発達すると対流圏界面は安定な成層を成しているので，積乱雲上層部では雲が水平に広がっている。
②暖かく湿った空気の補給は積乱雲の発達に寄与する。
③積乱雲に伴って発生する降水粒子は，落下することによって，空気を引きずりおろし，下降流を作る要因となる。
④積乱雲に伴って雹や雷雨などの激しい気象現象に注意する必要がある。
⑤水平スケールが数十km程度の巨大雷雨の持続時間は，数日程度である。

ヒント　①積乱雲の雲頂が安定した成層の成層圏に阻まれて，ほぼ水平に広がった状態になった雲をかなとこ雲という。
　　　　②暖かく湿った大気は，積乱雲の発達に寄与する。
　　　　③降水によって発生する積乱雲の下層で発生する下降流は，上部

解答　解答は次頁の下欄にあります。

§9. 中小規模の運動

への暖湿気の補給を断つので積乱雲の衰弱の原因となる。
⑤巨大雷雨の水平スケールは数十 km，持続時間は数時間程度。

問3　マルチセル型のストームについて述べた①〜⑤までの記述の内で，最も適当なものを選べ。
①下層風が吹き込む位置から古い対流セルは消滅する。
②マルチセル内の個々の対流セルは下層の風の風向に流される。
③マルチセル全体は中層の風の風向に進む。
④マルチセル内の個々の対流セルは中層の風の風向に流される。
⑤マルチセル全体は下層の風の風向に進む。

ヒント　図1-9-4参照

問4　①〜⑤までの記述の内で，誤っているものを選べ。
①海陸風は，昼は海風，夜は陸風となる。
②一般的に海風は陸風よりも強い。
③海風や陸風の上空には同じ向きの風が存在する。
④海陸風は海と陸の熱容量の違いによって生じる。
⑤海風が陸地に侵入し，陸上の大気との間に前線を作ることがある。この前線のことを海風前線といい，対流雲を発生することがある。

ヒント　②昼の方が，温度傾度が大きいので海風のほうが強い。
③海風の上空には，陸から海への反流がある。
④熱容量の違いによって生じる大気の循環流が海陸風である。

問5　①〜⑤までの記述の内で，誤っているものを選べ。
①台風のエネルギー源は積雲対流時に発生する潜熱である。
②台風は海面水温が26.5℃以上で，緯度が5°より高緯度の地域で発生する。
③台風に伴う接線方向の風速は，摩擦の影響がほとんどなくなる大気境界層上端で最大になる。
④台風の眼の部分では弱い上昇流がある。

解答　問1 ④　問2 ⑤

⑤台風の中心付近には上昇気流がある。

ヒント ① 台風のエネルギー源は，積雲対流時に発生する潜熱。
③ 大気境界層上端では摩擦力の影響が最も弱くなり，風の接線成分は最大になる。
④ 台風の眼の部分には下降流がある。
⑤ 台風中心付近では強い上昇気流がある。

問6 ①～⑤までの記述の内で，誤っているものを選べ。
① 台風中心の大気は，同じ気圧面の周囲の大気に比べて気温が高い。
② 南北間の温度差に起因する有効位置エネルギーが運動エネルギーに変換されて台風は発達する。
③ 台風の上層では時計回りの流れがある。
④ 台風のような曲率の大きな現象では傾度風平衡が成立する。
⑤ 台風の下層では反時計回りの流れがある。

ヒント ① 台風の中心では，潜熱の放出によって周囲に比べて気温が高い。
② 台風のエネルギー源は潜熱。
③ 台風の上層では時計回りの風の流れがある。
④ 台風では傾度風平衡が成立する。
⑤ 台風の下層では，風は反時計回りに回転している。

解答　問3 ④　問4 ③　問5 ④　問6 ②

§10. 気候の変動

> **key point**
> ・エルニーニョ現象，ラニーニャ現象の概要を知っておくこと。
> ・テレコネクションとは何か覚えておくこと。
> ・温室効果や温室効果気体について知っておくこと。

エルニーニョ現象

元来南米のペルー沖の赤道太平洋東部で，年末頃に海面水温が上昇する現象を呼んでいたが，現在は赤道域太平洋のかなり広い地域で数年に一度海面水温が上昇する現象もいう。偏東風が弱まり，海面水温が高い地域が東側へ広がる。海面水温の高い地域では蒸発が盛んになり，低圧部になり降水が多くなる。この場所が平年とは異なる場所で起こるために異常気象をもたらす。

ラニーニャ現象

エルニーニョ現象とは逆に赤道太平洋東部において海水温が低くなるために起こる現象。

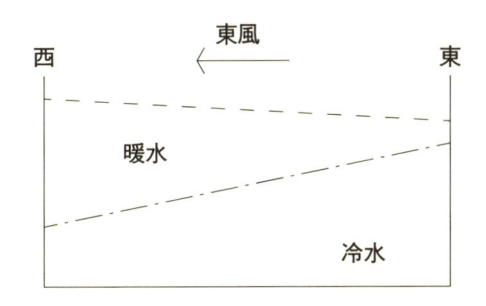

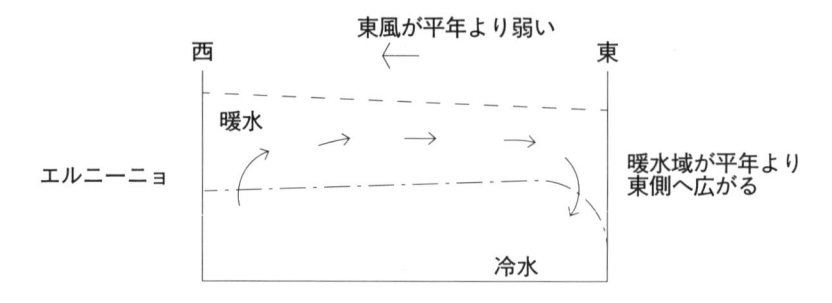

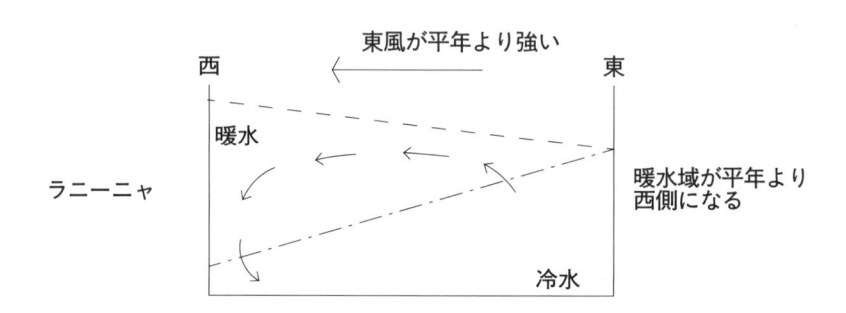

図 1-10-1　赤道太平洋域における貿易風と海水温の関係

テレコネクション

ある場所の大気の一部に起きた現象が遠くの場所に伝播される現象をテレコネクションという。

　　例：エルニーニョ現象に伴う日本の暖冬やラニーニャ現象に伴う日本の猛暑

火山噴火の影響

火山の噴火により成層圏にエアロゾルが放出され，これにより太陽光は散乱される。このため地表に達する散乱光は増加するが，直達日射量は減少する（日傘効果）。この影響は1年以上継続する。

温室効果気体の増加と温暖化

二酸化炭素，メタン，フロンなどは赤外線を吸収する温室効果気体である。特に二酸化炭素は年々増加しており地球温暖化の原因の1つと考えられている。

§10. 気候の変動

人間活動に伴う硫酸エアロゾルの増加

　化石燃料の使用に伴い硫酸エアロゾルなどの物質が対流圏に放出されるが，これらは降水粒子の凝結核となり下層雲を増加させる。このため太陽光線は雲により反射され，日射量が減ることにより地表面を冷却するという間接効果をもたらす。

気候変動

　大気には内在的な不安定があり，長い時間スケールにおいても変動をしている。また，変動の幅も大きく，気候変動について観測データから判断する場合は十分に注意を払う必要がある。

ブロッキング

　中〜高緯度の偏西風帯の循環は，東西流型，南北流型，ブロッキング型に分類される。ブロッキング型では，中緯度に寒気が停滞し，高緯度に暖気が停滞することによって中緯度で通常より寒冷な，高緯度で通常より温暖な天気をもたらす。このブロッキング現象は数週間ほど持続し，異常気象をもたらす。

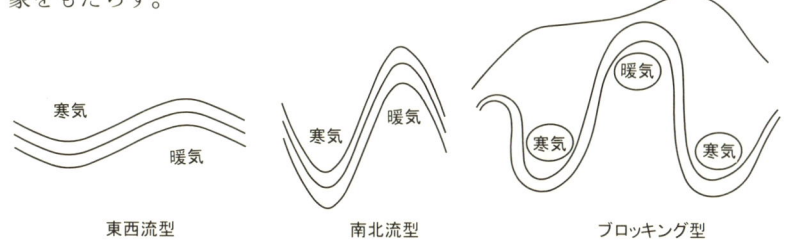

図1-10-2　中〜高緯度の偏西風帯の循環

酸性雨

　化石燃料を燃焼する際に生じる硫黄酸化物等が雨滴に溶けることによって生じる酸性雨は，森林を枯らしたり，湖や池を酸性化して魚などの動物を死滅させたり，建物等を溶かしたりするという被害を及ぼす。

ヒートアイランド現象

　都市部では人間活動に伴って多大なエネルギーが放出されるため，周辺地域よりも気温が高くなる現象が起こる。この現象をヒートアイランド現象という。

問1 ①〜⑤までの記述の内で，誤っているものを選べ。
① エルニーニョ現象は熱帯地方の対流活動に影響するだけでなく，中緯度や高緯度の地域の気候にも多大な影響を与える。
② 火山噴火に伴って発生した成層圏エアロゾルは，太陽光を散乱させる。これにより散乱日射量は増加するが直達日射量は減少する。この成層圏エアロゾルの現象は1〜2ヶ月程度で解消する。
③ 地球の公転軌道の変化は気候変動に影響を与える。
④ 大気の一部に起きた現象が遠隔の場所に伝播される現象をテレコネクションという。
⑤ 中〜高緯度の偏西風帯の循環は，東西流型，南北流型，ブロッキング型に分類される。

ヒント ① エルニーニョ現象は地球規模で波及する。
② 成層圏エアロゾルの増加は，直達日射をさえぎる効果と温室効果の相反する効果を生み出すが，前者の効果の方が大きく，この効果によって気温が下がる。この効果は一般に1年以上持続する。

問2 ①〜⑤までの記述の内で，誤っているものを選べ。
① 化石燃料の燃焼による二酸化炭素の増加は温室効果を促進し，地球の温暖化の要因と考えられている。
② 二酸化炭素の濃度は植物が繁茂する春〜夏にかけて極大になる。
③ 人間による社会活動がほとんどない極域でも二酸化炭素は増加している。
④ 二酸化炭素は長波放射をよく吸収する一方，短波放射はほぼ透過させる。
⑤ 温室効果によって地球の平均気温が上がると海面水位は上昇する。

ヒント ① 二酸化炭素は温室効果気体である。
② 炭酸同化作用によって二酸化炭素は吸収される。よって春〜夏は二酸化炭素が少なく，秋〜冬にかけて多くなる。
③ 大気は地球全体を循環しているので，主に北半球の人口密集地

解答 解答は次頁の下欄にあります。

§10. 気候の変動

域で発生した二酸化炭素は全地球に循環している。このため極域でも二酸化炭素の増加は認められている。
④二酸化炭素は，太陽放射に対して透明であるが，地球放射をよく吸収する。
⑤気温増加に伴い極域の氷が溶け，海面水位は上昇する。

問3 ①～⑤までの記述の内で，誤っているものを選べ。
①対流圏に硫酸エアロゾルが増加すると，温室効果をもたらし大気温が上昇する。
②森林の減少は炭素循環のバランスを崩し，気候変動の要因になる。
③都市部では人間活動に伴って多大なエネルギーが放出されるため，周辺地域よりも気温が高くなる現象が起こる。
④砂漠化によって地球のアルベドは増加する。
⑤化石燃料を燃焼する際に生じる硫黄酸化物等が雨滴に溶けることによって生じる酸性雨は，森林を枯らす等の影響を及ぼす。

ヒント ①硫酸エアロゾルの増加は，降水の凝結核を増やし，下層雲を増加させる。これにより日射は反射されるので，地表面は冷却される。
②植物の減少は，炭素循環に大きな影響を与え，気候変動をもたらす。
③ヒートアイランド現象は都市部に起こる現象である。
④砂漠化はアルベドを増加させる。
⑤酸性雨は森林を枯らすほかにも湖や池の酸性化により魚などを死滅させたりする。

解答 問1 ② 問2 ② 問3 ①

第2章

気象予測の基礎

§1. 地上・高層気象観測

> **key point**
> ・地上気象観測の各項目とその内容の概要をつかむこと。
> ・アメダスの観測内容等を覚えておくこと。
> ・高層気象観測の各項目とその内容の概要をつかむこと。
> ・レーウィンゾンデの観測方法を理解しておくこと。
> ・地上実況気象通報式で記述された内容を解読できるようにしておくこと。
> ・地上実況気象通報式での各種気象要素の分類方法を把握しておくこと。
> ・気象予報士試験に出る地上天気図は，ほとんど本節に記載する形式で書かれたものであるので，この記入法をある程度覚えれば（全部完璧に覚える必要はない），試験での天気図は十分に解読できる。

地上気象観測

▶気象測器による観測

　　気圧，気温，水蒸気量(湿度)，風向・風速，降水量，日照時間，日射量

▶目視による観測

　　雲，視程，大気現象（降水，霧，霜などの判定）

▶地上観測地点

　　WMO基準＝150 km以下の間隔

　　（日本は全国60箇所に地上観測基地があり，この条件をクリア）

▶観測時間

　　協定世界標準時（UTC）00時（日本標準時09時）を基準に3時間または6時間毎に実施。

　　観測地点が台風中心から300 km以内に入ると毎時観測を実施する（台風臨時観測）。

▶主な気象測器

　・風　　…風車型風向風速計
　・降水量…転倒ます型雨量計

§1. 地上・高層気象観測　　　　　　　　　111

- 湿　　度…塩化リチウム露点計，通風乾湿計
- 気　　圧…円筒振動式気圧計，フォルタン型水銀気圧計
- 気　　温…白金抵抗温度計
- 日照時間…回転式日照計，ジョルダン日照計
- 日射量…自記直達日射計，熱電対式全天日射計

（a） 風杯風速計　　　（b） 風車型風向風速計

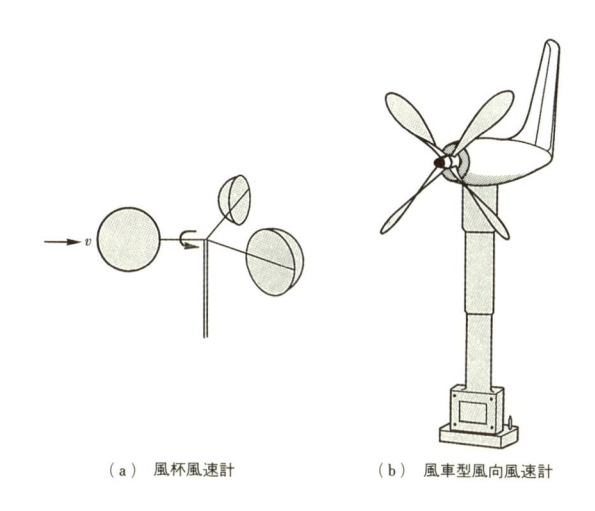

図 2-1-1　風向風速計（新田尚他：図解気象の大百科　オーム社　原図は気象庁提供）

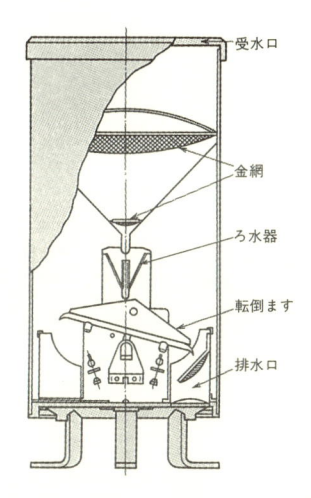

図 2-1-2　転倒ます型雨量計（前出：図解気象の大百科　原図は気象庁提供）

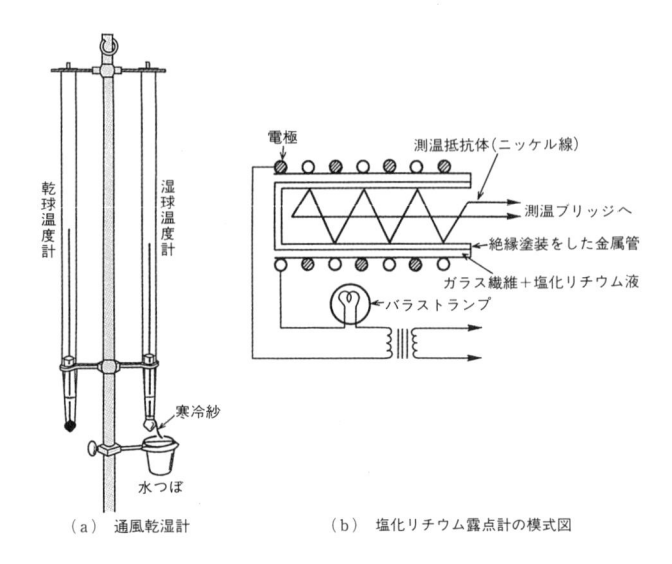

(a) 通風乾湿計
(b) 塩化リチウム露点計の模式図

図 2-1-3 通風乾湿計，塩化リチウム露点計（前出：図解気象の大百科　原図は気象庁提供）

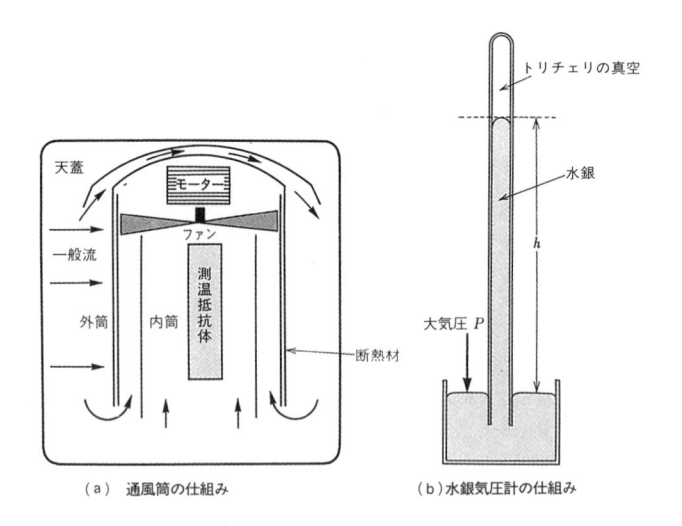

(a) 通風筒の仕組み
(b) 水銀気圧計の仕組み

図 2-1-4 水銀気圧計，通風筒の仕組み（前出：図解気象の大百科通風筒の原図は気象庁提供）

§1. 地上・高層気象観測

▶風向・風速
風向風速は，観測時間前10分の平均を採用。風向は16方位(北が16　南が08)または36方位(北が36　南が18)を使用。風速はm/sまたはkt(1 kt≒0.5 m/s)で表示。また風向で00は静穏（風速0.2 m/s以下）を表わす。

風速計は，ひらけた場所の地上10 mの高さに設置することを標準とする。

風速の瞬間値を瞬間風速という。また，最大瞬間風速と平均風速（観測時間前10分間平均）の比を突風率（ガストファクター）といい，約1.5が標準的な値である。

▶降水量
雨量計は風の影響を受けないよう地表面に近く設置する。但し，地面からの跳ね返りがない範囲になるように配慮する。

▶気圧
気圧は，現地気圧が観測されるがこれは観測点の高度が影響しているので，海面の高度の気圧に補正する（海面補正）。地上天気図には海面気圧を使用する。

海面補正には，静力学平衡と気体の状態方程式が用いられる。

▶日照時間
あるしきい値以上の直達日射量が観測された時間。

日照時間は，日中の天気推移の把握に利用される。

▶日射量
直達日射＝太陽面から平行光線として地表に直接到達する日射
散乱日射＝エアロゾルや雲粒子によって散乱された日射
全天日射＝直達日射に散乱日射などを加えた全天から観測される日射

▶アメダス
全国約1300箇所＜約17 km四方に1箇所＞に設置，降水量を観測。内約840地点＜約21 km四方に1箇所＞は降水量に加えて，風向・風速，気温，日照の4要素を観測。

また，約210箇所では，超音波積雪深計が付加されている。

アメダスは10分毎に自動的に観測を行い，結果は毎正時から10分以内に地域気象観測センターに集信される。集信されたデータは妥当性を確認した上で，気象官署などに配信される。観測されたデータが定められた基準を超えた場合は，臨時にデータを送信し，大雨などの現象をリアルタイ

ムに観測できる。アメダスでは観測しきれないメソスケールの現象については気象レーダーと組み合わせて監視している。

海上気象観測

　海上では陸上のように観測所を設置するのが困難なため，海上の気象観測資料は極めて少ない。このため船舶や漁船などによる観測も通報に取り入れている。海上気象観測は地上気象観測に準じて実施される。3時間おきに定時観測を実施，顕著な気象現象の場合は臨時観測が実施される。

▶海面水温
　海面から1〜2mの撹拌された海水をバケツで汲み取る等して測定。
▶波　　浪
　風浪（風による波）とうねり（遠方より伝播する波で風が止んだ後も残る波）を合わせたもの。
▶有義波高
　数分間の波の内，波高の高いものから1/3をとって，これを平均した波高。

高層気象観測

▶気象測器による観測
　ラジオゾンデ（＝気圧，気温，湿度を観測），レーウィン（＝風向，風速を観測）等による測定。
＜両者を合わせたものをレーウィンゾンデという＞
▶観測地点
　WMO基準＝地上では300km以下の間隔，海上では1000kmの間隔（日本では，18箇所に観測所があり，この条件をクリアしている）
▶観測時間
　レーウィンゾンデ＝日本時間9時，21時（00 UTC，12 UTC）
　レーウィン＝日本時間3時，15時（06 UTC，18 UTC）
　観測地点が台風中心から300km以内に入ると台風臨時観測としてレーウィンのかわりにレーウィンゾンデ観測を実施する。
▶ラジオゾンデ
　気球に気圧計，温度計，湿度計を吊り下げて飛揚させて観測結果を無線電波で地上に送信。気圧，気温及び湿度の値から静力学平衡及び状態方程

式の関係を用いて等圧面の高度を計算する。
※高度は直接測定しないことに注意！

▶レーウィン
　無線機を気球に吊り下げて上空から電波を発信。地上で電波の飛んでくる方向を探知することによって，電波の発信位置の時間変化から風向と風速を測定。高度については，レーウィンに取り付けた気圧計によって測定された気圧の値を6時間前のレーウィンゾンデによる観測結果によって計算された気圧と高度の関係に当てはめて求める。

▶レーウィンゾンデ
　レーウィンとラジオゾンデを組み合わせたもの。気球による観測は高度30 km程度が限界である。

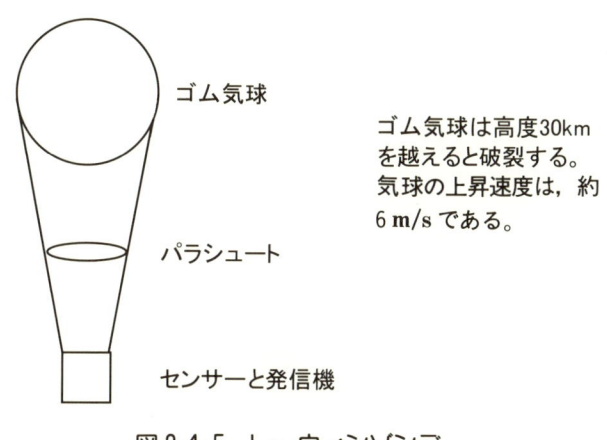

```
　　　　ゴム気球
　　　　パラシュート
　　　　センサーと発信機
```

ゴム気球は高度30km
を越えると破裂する。
気球の上昇速度は，約
6 m/s である。

図 2-1-5　レーウィンゾンデ

▶ウィンドプロファイラ
　ウィンドプロファイラは地上から上空に向けて発射した電波の周波数と大気中の風や降水粒子で散乱された電波の周波数の違いを測定して，上空の風向と風速を測定する装置。高度200mから約5Kmまでの風を300m毎に10分間隔で測定できる（高度分解能は100〜600m）。降水がある方がより上空まで観測が可能だが，降水がなくても測定は可能。データは品質管理されて，レーウィンゾンデによる測定データと共に数値予報の初期値などに使う。この観測とデータ処理のシステムを総称してウィンダスと呼ぶ。

▶オゾンゾンデ

大気中のオゾン量の鉛直分布を調査するもので，週1回，国内4箇所と昭和基地で実施。

国際式天気図記入法

気象予報士試験に出る地上天気図は，ほとんどこの形式で書かれたものであるので，この記入法をある程度覚えれば(全部覚える必要はない)，試験での天気図は十分に解読できる。

```
        ff
         \
      dd    $C_H$
            $C_M$
      TT  ┌─┐
      VV_{ww}│ N │PPP
      $T_dT_d$  └─┘ ±ppa
            $C_L$
             h   $N_h$ $W_1$
```

ff	風速(ノット)	C_H 上層の雲の状態	PPP	気圧(hPa)
dd	風向	C_M 中層 〃	PP	気圧変化量(hPa)
TT	気温(℃)	C_L 下層 〃	a	〃 傾向
VV	視程	N 雲量(8分量)	N_h	$C_L(C_n)$の雲量
ww	現在天気	h 最低雲の雲低高度	W_1	過去天気
T_dT_d	露点温度(℃)			

図 2-1-6　国際式記入法

dd：風向

　　36方位で表わす。　＜例：36が北，09が東＞

ff：風速

　　ノット(kt)表示。長矢羽根＝10 kt，短矢羽根＝5 kt，旗矢羽根＝50 kt

　　　例)

　　　左から順に　5 kt　10 kt　25 kt　50 kt　65 kt

TT：気温(℃)

§1. 地上・高層気象観測

マイナスの場合は，マイナス符号表示あり。
T_dT_d：露点温度（℃）
　気温と表示方法は同じ。
N：全雲量
　雲形に関係なく全天空を覆う雲の量を表わす。8分量表示と10分量表示（表2-1-1）があるが，地上実況気象通報式では8分量で表示する。

符号	0	1	2	3	4	5	6	7	8	9
雲量の記号	○	◐	◔	◕	◑	◒	◕	◕	●	⊗
雲量(8分量)	ナシ	1以下	2	3	4	5	6	7	8	不明
雲量(10分量)	ナシ	1以下	2〜3	4	5	6	7〜8	9〜10	10	不明

表2-1-1　雲量

　8分量で雲量が，0〜1は快晴，2〜6は晴れ，7〜8は曇り
　但し，現在天気で，雨など他の現象がある場合は，天気はその現象をもって決定する。
C_L, C_M, C_H：それぞれ下層，中層，上層の雲の状態
　表2-1-4に表わされるようにそれぞれ9つの分類で表わす。
pp：気圧変化量（hPa）
　前3時間の気圧変化量で，一の位と小数点第一位を表示する。
　例）+10 → 前3時間で気圧が1.0 hPa 上昇　-34 → 前3時間で気圧が3.4 hPa 下降
a：気圧変化傾向
　気圧の変化傾向を表2-1-3のように9つの分類で表わす。
PPP：海面気圧（hPa）
　十の位から小数点第一位までを表示
　例）134 → 1013.4 hPa　　982 → 998.2 hPa
W_1：過去天気
　表2-1-2に示す通り。
ww：現在天気
　表2-1-5に示す通り。

符号	記号	説明
0		全期間を通じて雲量5以下
1		全期間のある時は雲量6以上，あるときは5以下
2		全期間を通じて雲量6以上
3	$\overset{S}{+}$	砂じんあらし，高い地ふぶき（視程1 km 未満）
4	≡	霧，氷霧（視程1 km 未満）または濃煙霧（視程2 km 未満）
5	●	霧雨
6	●	雨
7	✳	雪またはみぞれ
8	▽	しゅう雨性降水
9	⚡	雷電

表 2-1-2　過去天気の天気図記号

§1. 地上・高層気象観測

符号	記号	説明
0	+/	上昇後下降（3時間前の気圧と等しいかそれより高い）
1	+/	上昇後一定，または緩上昇（3時間前の気圧より高い）
2	+	一定上昇または変動上昇（〃）
3	+/	下降または一定後上昇，または上昇後急上昇（〃）
4		一定（3時間前の気圧に等しい）
5	−\	下降後上昇（3時間前の気圧に等しいか，低い）
6	−\	下降後一定，または緩下降（3時間前の気圧より低い）
7	−	一定下降または変動下降（〃）
8	−\	一定後または上昇後下降，または下降後急下降（〃）

表 2-1-3　気圧変化傾向の説明

符号	記号	説明
0		C_Lの雲がない
1	⌒	へん平な積雲または悪天候下のものでない断片積雲
2	⌒	中程度に発達した積雲または雄大積雲
3	⌒	無毛積乱雲
4	⌒	積雲が広がってできた層積雲
5	⌴	積雲が広がってできたものでない層積雲
6	—	霧状の層雲または悪天候でないときの断片層雲
7	---	悪天候下の断片層雲または断片積雲
8	⋈	積雲と積雲が広がってできたものでない層積雲の共存
9	⋈	多毛積乱雲。カナトコ状のことが多い
/		C_Lの雲が暗夜，霧，風じんなどのため見えない

（下層雲の状態）

符号	記号	説明
0		C_Hの雲がない
1	⌒	空に広がる傾向はない毛状またはかぎ状巻雲
2		空に広がる傾向のない濃密な巻雲または塔状，房状巻雲
3		積乱雲からできた濃密な巻雲
4		次第に広がり厚くなるかぎ状または毛状巻雲
5		巻雲と巻層雲。または巻層雲のみで次第に空に広がり厚くなる。連続した層は地平線
6		同上で，連続した層は地平線上45°以上に広がっているが，全天は覆っていない
7		全天を覆う巻層雲
8		空は覆っていないしそれ以上広がる傾向はない巻層雲
9		巻積雲またはC_Hの雲の中で巻積雲が卓越している
/		C_H雲が暗夜，霧，風じん等，または下層雲のために見えない

(高層雲の状態)

符号	記号	説明
0		C_Mの雲がない
1		半透明の高層雲
2		不透明の高層雲または乱積雲
3		1層で全天を覆う傾向はない半透明の高積雲
4		半透明の高積雲。全天を覆う傾向はない
5		帯状の半透明又は不透明の高積雲で次第に広がり厚くなる
6		積雲または積乱雲が広がってできた高積雲
7		多重層の高積雲
8		塔状または房状の高積雲で一般に幾つかの層になっている
9		混とんとした空の高積雲で一般に幾つかの層になっている
/		C_Mの雲が暗夜，霧，風じん等，または下層雲のために見えない

(中層雲の状態)

表 2-1-4　雲の状態の説明

§1. 地上・高層気象観測

No.	記号	説　　明
00	○	前1時間内の雲の変化不明
01	◌	前1時間内に雲消散または衰弱
02	⊖	前1時間内に空模様全般に変化がない
03	◌	前1時間内に雲発生または発達
04	⌒	煙のため視程が悪い
05	∞	煙　霧
06	S	空中広くちり又は砂が浮遊（風に巻き上げられたものではない）
07	$	風に巻き上げられたちり又は砂
08	⑧	前1時間内に観測所または付近の発達したじん旋風あり
09	(S)	視界内または前1時間内の砂じんあらし
10	＝	も　や
11	≡≡	地霧または低い氷霧が散在（眼の高さ以下）
12	≡≡	地霧または低い氷霧が連続（眼の高さ以下）
13	く	電光は見えるが雷鳴は聞えない
14	•̇	視界内に降水があるが地面または海面に達していない
15	)•(	視界内に降水。観測所から遠く5km以上
16	(•)	視界内に降水。観測所にはない，5km未満
17	⎡	雷電。観測時に降水がない
18	∇	観測時，または前1時間内に観測所または視界内にスコール
19	][	観測時，または前1時間内に観測所または視界内にたつまき
20	•]	前1時間内に霧雨または霧雪があった（しゅう雨性でない）
21	•]	前1時間内に雨があった（しゅう雨性でない）
22	✻]	前1時間内に雪があった（しゅう雪性でない）
23	✻•]	前1時間内にみぞれまたは凍雨があった（しゅう雨性でない）
24	∽	前1時間内に着氷性の雨または霧雨があった（しゅう雨性でない）
25	▽̇	前1時間内にしゅう雨があった
26	✻▽	前1時間内にしゅう雪またはしゅう雨性のみぞれがあった
27	▽	前1時間内にひょう，氷あられ，雪あられがあった

No.	記号	説　　明
28	≡|	前1時間内に霧または氷霧があった
29	K]	前1時間内に雷電があった（降水を伴ってもよい）
30	S|	弱または並の砂じんあらし。前1時間内にうすくなった
31	S	弱または並の砂じんあらし。前1時間内変化なし
32	|S	弱または並の砂じんあらし。前1時間内に濃くなった
33	S|	強い砂じんあらし。前1時間内にうすくなった
34	S	強い砂じんあらし。前1時間内変化なし
35	|S	強い砂じんあらし。前1時間内に濃くなった
36	┼	弱または並の地ふぶき（眼の高さより低い）
37	╪	強い地ふぶき（眼の高さより低い）
38	┼	弱または並の地ふぶき（眼の高さより高い）
39	╪	強い地ふぶき（眼の高さより高い）
40	(≡)	遠方の霧または氷霧。前1時間内に観測所にはない
41	≡ ≡	霧または氷霧が散在
42	≡|	霧または氷霧，空を透視できる。前1時間内にうすくなった
43	≡|	霧または氷霧，空を透視できない。前1時間内にうすくなった
44	≡	霧または氷霧，空を透視できる。前1時間内変化がない
45	≡	霧または氷霧，空を透視できない。前1時間内変化がない
46	|≡	霧または氷霧，空を透視できる。前1時間内に濃くなった
47	|≡	霧または氷霧，空を透視できない。前1時間内に濃くなった
48	¥	霧，霧氷が発生中。空を透視できる
49	¥	霧，霧氷が発生中。空を透視できない
50	,	弱い霧雨。前1時間内に止み間があった
51	,,	弱い霧雨。前1時間内に止み間がなかった
52	,̇	並の霧雨。前1時間内に止み間があった
53	,̇,	並の霧雨。前1時間内に止み間がなかった
54	,̇,̇	強い霧雨。前1時間内に止み間があった
55	,̇,̇,	強い霧雨。前1時間内に止み間がなかった

§1. 地上・高層気象観測

No.	記号	説　　明
56	⚬〜	弱い着氷性の霧雨
57	⚬〜⚬	並または強い着氷性の霧雨
58	⦂	霧雨と雨，弱
59	⦂⦂	霧雨と雨，並または強
60	•	弱い雨。前1時間内に止み間があった
61	••	弱い雨。前1時間内に止み間がなかった
62	⦂	並の雨。前1時間内に止み間があった
63	∴	並の雨。前1時間内に止み間がなかった
64	⦂	強い雨。前1時間内に止み間があった
65	∴	強い雨。前1時間内に止み間がなかった
66	●〜	弱い着氷性の雨
67	●〜●	並または強い着氷性の雨
68	✷	みぞれまたは，霧雨と雪，弱い
69	✷✷	みぞれまたは，霧雨と雪，並または強
70	✶	弱い雪。前1時間内に止み間があった
71	✶✶	弱い雪。前1時間内に止み間がなかった
72	✶✶	並の雪。前1時間内に止み間があった
73	✶✶✶	並の雪。前1時間内に止み間がなかった
74	✶✶✶	強い雪。前1時間内に止み間があった
75	✶✶✶✶	強い雪。前1時間内に止み間がなかった
76	↔	細氷。霧があってもよい
77	⌂	霧雪。霧があってもよい
78	✕	単独結晶の雪。霧があってもよい
79	△	凍雨
80	▽	弱いしゅう雨
81	▽	並または強いしゅう雨
82	▽	激しいしゅう雨
83	▽	弱いしゅう雨性のみぞれ

No.	記号	説　　明
84		並または強いしゅう雨性のみぞれ
85		弱いしゅう雪
86		並または強いしゅう雪
87		雪あられまたは氷あられ，弱。雨かみぞれを伴ってもよい
88		雪あられまたは氷あられ，並または強。雨かみぞれを伴ってもよい
89		弱いひょう。雨かみぞれを伴ってもよい。雷鳴はない
90		並または強いひょう。雨かみぞれを伴ってもよい。雷鳴はない
91		前1時間内に雷電があった。観測時に弱い雨
92		前1時間内に雷電があった。観測時に並または強い雨
93		前1時間内に雷電があった。観測時に弱い雪，みぞれ，雪あられ，氷あられ，またはひょう
94		前1時間内に雷電があった。観測時に並または強い雪，みぞれ，雪あられ，氷あられまたはひょう
95		観測時に弱または並の雷電。雨，雪またはみぞれを伴う
96		観測時に弱または並の雷電。ひょう，氷あられまたは雪あられを伴う
97		観測時に強い雷電。雨，雪またはみぞれを伴う
98		観測時に雷電。砂じんあらしを伴う
99		観測時に強い雷電。ひょう，氷あられまたは雪あられを伴う

表 2-1-5　現在天気の記号と解説

§1. 地上・高層気象観測

問1 次の①〜⑤の内，誤っているものを選べ。
①気象通報では気圧の変化傾向を9種類に分類して観測時間の前3時間の変化を表現している。
②気圧の観測値は観測地点の高度によって差異が生じるので，平均海面での気圧値に合わせた海面補正を行う。この海面補正では静力学平衡の式と状態方程式が用いられている。
③気圧の測定には，円筒振動型気圧計，フォルタン型水銀気圧計等の気象測器が用いられる。
④天気図記入方式では海面気圧は10の位から小数第一位までを記入する。例えば1013.5 hPaならば135と示される。
⑤天気図記入方式の気圧変化量は2桁で表わされるが，これは例えば+15ならば前3時間で気圧が15 hPa上昇したことを示す。

ヒント ☞ ①気圧変化傾向は9種類の分類を用いる。
②気圧の海面補正には静力学平衡の式と気体の状態方程式を用いるが，気温は気温減率を加味した補正値を用いて計算している。
④天気図記入方式では気圧は10の位〜小数第一位の表示で，983なら998.3 hPaとなる。
⑤気圧変化量は1の位と小数第一位の2桁で示される。また，符号は+ならば前3時間で増加，−ならば前3時間で減少を表わす。+15→前3時間で気圧が1.5 hPa上昇，−34→前3時間で気圧が3.4 hPa下降

問2 次の①〜⑤の内，誤っているものを選べ。
①風向の観測結果は，風上側を16方位あるいは36方位で表現する。例えば36方位で27は西風を意味する。
②36方位で00は北を表わす。
③風向風速は，観測時間前10分の平均を採用する。
④風速計は，ひらけた場所の地上10 mの高さに設置することを標準とする。
⑤最大瞬間風速と平均風速の比を突風率（ガストファクター）といい，約1.5が標準的な値である。

解答 解答は次頁の下欄にあります。

ヒント 🗇 ①下図とコメント参照。
　　　　②36方位での北は36, 16方位での北は16, 00は風速0.2 m/s以下の静穏を表わす。
　　　　③ガストファクターは大体1.5～1.7の間の値

※ 16方位は左図の通りで，西(W)は12になる。
　36方位での27は，北から時計回りに270°回転した位置である。
　北から270°回転したところは西である。

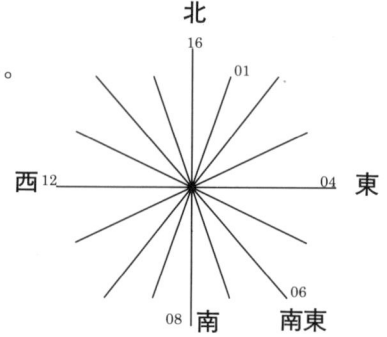

北
　16
　　01
西 12　　　04 東
　08 南　06
　　　　南東

問3　次の①～⑤の内，誤っているものを選べ。
　①全国約840箇所にあるアメダスでは，降水量に加えて風向・風速，日照，気圧を観測している。
　②アメダスのデータはデータの集信から配信の間に品質管理を行っている。
　③アメダスで観測される日照時間は日中の天気の指標になる。
　④アメダスによる観測は10分毎に自動的に実施している。
　⑤アメダスによる降水量の観測は全国に約1300箇所あり，これは約17 km四方に1箇所の割合でアメダスが存在することに相当する。

ヒント 🗇 ①アメダスで観測できるのは降水量，気温，風向・風速，日照，積雪の深さである。
　　　　　但し，気温～日照と積雪の深さは，全てのアメダスで観測できるわけではない。
　　　　　約840箇所では風向・風速，日照，気温を，約210箇所で積雪の深さを測定。
　　　　②アメダスのデータでは，品質管理が行われている。
　　　　③日照時間から日中の天気が推定できる。

解答
　問1 ⑤

§1. 地上・高層気象観測

⑤アメダスは，降水量は約17 km メッシュ，気温，風向・風速，日照は約21 km メッシュの観測網である。

問4 次の①〜⑤の内，誤っているものを選べ。
① 降水量を測定するときは，雨量計を10 m 位の高さに設置して行う。
② 雨量計には転倒ます型雨量計がある。
③ 雨量計の最大の長所は，実際の降水量を測定できる点である。この長所はレーダー観測の短所を補っている。
④ 積雪量は溶かして降水量として観測され，積雪の深さは超音波積雪深計等で測定する。
⑤ アメダスでは降水量がある基準値を超えて観測された場合，毎正時でなくても臨時にデータの集配信が行われる。

ヒント ☞ ① 雨量計は風の影響を受けないように，雨量計を地表面からの雨の跳ね返りがない程度の高さで，なるべく低く設置すること。
③ レーダーアメダス解析雨量図は気象レーダーとアメダスの長所を生かしたもの。
⑤ アメダスはある基準値を超えた量が観測された場合，臨時にデータを送信する。

問5 次の①〜⑤の内，誤っているものを選べ。
① 気温は，地上1.5 m 程度の高さで，直射日光があたらないように測定する。
② 雲量には8分量と10分量があり，地上実況気象通報式では8分量で表わす。
③ 雲量が8分量表示で6であり，かつ降水などほかの気象現象がない場合，天気は曇りである。
④ 現在天気で,,は前1時間以内に止み間のない弱い霧雨を表わす。
⑤ 同じ種類の雲でも高緯度に発生する雲の方が低緯度に発生する雲に比べて低い高度に発生することが多い。

ヒント ☞ ③ 8分量で雲量が，0〜1は快晴，2〜6は晴れ，7〜8は曇り

解答
問2 ②

④表2-1-5参照
⑤高緯度の方が対流圏界面の高度が低く，対流圏の厚さが薄いので，同じ雲でも発生する高度は低緯度よりも低くなることが多い。

問6 次の①〜⑤の内，誤っているものを選べ。
①世界各国で行われる高層気象観測は日本時間9時，21時（00 UTC，12 UTC）に同時に実施される。
②レーウィンゾンデによる観測では，気温，湿度，気圧，風向・風速を測定する。
③レーウィンゾンデは高度30 km程度までの気象現象を測定する。
④レーウィンゾンデで測定高度を求めるときは，レーウィンゾンデに搭載した高度計のデータを用いている。
⑤レーウィンゾンデは観測測器を浮上させる自由気球と，この観測測器からの電波を追跡する装置から構成される。

ヒント ☞ ①高層気象観測を実施する時間は国際的に決まっている。
②レーウィンゾンデでは気温，湿度，気圧，風向，風速を観測する。
③レーウィンやレーウィンゾンデ等の自由気球による観測は約30 kmまで。
④気球の高度は，観測された気温，湿度，気圧の値から静力学平衡の式と状態方程式より計算して求める。

問7 次の①〜⑤の内，誤っているものを選べ。
①レーウィンでは測定した気圧の値を6時間前のレーウィンゾンデ観測で観測，計算された高度と気圧の関係に当てはめて高度を算出する。
②レーウィンでは風向・風速が観測できる。
③ウインドプロファイラによる測定は，降水がないとできない。
④台風が接近した場合レーウィン観測に変えてレーウィンゾンデ観測を臨時に実施することがある。

解答 問3 ① 問4 ①

§1. 地上・高層気象観測

　⑤日本の高層気象観測所は18箇所ある。

ヒント　①レーウィンによる観測では，高度については6時間前のレーウィンゾンデ観測によって得られた気圧と高度の関係を利用する。
　　　　③ウインドプロファイラは降水がなくても測定できる。
　　　　④観測地点が台風中心から300km以内に入ると台風臨時観測としてレーウィンのかわりにレーウィンゾンデ観測を実施する。

問8　次の①～⑤の内，誤っているものを選べ。
　①レーウィンゾンデ観測での気温の観測では，観測器が直接日射を受けるために，実際の大気より気温が高く観測されることがあるので，日射補正を行っている。
　②高層気象観測による湿度の観測結果は，高層実況通報式では湿数として表現される。
　③WMOでは，高層気象観測は陸上で300km毎に，海上で1000km毎に行うのが基準である。
　④2つの気圧面にはさまれた気層は，気温が高いほど厚い。
　⑤波浪とは風による波のことである。

ヒント　①レーウィンゾンデによる気温観測では，日射補正を行っている。
　　　　②湿度の結果は，湿数（＝気温（℃）－露点温度（℃））で表わされる。
　　　　④気体の状態方程式より気圧差が同じならば，気温が高い＝体積が大きい。
　　　　⑤波浪とは風浪（風による波）とうねり（遠方より伝播する波で風が止んだ後も残る波）を合わせたものである。

解答　問5 ③　問6 ④　問7 ③　問8 ⑤

§2. レーダー・衛星観測

> **key point**
> ・気象レーダー観測の原理，誤差要因をつかんでおくこと。
> ・気象レーダー方程式のエッセンスをつかんでおくこと。
> ・レーダーアメダス解析雨量図を読み取れるようにしておくこと。
> ・ドップラーレーダーの原理を理解しておくこと。
> ・気象衛星画像（赤外・可視）の見方を押さえておくこと。
> ・各種の雲に対応する気象画像のパターンを覚えておくこと。

気象レーダー観測

電磁波（波長3〜10 cm程度のパルス波）を発射して，降水粒子から反射される電磁波（エコー）を観測することで降水粒子を探知するもの。レーダーの探知範囲は数百kmにも及ぶ。

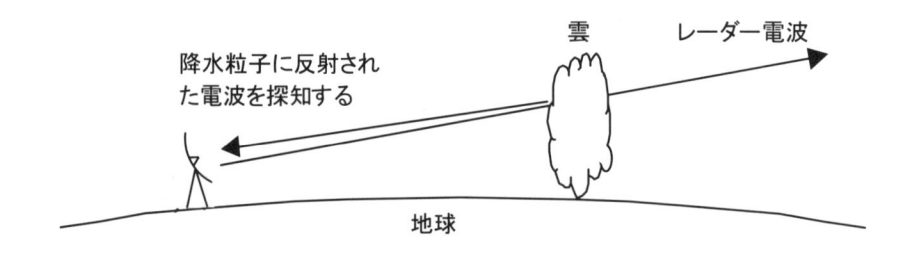

図 2-2-1　気象レーダー観測

気象レーダー方程式

送信電力 P_t，平均受信電力 P_r には次のような関係がある。
①平均受信電力 P_r は，送信電力 P_t に比例する。
②平均受信電力 P_r は，レーダーからの距離 r の2乗に反比例する。
③平均受信電力 P_r は，パルス波のパルス幅 τ に比例する
④平均受信電力 P_r は，レーダー反射因子 Z に比例する。
⑤平均受信電力 P_r は，パルスの波長が短いほど大きくなるが，波長の短い波は，途中の降水域による減衰が大きく遠くまで届かない。（測定範囲と最小受信電力の兼合いで波長を決定）

§2. レーダー・衛星観測

<気象レーダー方程式>
降水粒子用として一般に使用されているのは次の式である。

$$\bar{P}r = \frac{\pi^3 P_t g^2 l^2 \theta^2 c\tau}{2^{10}(\ln 2)\lambda^2 r^2}\left|\frac{\varepsilon-1}{\varepsilon+2}\right|^2 Z$$

- $\bar{P}r$：平均受信電力
- Z：レーダー反射因子
- l：途中の大気ガスによる減衰
- c：光速度
- ε：複素誘電率
- r：レーダーからの距離
- P_t：送信電力
- g：アンテナ利得
- λ：波長
- θ：ビーム半値幅
- τ：パルス幅

} レーダーの仕様によって決まる定数

レーダー反射因子 Z と降水強度 R の関係

　気象レーダー方程式の中にある係数のなかで、降水粒子に関係するのは、レーダー反射因子Zのみである。すなわち気象レーダー観測は、観測された平均受信電力からレーダー反射因子Zを求めることによって、降水強度を算出しているのである。

　いま降水粒子の直径をDとする。水蒸気量は降水粒子の体積の総和に比例するので大気塊中の水分量は$\sum D^3$に比例し、各降水粒子の落下速度は$D^{0.5}$に比例する。降水強度Rは水分量と降水粒子の落下速度の積に比例するのでRは$\sum D^{3.5}$に比例するといえる。

　一方、レーダー反射因子Zは各降水粒子のD^6を集計したもので$\sum D^6$と表現できる。

　これらの関係をまとめると以下のようになる。

$$Z \propto \sum D^6 \quad R \propto \sum D^{3.5} \quad \therefore \quad Z \propto R^{1.7}$$

　但し、上の関係は降水粒子の大きさが均一であると仮定している。実際は降水粒子の大きさがまばらであるので、次式のような統計的な関係が用いられている。

$$Z = BR^\beta \quad B, \beta\text{は定数（代表的な値は }B=200, \beta=1.6\text{）}$$

降水強度推定の誤差要因

　レーダービームは水平に発射したとしても、地球の曲率のために次第に高度を増していく。こうしたことから、レーダーによる観測では、図2-2-

2にあるように様々な誤差要因を含んでいることに注意する必要がある。

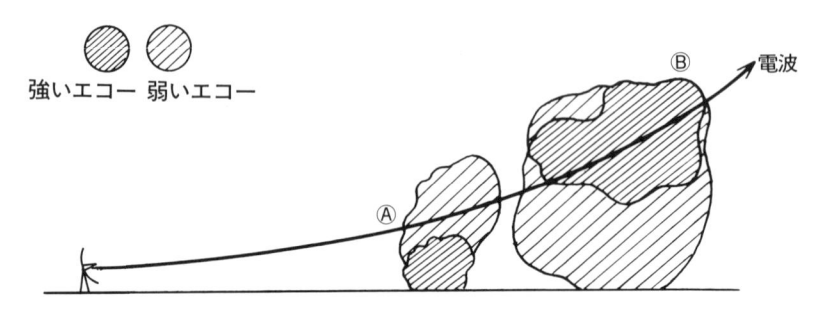

強いエコー　弱いエコー

Ⓐ地上の降水エコーは強いが，上空のエコーは弱く実際の降水エコーよりも弱いエコーが観測される。
Ⓑ地上のエコーは弱いが，上空のエコーは強く過大評価される。

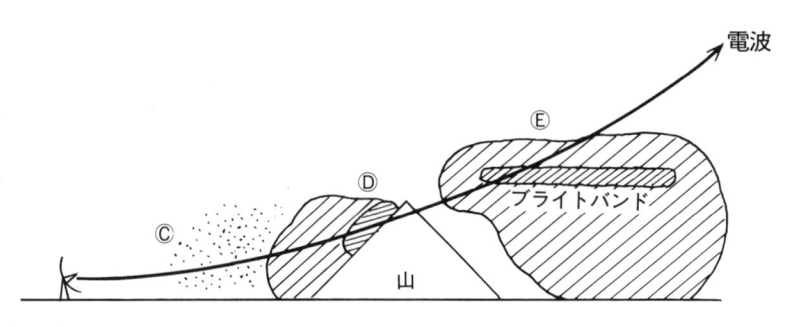

Ⓒ霧雨の様な粒子が極めて小さい降水の為エコーが探知できない（又は弱く観測される）
Ⓓ地形性強制上昇により降水エコーが強く観測されてしまう。
Ⓔ融雪層（ブライトバンド）により，エコーが強く観測されてしまう。

図 2-2-2　降水強度推定の誤差要因

§2. レーダー・衛星観測

レーダー・アメダス解析雨量図

　レーダーによる観測は，降水粒子を観測しているもので降水量を観測している訳ではない。

　また，レーダーによる観測には様々な誤差が含まれる。こうした点を補うために，レーダーで観測される降水強度を1時間積算し，アメダスの観測データを用いて補正している。この結果としてレーダーアメダス解析雨量図が作成される。

　このレーダーアメダス解析雨量図では各地の解析図を合成することによって広い領域を解析している。この合成の際には高度2km位のデータを用いている。

地形エコーの除去

　気象レーダーで観測される反射されてきた電磁波（エコー）は，降水粒子のエコーだけでなく地形エコーや，海面のしぶきによるエコー（シークラッター），また大気屈折率の乱れに起因する晴天エコー（CAE）なども含まれている。この内，地形エコーは時間的な変動がないので，これを除去してレーダーアメダス解析雨量図の精度を上げている。しかし，シークラッターやCAEなど時間的に変動のあるものについては，エコーの除去はできない。

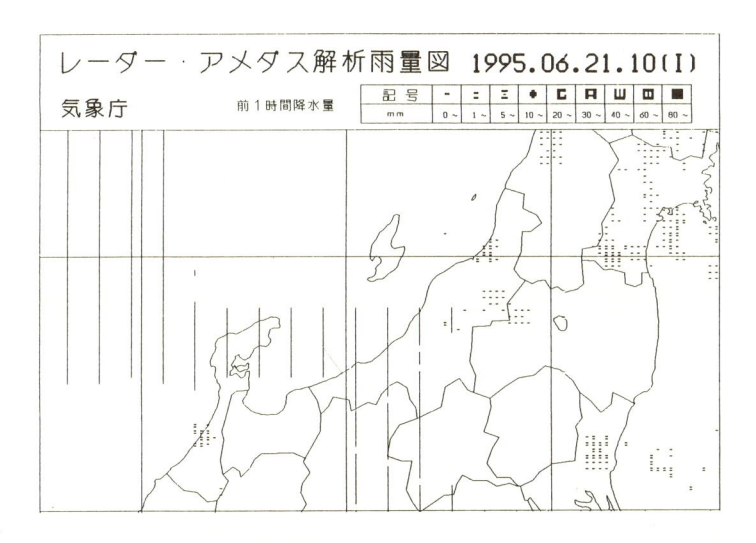

図2-2-3　レーダーアメダス解析雨量図（気象FAXの利用法 part II　日本気象協会）

気象ドップラーレーダー

　気象レーダーでは電波を降水粒子によって反射させて，その反射波を観測しているが，降水粒子は動いている物体である。動く物体に対しての波の反射では，ドップラー効果を考える必要がある。

　ドップラー効果とは音（波）源や観測者が動く場合に観測者が受け取る音（波）の周波数が音源の周波数と異なる現象である。救急車が近づいてくると音（周波数）が高くなり，遠ざかると音（周波数）が低くなる現象と同じである。このことは，気象レーダーでもドップラー効果を利用することによって降水粒子の移動速度（レーダー方向の速度成分）を観測できることを意味する。

　ドップラー周波数を f_d，降水粒子のレーダー方向の速度成分を v_d，電磁波の波長を λ とすると，

$$f_d = -2\, v_d / \lambda \quad (v_d はレーダーに遠ざかるほうを正とする)$$

という関係がある。ドップラー周波数とは，観測者が受け取る波の周波数と波源の周波数の差であり，ドップラー周波数が正の時，降水粒子はレーダーに近づき，負の時はレーダーから遠ざかっている。この関係を用いると降水域の移動速度を推定することができる。

波源S　波　　　　　　　観測者O　v_d →移動

単位時間に観測者が移動する距離は v_d

観測者は静止している時に比べてこの移動距離の中に含まれる分の波を観測することができない。
すなわち，観測者が受け取る波の周波数は $f_d = v_d / \lambda$ だけ下がることになる。ドップラーレーダーでの周波数の変化量では，往復分を考えるのでこの2倍の量が変化量となる。

図2-2-4　気象ドップラーレーダーの原理

気象衛星観測

　気象衛星は宇宙空間より地球の雲の状況などを観測するものである。地球では，「ひまわり」を含む5つの静止気象衛星と，2つの極軌道気象衛星が観測を行っている。静止気象衛星は60°S～60°Nまでの範囲を観測でき，極軌道気象衛星は，赤道面に対して80°位の傾斜角で地球を周回している。

　気象衛星観測では，赤外画像と可視画像を得ることができる。赤外画像は，地表や雲から放出される赤外線の放射強度を観測したものであり，可視画像は太陽光の反射強度を観測したものである。

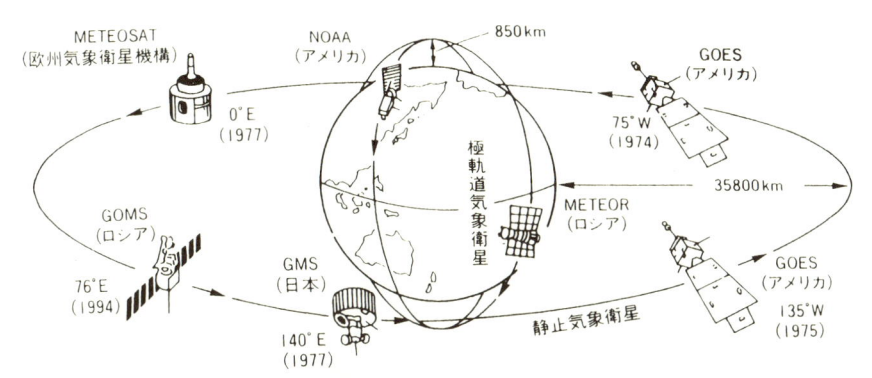

図 2-2-5　静止気象衛星と極軌道気象衛星

赤外画像

　地表や雲から放射される赤外線のエネルギーによる等価黒体温度の分布を表わしている。雲頂温度が低い（＝雲頂高度が高い）ものほど，白く表わされる。地表面や海面に近い層状雲は，地表や海面との区別が難しい。空間分解能は 5 km である。

可視画像

　雲による太陽光の反射光を測定したものであり，太陽光のない夜間は観測ができない。太陽光の反射強度の強いものほど白く表示される。空間分解能は 1.25 km であり，赤外画像よりも詳細な情報が得られる。

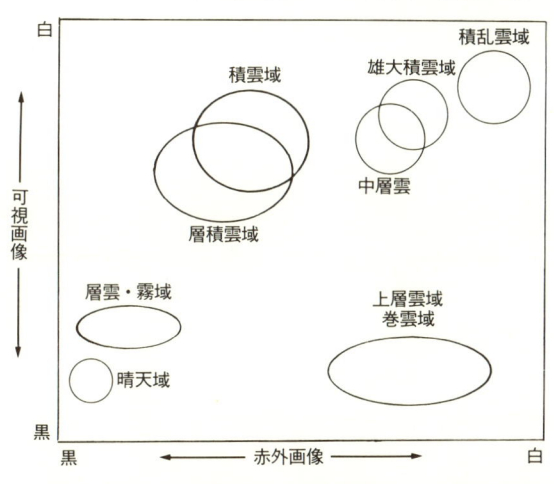

図 2-2-6　赤外画像と可視画像による雲の判別

代表的な衛星気象画像

▶コンマ型雲

　赤外画像，可視画像ともに明瞭なコンマ（,）状の雲が見られる。寒気内にできる正渦度極大域に発生。積乱雲などの対流雲からなる。雷や竜巻などの激しい気象現象を伴う。

　　　　　　　　　　　　　　　　　寒気場内に発生し，
　　　　　　　　　　　　　　　　　赤外・可視ともに白
　　　　　　　　　　　　　　　　　く，発達した対流雲
　　　　　　　　　　　　　　　　　からなる。

　　　　赤外画像　　　　可視画像

図 2-2-7　コンマ状の雲の衛星画像モデル

▶筋状雲

　冬期の日本海において可視画像で明瞭な筋状の雲が見られることがある。これは，寒気移流場で下層風の風向に沿って発生した積雲列からなる。

下層の風向　　　　　　　　　　　下層の風向に沿って筋状の対流雲列が
　　　　　　　　　　　　　　　　できる。これは，海上からの顕熱と水蒸
　　　　　　　　　　　　　　　　気補給によって下層で対流不安定とな
　　　　　　　　　　　　　　　　ったためである。

　　可視画像で白い筋の列が観測される

図 2-2-8　筋状の雲の衛星画像モデル

▶霧または，下層雲

　衛星画像では赤外画像で黒く，可視画像で白い所は，雲頂高度の低い下層雲や霧域である。

§2．レーダー・衛星観測　　　　　　　137

　　　可視画像　　　　　　　　　　赤外画像

　　　可視画像では白く明瞭であるが、赤外画像では
　　　黒っぽく（又は黒く）明瞭でない。

　　　　　図2-2-9　霧や下層雲の衛星画像モデル

▶低気圧に伴う雲域
　発達中の低気圧では雲域が北側に膨らむバルジが観測される。また，寒冷前線を伴う低気圧では顕著な対流雲列を観測できる。また，低気圧は閉塞過程に向かうと中心に乾燥域（ドライスロット）ができる。発達中及び閉塞期の低気圧に伴う雲域では，対流雲が多く，赤外・可視画像ともに白い雲域が広がっている。低気圧が消滅期に入ると，赤外画像では不明瞭，可視では明瞭となり，上層雲がほとんどなく下層雲が主の渦となる。（詳細は第4章の低気圧の記述において述べる）

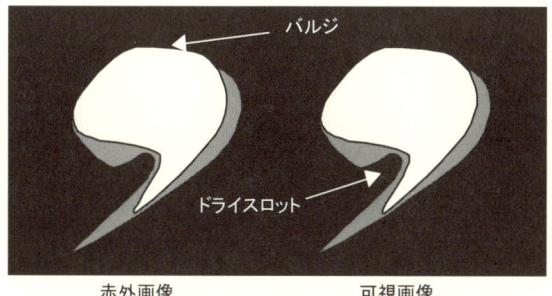

発達中の低気圧に伴って、雲域の北縁は外側に膨らむ。これをバルジと呼ぶ。
低気圧中心には低気圧の発達、閉塞に伴い乾燥域（ドライスロット）が明瞭になってくる。

　　　赤外画像　　　　　　可視画像

　　　　　図2-2-10　低気圧に伴う衛星画像モデル

▶積乱雲

赤外，可視画像共に白く明瞭である。

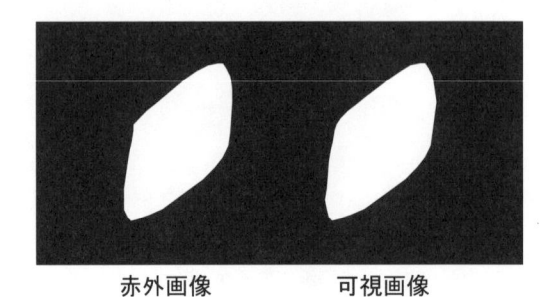

赤外画像　　可視画像

発達した対流雲では赤外・可視ともに白く明瞭である

図 2-2-11　積乱雲の衛星画像モデル

▶台風

可視画像では，白く明瞭なスパイラルバンド（らせん状のバンド）が見られる。赤外画像では，台風の外側に向けての高気圧性循環の流れが観察できる。台風の眼とは台風中心の雲のない箇所である。

台風の上層では外側に吹き出す雲が観測される

中心では台風の眼があり、ここでは雲はなく衛星画像では黒い点として観測される。

赤外画像　　可視画像

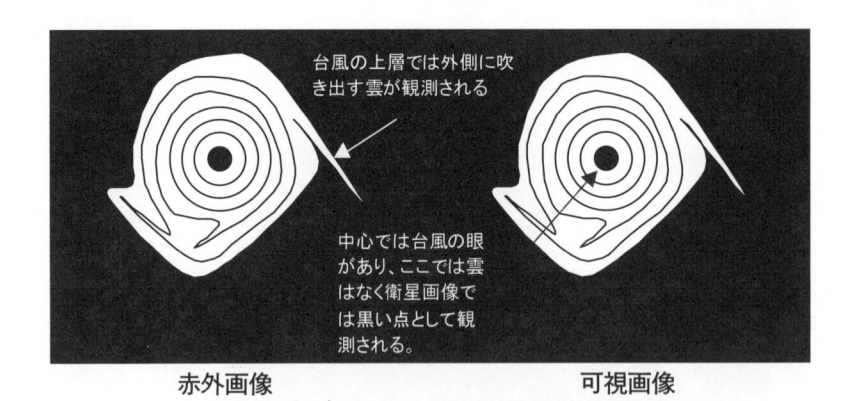

図 2-2-12　台風の衛星画像モデル

▶ジェット巻雲

ジェット気流に伴ってその南側に赤外画像で白っぽい雲の帯が見られる。

図 2-2-13　ジェット巻雲の衛星画像モデル

▶テーパリングクラウド

帯状の雲域の先端部（南端）ににんじん状の発達した積乱雲から構成される雲域が現れることがある。この雲域をテーパリングクラウドという。テーパリングクラウドに伴って，激しい気象現象が起こる。

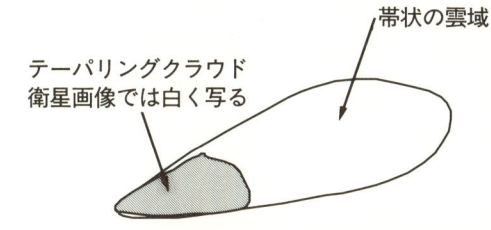

図 2-2-14　テーパリングクラウドの衛星画像モデル

▶オープンセル

海洋に寒気移流がある場合，対流雲がはちの巣状に発生することがある。これをオープンセルという。オープンセルと逆に雲域に対して，雲のない部分が明確でないものをクローズドセルという。

図 2-2-15　オープンセルの衛生画像モデル

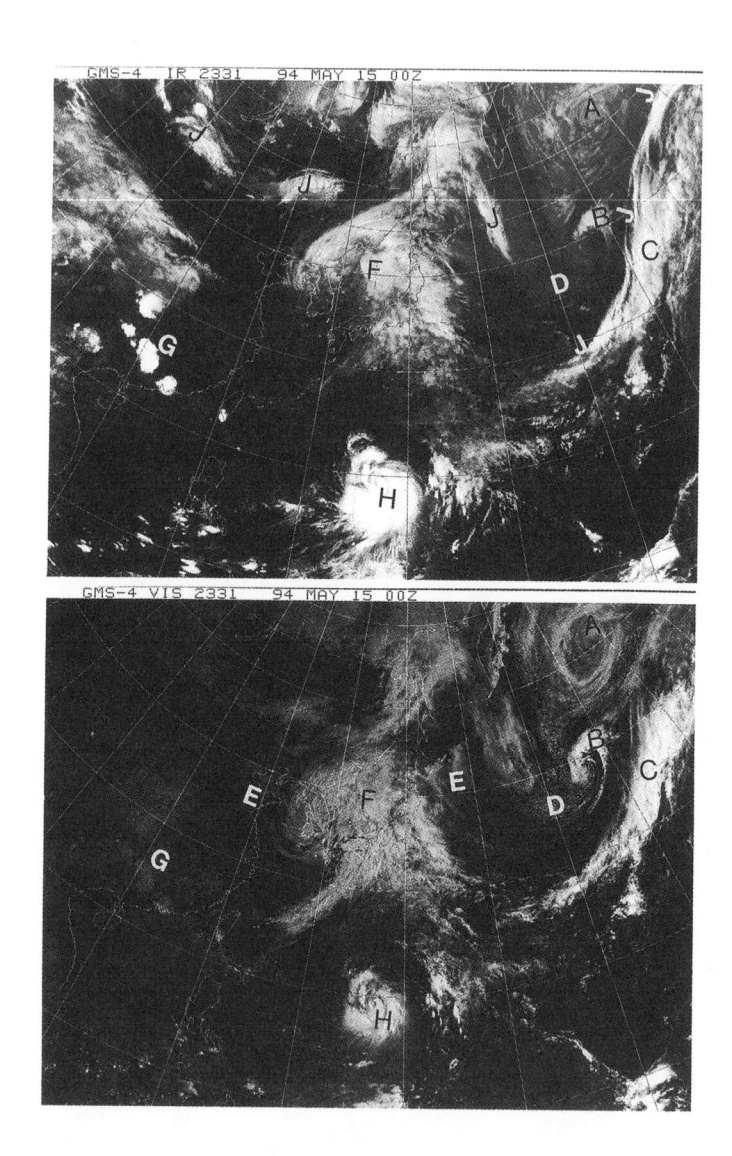

A：消滅期の低気圧　B：コンマ型雲　C：前線に伴う雲域　D：筋状雲
E：霧又は下層の層雲　F：閉塞期の低気圧　G：積乱雲　H：台風　J：ジェット巻雲

図 2-2-16　赤外画像と可視画像に見る雲画像
　　　　（前出：気象 FAX の利用法 part II）

§2．レーダー・衛星観測

問1 次の①〜⑤の内，誤っているものを選べ。
① 気象レーダーでは降水粒子だけでなく地形性のエコーや波浪によるしぶきのエコーなども観測される。
② 融雪層はブライトバンドと呼ばれ，エコー強度が実際の降水よりも強く観測される層である。
③ 気象レーダーは電波を発信し，降水粒子から反射され戻ってくる時間から降水粒子までの距離を測定している。
④ 気象レーダーでは，地球の曲率のため電波が地平線より上空へ離れていくので，観測できる距離に限界がある。
⑤ 気象レーダーに用いられる正弦波は，3〜10 cm 程度の波長のものである。

ヒント ☞ ① 降水粒子以外のエコーとしては，地形エコー，シークラッター等が有名。
② 融雪層は過大なエコー強度を観測する。
③ 気象レーダーは電波の発信から，反射された電波の受信までの時間差によって降水粒子までの距離を算出する。
④ レーダービームは水平に発射しても地球の曲率のため上昇する。
⑤ 気象レーダーに用いられるのはパルス波で，波長は 3〜10 cm 程度のマイクロ波。波長が短ければ反射強度は強いが，途中の降水粒子による減衰が大きく遠くまで電波が届かない。

問2 次の①〜⑤の内，誤っているものを選べ。
① 気象レーダーに用いるパルス波の波長が長いと反射強度は弱いが，途中の降水による減衰は少ない。
② 気象レーダー方程式では，平均受信電力 P_r は，レーダーからの距離 r の2乗に反比例する。
③ 降水粒子の動きは気象ドップラーレーダーによって観測されており，これにより降水粒子の電波方向（動径方向）の風速をつかむことができる。
④ レーダーエコーの強さが一定であれば，降水量も一定である。
⑤ レーダーエコー強度は降水粒子の大きさが大きいほど強い。

解答 解答は次頁の下欄にあります。

ヒント ☞ ①気象レーダーに用いられるのはパルス波で,波長は3〜10 cm程度のマイクロ波。波長が短ければ反射強度は強いが,途中の降水による減衰が大きく遠くまで電波が届かない。
③降水粒子の移動によるドップラー効果により,降水粒子の動きが把握できる。
④レーダーエコーは降水の種別などによって異なり,レーダーエコーの強さだけで降水量を確定できない。この欠点を補うのがアメダスである。
⑤レーダー反射因子 Z は降水粒子の直径 D の6乗に比例する。

問3 次の①〜⑤の内,誤っているものを選べ。
①ドップラーレーダーでは降水粒子がレーダーから遠ざかる場合反射波の周波数が下がり,近づく場合周波数が上がる効果を利用している。
②気象レーダーは,電波の減衰のため数10 km 程度の距離が探知できる限界である。
③レーダー反射因子と降水強度の関係は,降水の種別毎に異なる。
④レーダーアメダス解析雨量図は,気象レーダーの長所とアメダスの長所を合わせたものである。
⑤気象レーダーでは地形性のエコーを取り除いているが,シークラッターは除去できない。

ヒント ☞ ①ドップラー効果では,降水粒子が遠ざかると反射波の周波数が下がり,近づくと反射波の周波数は上がる。
②気象レーダーの探知範囲は数百 km に及ぶ。
③レーダー反射因子と降水強度の関係は,降水の種類により異なる。統計的に求めた代表的な関係は,$Z=BR^\beta <B, \beta$ は定数(代表的な値は $B=200, \beta=1.6$)>
④レーダーアメダスで広域の降水強度分布を測定し,これをアメダスで観測された実際の降水量で補正することによってより正確な解析結果を得ている。
⑤シークラッターや晴天エコーは除去できない。

解答
問1 ⑤

§2．レーダー・衛星観測

問4 気象レーダー観測の観測所から地点 A までの距離と，観測所から地点 B までの距離を比べると，観測所－地点 B 間のほうが，観測所－地点 A 間より丁度2倍長い距離である。このとき，地点 B の降水強度を観測したときの受信電力は地点 A を観測したときよりどのくらい減衰するのかを次の①～⑤の中より最も適当なものを選んで答えよ。

但し，受信電力が半減したとき減衰量は b（dB）となり，大気中を進む電波の減衰は，観測所－地点 A 間往復の場合に比べ観測所－地点 B 間往復の場合は a（dB）大きいものとする。

① a－2b（dB）
② a－b（dB）
③ a＋(1/2) b（dB）
④ a＋b（dB）
⑤ a＋2b（dB）

ヒント 受信電力は，降水粒子までの距離の2乗に反比例する。今，距離は観測所－地点 B 間の方が2倍になっているので，受信電力は $1/2^2=1/4$ 倍になる。

受信電力が半分になると b（dB）減衰するので，距離の増加により，2b（dB）減衰する。

さらに，大気中を進行する電波の減衰量の差が a（dB）であるので，これら2つの減衰効果を合わせて，a＋2b（dB）の減衰がある。

問5 次の①～⑤の内，誤っているものを選べ。
①可視画像と赤外画像では可視画像の方が，分解能が高い。
②赤外画像では雲頂温度の低いものほど白く写る。
③赤外画像の利点は霧や下層雲をよく観測できることである。
④赤外画像は夜間も観測が可能である。
⑤可視画像と赤外画像を組み合わせると上層から下層にかけての雲の状況を詳しく解析できる。

ヒント ①空間分解能は，可視＝1.25 km，赤外＝5 km で，可視画像の方

解答 問2 ④　問3 ②

がよい。
②雲頂温度が低い＝雲頂高度は高いの関係より明らか。
③赤外画像は霧や下層雲の観測精度が低い。
④赤外画像は赤外放射を観測しているので，昼夜の関係なく観測ができる。

問6　次の(a)〜(d)の文章の正誤に関して①〜⑤の内，正しいものを選べ。
(a)ジェット気流に伴ってジェット気流の北側に巻雲列が発生する。
(b)帯状の雲域の南側などににんじん状の形状をした，発達した対流雲が観測されることがあり，これをテーパリングクラウドという。
(c)発達した低気圧では雲の北縁が高気圧性の曲率をもって膨らむことがある。これをバルジという。
(d)大陸からの寒気移流があるとき日本海には下層の風向にそった筋状の雲域が観測されることがある。

①全て正しい
②(a)のみ誤り
③(b)のみ誤り
④(c)のみ誤り
⑤(d)のみ誤り

ヒント　(a)ジェット巻雲はジェット気流の南側に発生する。
(b)テーパリングクラウドは，激しい気象現象を伴う。
(c)バルジは低気圧発達を表わす。
(d)大陸からの寒気が相対的に暖かい日本海海上に移流するとき，下層から水蒸気補給を受けて対流雲を発生する。

問7　P.146の気象衛星画像について述べた①〜⑤の内，誤っているものを選べ。
①雲域Cでは前線に伴う雲画像が見られる。
②雲域Eは鉛直方向にあまり発達していない。
③雲域Fは発達期の低気圧の特徴をよく表わしている。

解答
問4　⑤

④雲域 G は発達した積乱雲群である。
⑤雲域 J は雲頂高度の高い上層雲である。

ヒント 📝 C：赤外，可視画像ともに白い雲列で，発達した対流雲列と考えられ，前線に伴う雲の特徴を表わしている。
　　　　　 E：赤外画像で黒色，可視画像で白（灰色）なので鉛直方向には発達していない。
　　　　　 F：発達中の低気圧には雲域の北側が膨らんでいてバルジを形成している。本図では低気圧中心に明瞭なドライスロット（乾燥域）があり，低気圧の閉塞期である。
　　　　　 G：赤外，可視画像ともに白く明瞭。よって G は主に発達した積乱雲からなる。
　　　　　 J：赤外画像で白く，可視画像で暗い色なので上層の巻雲である。

プラスα　MTSAT

　現在は 1995 年 6 月に運用を開始した「ひまわり 5 号」が気象観測を行っている。2000 年 3 月から運輸多目的衛星（MTSAT：Multi-functional Transport SATellite）が「ひまわり 5 号」の気象観測・通信機能を引き継ぐ予定であったが，この衛生を搭載した H-II ロケット 8 号機の打ち上げが失敗したため，2002 年時点では「ひまわり 5 号」が観測を引き続き行っている。MTSAT は，航空管制機能を併せ持ち，気象庁と国土交通省航空局が共同して運用を行う予定である。MTSAT は「ひまわり 5 号」に比べ，以下のように改善される。
　気象観測では，新たに赤外域 1 チャンネルが加わり，夜間でも霜や下層雲の分布を識別できるようになる。また，赤外チャンネルによる温度測定精度が向上し，海面水温や海流の細かな変化を監視することができるようになる。
　気象通信機能では，現在の一般利用者向け FAX 配信に代わり，デジタル画像配信が開始され，より鮮明な画像が入手できるようになる。
　なお，MTSAT は 2003 年夏ごろ打ち上げ予定だったが，打ち上げ用の H2A ロケットの打ち上げ失敗などの影響で，2004 年 2 月時点で，打ち上げ予定は立っていない。
　ひまわり 5 号は，2003 年 5 月で運用を停止。
　米国の GOES-9 を太平洋上に移動して代替運用している。

146　第2章　気象予測の基礎

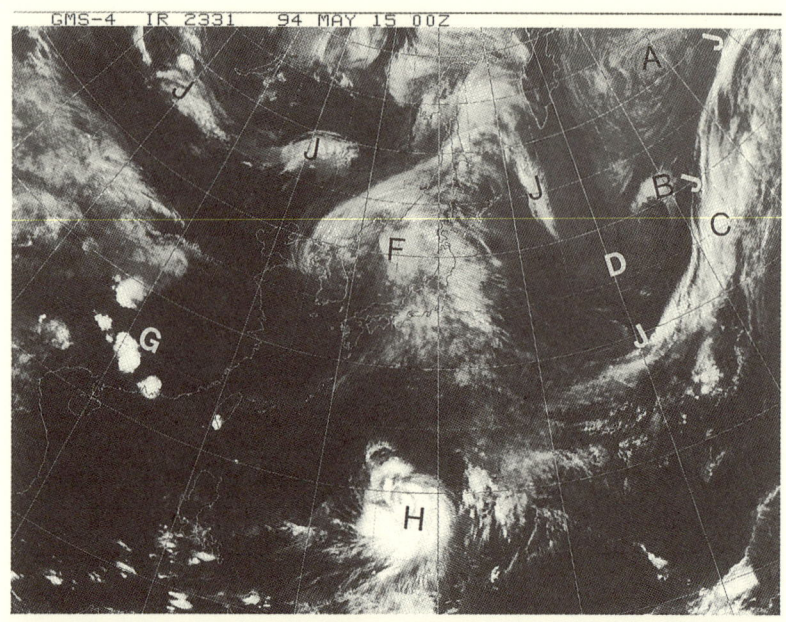

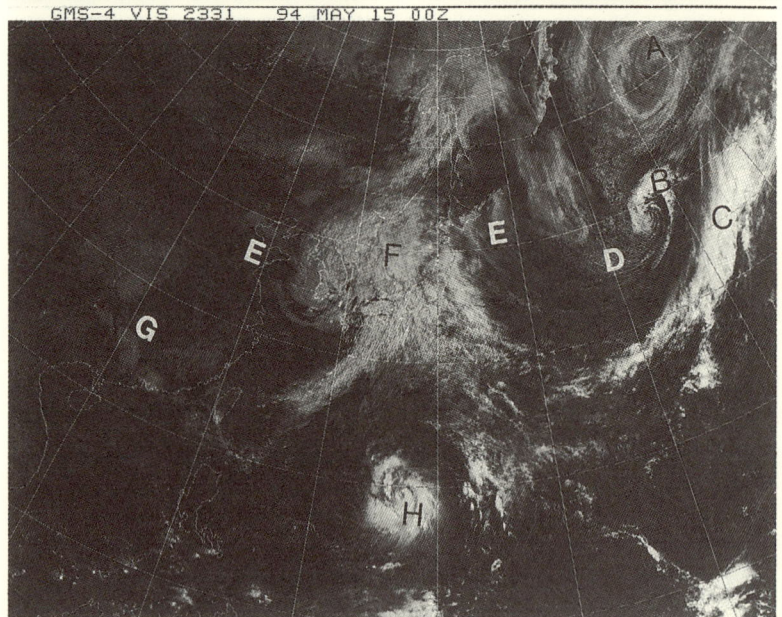

気象衛星画像（問7に対応する）　　上：赤外画像　下：可視画像

解答　　問5 ③　　問6 ②　　問7 ③

§3. 数値予報

> **key point**
> ・数値予報のフローをつかんでおくこと。
> ・客観解析や初期値化とは何か理解しておくこと。
> ・数値予報に用いられる物理法則などを理解しておくこと。
> ・パラメタリゼーションとは何か理解しておくこと。
> ・数値予報の予報可能スケールや時間を把握しておくこと。
> ・数値予報での誤差要因をつかんでおくこと。

数値予報

ある時刻に観測された気象データを基に，コンピューターを用いて気象現象の時間変化を計算し，客観的な予測をする方法。

数値予報の流れ

数値予報の役割と流れは図2-3-1の通りである。

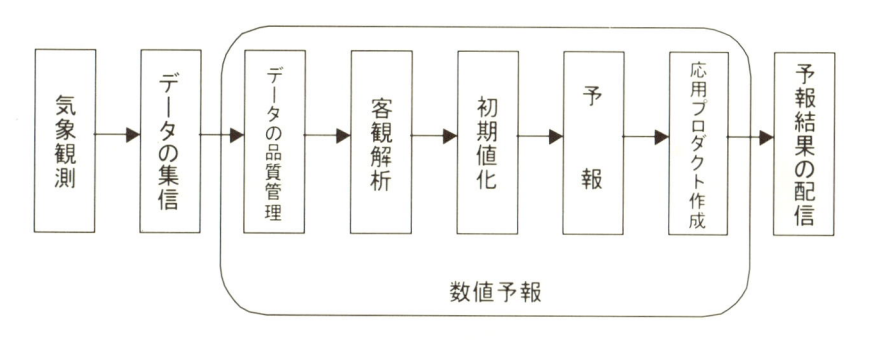

気象観測 → データの集信 → [データの品質管理 → 客観解析 → 初期値化 → 予報 → 応用プロダクト作成]（数値予報）→ 予報結果の配信

図2-3-1　数値予報のフロー

客観解析

各種観測によって得られたデータはそのデータが適正なものかどうか（例えば測定機器の故障による誤データはないかどうか）を判定し，誤データを排除し，データを品質管理する。観測データが数値予報の初期値を形成するための基本となるデータであり，大きな誤差があれば数値予報結果も大きく異なるからだ。

観測地点でのデータは，そのまま数値予報に使えない。数値予報では様々な物理法則に基づく計算を行ううえで都合の良いように，計算点を3次元空間の格子点に配置しており，観測地点とこの格子点では空間的な差異があるからである。一定のアルゴリズムによって計算機を用いて観測されたデータをこのような大気中の3次元格子点データに再処理し，観測時間における大気の諸状態の3次元分布を求めることを客観分析という。

実際の観測点は地上部の限られた場所であるので，観測データだけでは各種のじょう乱の推移を予想することが難しい。これに対応するために第1推定値として前回の数値予報で求めた値を活用して格子点の値を決定する方法が用いられている。

4次元変分法

観測データから数値予報に使う初期値を計算する手法として4次元変分法が，平成14年3月からメソ数値モデルで，平成15年6月から領域数値予報で導入された。4次元変分法とは，風や気温，気圧などのふるまいを表現する物理法則を活用して，時間的，空間的に広範囲で様々な観測データから精度の高い初期値を作る方法。ウィンドプロファイラなど時間的に連続した観測データや極軌道衛星による観測データのような初期時刻と観測時間が異なるデータを効率的に利用できる。従来は，予報計算を始める時刻に近い観測データだけを利用して初期値を作成していた。初期時刻よりも前に観測したデータも連続的に解析して初期値を作成するので，初期値の精度が高まり，数値予報の精度が高まる。4次元変分法では，前回の予報結果を初期値とした数値予報の時間変化と任意の時刻で計測された観測データとの差を基に，誤差が最小となるように前回の第1測定値を修正する。

初期値化（イニシャリゼーション）

客観解析で求められた解析値をそのまま予報の初期値として用いると，重力波ノイズが発生する為好ましい予報結果が得られない。初期値化とは，この重力波ノイズを除去することである。

数値予報に用いられる基礎方程式と物理法則の関係

(1)水平方向の運動方程式

　　　　…ナビエ・ストークスの式(ニュートンの運動法則を流体に適用)

$$\frac{\partial u}{\partial t} = \underbrace{-u\frac{\partial u}{\partial x} - v\frac{\partial u}{\partial y} - w\frac{\partial u}{\partial z}}_{移流効果} + \underbrace{2\Omega v\sin\phi}_{コリオリの力} \underbrace{-\frac{1}{\rho}\frac{\partial p}{\partial x}}_{気圧傾度力} + \underbrace{F_x}_{摩擦力}$$

$$\frac{\partial v}{\partial t} = -u\frac{\partial v}{\partial x} - v\frac{\partial v}{\partial y} - w\frac{\partial v}{\partial z} - 2\Omega u\sin\phi - \frac{1}{\rho}\frac{\partial p}{\partial x} + F_y$$

(2) 鉛直方向の運動方程式

　　　　…静力学平衡の式

$$0 = -\frac{1}{\rho}\frac{\partial p}{\partial z} - g$$

(3) 連続の式　(空気全体の質量は運動の前後で変化しない)

　　　　…質量保存の法則

(4) 熱力学方程式　(外部との熱のやりとりがなければ熱エネルギーは保存)

　　　　…熱エネルギー保存則

(5) 水蒸気の輸送方程式　(外部との水蒸気のやりとりがなければ水蒸気量は保存)

　　　　…水蒸気保存の法則

(6) 気体の状態方程式　(気体の圧力・密度・温度の関係式)

　　　　…ボイル・シャルルの法則

総観規模の擾乱の予測に用いられる式

　総観規模のスケールの現象に対しては，静力学平衡の式などのプリミティブ方程式がよい近似で成立する。総観規模の現象では，水平の運動スケールの方が鉛直の運動スケールよりも卓越し，発散・収束の効果よりも渦度の効果が卓越している。

数値予報の予測の可能性

　数値予報で表現可能な擾乱のスケールは，数値予報モデルの格子間隔の5～8倍程度である。したがって，これよりも小さな擾乱に対しての予測は困難である。

　また，初期値における誤差は時間経過と共に大きな予測誤差をもたらし，予測が不可能になってくる。総観規模の現象で予測可能な時間は7～10日程度である。

　また，予測可能な時間は擾乱のスケールが大きいほど長く，小さな擾乱では，予測可能な時間は短くなる。

数値予報に含まれる誤差

　数値予報には，観測機器自体の精度，観測地点がまばらであること，数値計算上の端数を丸めることによる誤差，大気の物理現象を完全にモデル化できないことによる誤差等により，いくらかの誤差が含まれている。

　また，数値予報による予想雨量は，観測される地点最大雨量よりも小さくなることがあるが，これは数値予報の予想雨量は格子モデルの雨量を平滑化しているためである。

地形の影響

　数値予報モデルでは地形の効果を見込んで補正がなされている。しかし，地形の細かな変化などについては完全に取り込まれていないために，必ずしも地形性降水を十分に表現できているとは限らない。

パラメタリゼーション

　格子間隔よりも小さなスケールの現象を予報モデルに取り込むことによって，複数の積乱雲による降水現象等をある程度予測できる。(但し，個々の積乱雲の予測はできない)

数値予報のプロダクト

　数値予報の計算結果により得られるプロダクトは，気圧・気温・風・湿数等の3次元での大気の状態や，降水量等を予報図として集約して表現する。

　数値予報のプロダクトは，局地的な気象現象に対して，必ずしも量的に正確な値を示さないが，現象の起こる可能性（ポテンシャル）の予測には有効である。

プラスα　系統的な誤差について

　天気予報のガイダンスと実際の天気（実況）とでは，必ずしも一致しない。一致しない理由は様々であるが，そのずれが持続的・系統的なものか，一時的・局所的なものかを把握することは，予報資料の有効性の検証に重要である。

　例えば，時間の経過と共にガイダンスと実況に見られる違いが同じような傾向を示すのであれば，この違いは系統的なものであると考えられ，その違いが秩序だっていないのであれば，それは一時的又は局所的なものといえる。

§3．数値予報

問1 次の①～⑤の内，誤っているものを選べ。
①数値予報の誤差は，時間と共に大きくなってくる。
②数値予報の格子点の予報値は，その地点の予報値でなく，その格子空間での平均値を表わしている。
③数値予報の初期値は実際の大気の状態に対して常に何らかの誤差を含んでいる。
④現在実用化されている数値予報モデルでは局地的な降水現象などを追跡できないことが多いが，降水の確率を表わすポテンシャル予報には対応できる。
⑤一般に擾乱の大きさが大きいほど予報可能時間は短くなる。

ヒント ☞ ①数値予報の誤差は時間と共に増大する。また，予報有効性は擾乱のスケールが大きいほど長い。
②数値予報モデルの格子点の予報値は，その地点の値ではなく格子間隔の平均的な値である。
③数値予報モデルの初期値と実際の大気の状態が完全に一致することはない。
④数値予報の地形は平滑化されており格子間隔以下のスケールのものは表現できない。局地的な現象を量的に正確に表現するのは難しいが，可能性（ポテンシャル）は予測できる。
⑤擾乱の規模が大きいほうがその擾乱の寿命も長く予測可能な時間も長くなる。

問2 次の①～⑤の内，誤っているものを選べ。
①気象観測データは誤差を含んでいるので，データの品質管理を行い，誤りと判定されたデータは，数値予報には用いない。
②客観解析では，前回の数値予報で用いられた初期値から計算された予報値を第1推定値とし，実際の観測データでこの値を補正して大気の状態を決めている。
③客観解析結果をそのまま初期値として採用すると重力波ノイズなどが発生するので，これを取り除くために4次元データ同化という作業を実施する。

解答 解答は次頁の下欄にあります。

④数値予報が可能な最小なモデルの大きさは，格子間隔の5倍程度である。
⑤パラメタリゼーションとは，格子間隔以下の現象の効果を見積もることをいう。

ヒント　①観測データは品質管理されている。
　　　　②第一推定値としては，前回の数値予報の初期値から求めた予報値を用いている。
　　　　③重力波ノイズを取り除くために行う作業は，初期値化である。

問3　次の①～⑤の内，誤っているものを選べ。
①鉛直方向の大気の運動は連続の式から求められる。
②大気の状態は気圧・気温・密度の3要素から決定される。この関係を表わした式が状態方程式である。
③空気塊が断熱圧縮を受けたり，凝結熱の放出による加熱があったとき空気塊の温度は上昇する。
④大規模なスケールの現象を予報するにはプリミティブ方程式を用いることが有効である。
⑤総観規模の現象の予測は7～10日位が限界である。

ヒント　①鉛直方向の大気の状態は静力学平衡の式で近似的に表現できる。
　　　　②状態方程式では，気圧，圧力，密度の3変数と定数から構成されており，3変数のうち2つが決定すれば，他の1つも一意に決定。
　　　　③空気塊は断熱圧縮や，水蒸気の凝結（＝潜熱の放出）によって加熱されると気温が上昇する。
　　　　④プリミティブ方程式は，総観スケールの現象に対して有効であるが，積乱雲のようなメソスケールの現象には不向きである。
　　　　⑤総観規模の現象で予測可能な時間は7～10日程度である。

問4　次の(a)～(d)の文章の正誤に関して①～⑤の内，最も適当なものを選べ。
(a)積乱雲などのメソスケールの現象は，静力学平衡の式などのプリミ

解答
　問1　⑤

§3. 数値予報

ティブ方程式が有効である。
(b)数値予報モデルではある程度地形の効果を見込んでいるが，地形の細かな変化などについては完全に取り込まれていないために地形性の降水などが十分に表現できるとは限らない。
(c)総観規模の現象では水平方向の運動スケールと鉛直方向の運動スケールが同じ位である。
(d)モデルの分解能を非常に高めても，このモデルに適用する初期値の誤差が大きければ，予報精度は悪いものになる。
①全て誤り
②(a)のみ誤り
③(b)のみ正しい
④(a),(c)が誤り
⑤(d)のみ正しい

ヒント ☞ (a)水平方向の運動スケール≒鉛直方向の運動スケールの現象は主に個々の積乱雲等であるが，これらの現象には静力学平衡の式を用いることはできない。
(b)数値予報モデルでは完全な地形情報は取り込まれていない。
(c)(a)の記述の通り。
(d)初期値の精度や分解能が低ければ，それを基に求められる予測の精度も悪くなる。

問5 次の①〜⑤の内，誤っているものを選べ。
①数値プロダクトで示される積乱雲に伴う上昇流の大きさは実際のものに比べて小さく見積もられる。
②日本付近で発達中の温帯低気圧では低気圧の東側で暖気の上昇流が，西側で寒気の下降流がある。
③渦度は，ほとんど全ての等圧面で保存されて水平移流する。
④総観規模の現象では渦度の効果のほうが水平収束・発散の効果よりも大きい。
⑤鉛直p速度は上昇流の場合負の値となる。

解答 問2 ③   問3 ①

ヒント ①数値予報プロダクトで表現される上昇流は，総観規模の現象のもので，積乱雲中の上昇流に比べてオーダーが小さい。
②温帯低気圧の発達期は，低気圧前面で暖気の上昇流・低気圧後面で寒気の下降流がある。
③渦度は中層の水平収束・発散がほとんどない所でほぼ保存されるが，下層や上層では保存されない。
④総観規模の現象では渦度（回転方向の運動）が卓越している。
⑤上昇流では鉛直 p 速度は負，下降流では正となる。

解答　問4 ④　問5 ③

§4. 総観規模現象

key point
- 寒冷型高気圧・温暖型高気圧の違いをつかんでおくこと。
- オホーツク海高気圧や移動性高気圧を理解しておくこと。
- 日本海側の降雪現象の里雪型と山雪型の違いを認識できるようにしておくこと。
- 南岸低気圧，日本海低気圧の特徴をつかんでおくこと。
- 各種前線の概要をつかんでおくこと。

高気圧

高気圧はその発生要因や構造によって以下の様に分類することができる。

▶**寒冷型高気圧**

下層の寒冷な大気が成因の高気圧。冷たい空気は暖かい空気よりも密度が大きく重いので，寒気が滞留する箇所は周辺よりも気圧が高くなるのである。寒冷型高気圧は，下層の寒気によってできているので，高気圧としての特徴は下層にあり，上層まで及ばないので背の低い高気圧とも呼ばれる。冬季に大陸で放射冷却や北極からの寒気移流が，チベット高原によって滞留することによって発生する「シベリア高気圧」が代表的な例である。天気が悪くなることがある。

▶**温暖型高気圧**

上層に多くの空気が流入することによって大気の重さが大きくなることによって生じる高気圧。上層に侵入した大気は下降気流となり，断熱昇温により気温が高くなる。上層に成因があり，上層まで高気圧があるので背の高い高気圧とも呼ばれる。夏季の「太平洋高気圧」が代表的な例である。一般に天気はよい。ブロッキング高気圧も一種の温暖型高気圧である。

▶**オホーツク海高気圧**

オホーツク海方面に発生する高気圧で，寒気を南下させ，海面から顕熱と潜熱の補給を受け，大気を不安定にし広範囲にわたって悪天をもたらす。オホーツク海高気圧は，北東気流を発生させ，冷害や日照不足などの被害をもたらす。また，6〜7月にかけて太平洋高気圧との間に梅雨前線を発生させる。また，オホーツク海高気圧に伴って霧が発生するこ

とが多く，各種交通機関の運行に支障をきたすことがある。

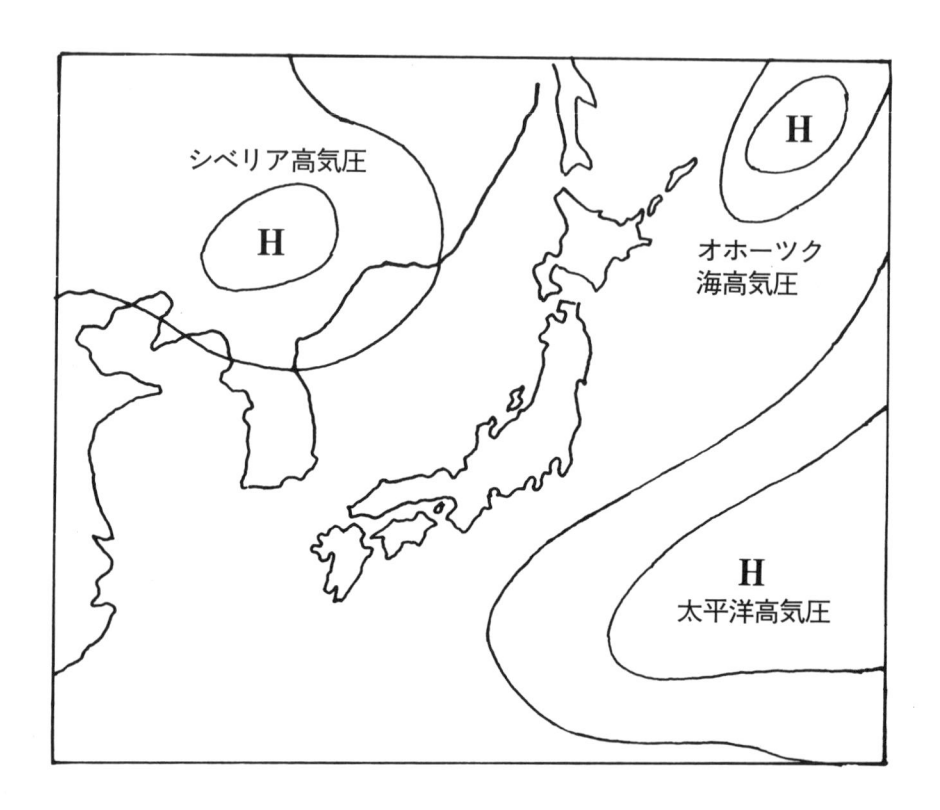

図 2-4-1　各種高気圧の位置関係

▶移動性高気圧

　ほとんど移動しない冬季のシベリア高気圧や夏季の太平洋高気圧に対して，春や秋に発生する温帯低気圧と同様に移動する高気圧を移動性高気圧という。移動性高気圧の前後には低気圧がある。移動性高気圧の中心から前面では天気がいいが，中心が通過すると薄雲に覆われ始め，後方の低気圧の接近と共に天気は悪くなる。

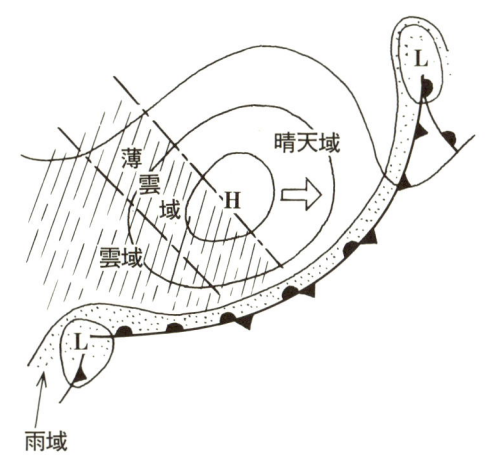

図 2-4-2　移動性高気圧

高気圧に伴う日本付近の天気

　大陸の高気圧が西日本や南西諸島から張り出し，日本列島の太平洋側に低気圧が存在すると太平洋側で晴天が続き，日本海側で悪天（降雪）が続く。これは西高東低型といい冬の典型的な気圧配置である。一方，高気圧が日本海側より北日本方面にのみ張り出すと北日本の太平洋側以外では，天気が悪くなる。これを北高型という。

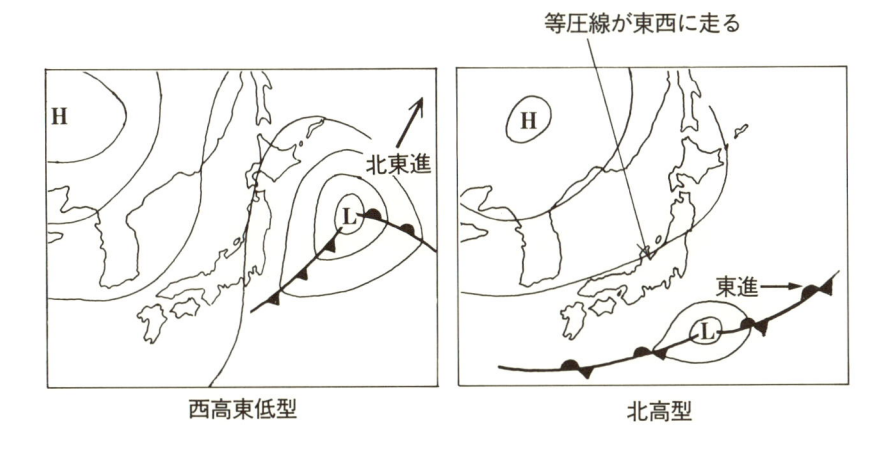

図 2-4-3　西高東低型と北高型

里雪と山雪

冬季の日本海側の降雪は等圧線の配置によって大きく2つに分類できる。

▶里雪型

日本海で等圧線が袋状になる気圧配置。季節風の吹きこみが弱く，平野部に降雪が多い。

▶山雪型

等圧線が南北に延びている気圧配置。季節風の吹きこみが強く，山岳部に降雪が多い。

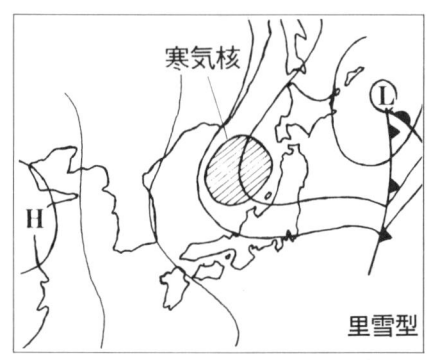

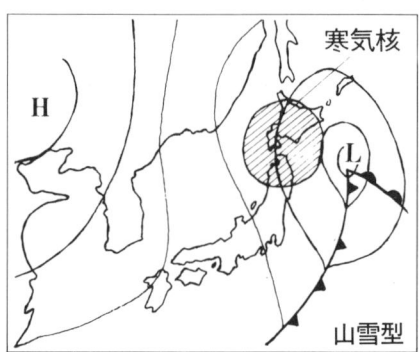

図2-4-4　里雪型と山雪型

その他の高気圧の型

▶鯨の尾型

温暖型高気圧に伴うもので，好天が数日間続く。

▶帯状高気圧型

高気圧が東西に帯状に続く型。日本列島の南方海上に帯状高気圧が存在すると，南日本地方では晴天が続く。

§4. 総観規模現象

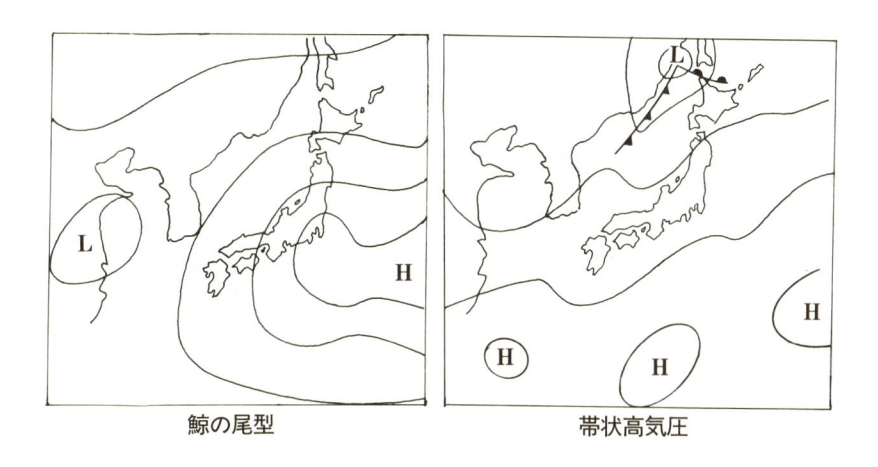

鯨の尾型　　　　　　　帯状高気圧

図2-4-5　鯨の尾型と帯状高気圧型

低気圧

日本付近を通過する低気圧は，大きく分けるとその経路別に以下の3種に分類できる。

▶南岸低気圧（東シナ海低気圧）

主に寒候期に発生。日本の太平洋南岸を通過する。本州南岸を中心として大気は不安定となり，低気圧は発達しながら本州南岸を進む。寒候期の低気圧なので，雨雪の判別が重要である。

▶日本海低気圧

主に春先から初夏にかけて発達。春一番をもたらす。日本では南よりの風が強くなる。この南よりの風は日本の脊梁山脈で強制的な上昇を起こすので，山脈を超えて日本海側に暖かい空気が吹き降ろす。これをフェーン現象という。フェーン現象によって日本海側の大気は暖かく，乾燥する。このため日本海側では大火事が発生することがある。

▶二つ玉低気圧

日本列島を挟んで，南岸低気圧と日本海低気圧の2つの低気圧が同時に発生するもの。

主に冬から春にかけて発生する。これらの低気圧は，日本の東海上で1つになり，急速に発達することがある。二つ玉低気圧は，一般に雨または雪の確率が高く，降水量も多い。

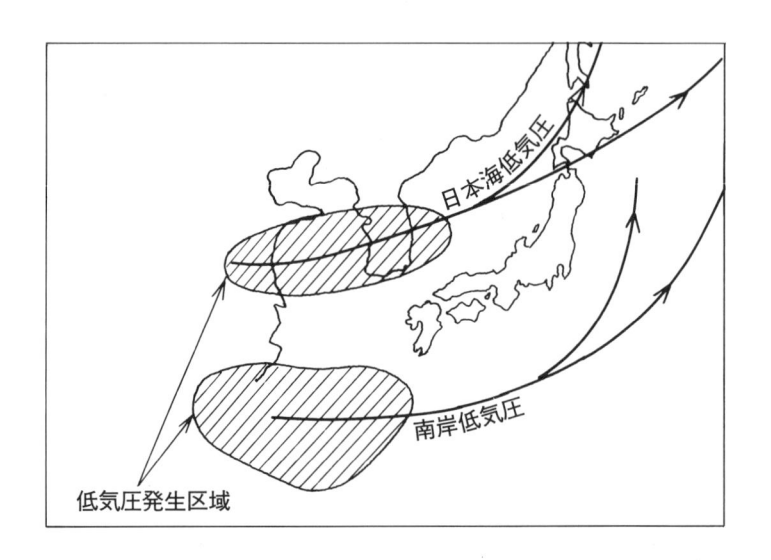

図 2-4-6　日本付近の低気圧

低気圧に伴う天気

　低気圧は一般に温暖前線や寒冷前線を伴っており，低気圧内でも天気は一様ではなく，その前線に伴った特徴的な天気分布がある。一般には前線付近で天気が悪く，前線に囲まれた暖域では比較的天気がよい。但し，暖域には南からの暖かく湿った空気が入りやすいので，悪天となることもあるので注意する。

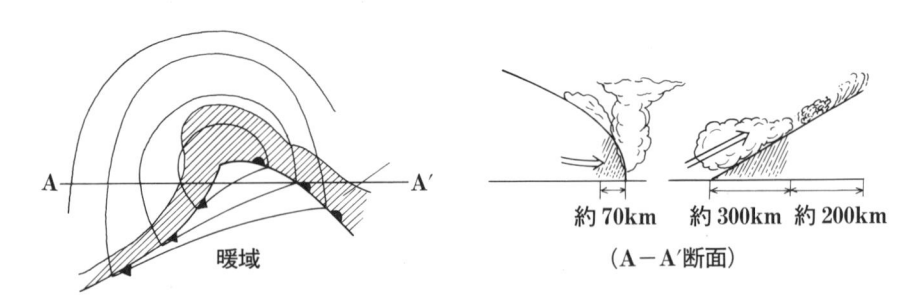

図 2-4-7　低気圧内の天気分布

§4. 総観規模現象

前線

前線とは，異なる気団間の境界線である（境界線といっても実際の大気には明確な境界線はないので，実際の大気ではある程度の幅をもったものになる）。前線はその特徴毎に以下の4種類に分類される。

▶温暖前線

隣接する異なる2つの気団について，暖気側の方が寒気側より勢力が強い場合にできる。暖気が寒気の上を滑昇していく。降水現象は主に層状性のものが観測される。

▶寒冷前線

隣接する異なる2つの気団について，寒気側の方が暖気側より勢力が強い場合にできる。寒気が暖気にもぐりこむようにして暖気を持ち上げる。降水現象は主に対流性のものが観測される。

▶閉塞前線

低気圧に伴う寒冷前線と温暖前線では，一般に寒冷前線の方が，動きが速く，低気圧の発達，進行と共に寒冷前線は温暖前線に追いつく。この寒冷前線が，温暖前線に追いついた時にできるのが閉塞前線である。閉塞前線は寒冷型と温暖型の2種類に分類できる。寒冷型は寒冷前線に伴う寒気団①が，温暖前線の前面にある寒気団②の下に潜りこむものをいう。温暖型は寒冷前線に伴う寒気団①が，温暖前線の前面にある寒気団②の上を滑昇するものである。前者は寒気団①が寒気団②よりも寒冷な場合で，後者は寒気団①が寒気団②よりも温暖な場合に起こる。

▶停滞前線

停滞前線は，これをつくる寒暖両気団の勢力が同じ位で，互いにほとんど動かない状態にあるときに起こる。停滞前線に伴って，前線から北側の約300 kmでは雨が降り，その北側約200 kmでは曇りの状態であることが多い。

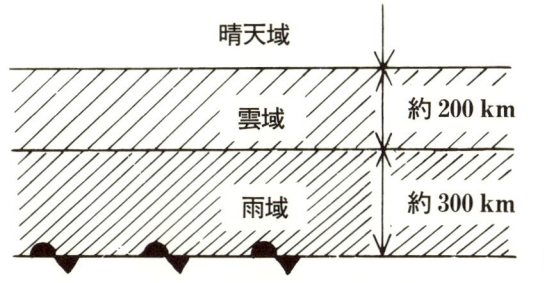

〈寒冷前線と温暖前線〉

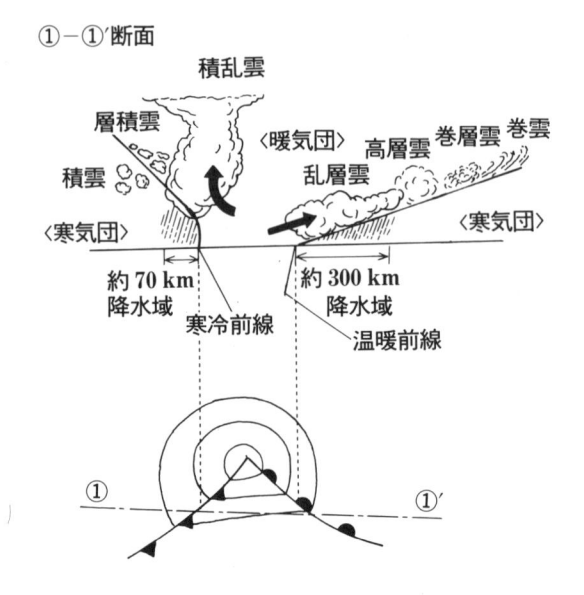

①-①′断面

積乱雲
層積雲
積雲
〈暖気団〉
高層雲　巻層雲　巻雲
乱層雲
〈寒気団〉　〈寒気団〉
約70km
降水域
寒冷前線
約300km
降水域
温暖前線

①　①′

〈寒冷型閉塞前線〉Ⓐ-Ⓐ′断面　　〈温暖型閉塞前線〉Ⓑ-Ⓑ′断面

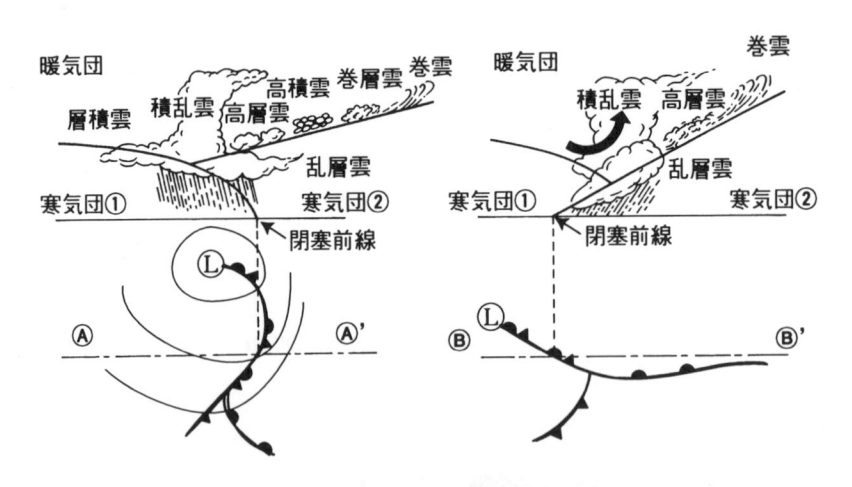

暖気団
層積雲　積乱雲　高積雲　巻層雲　巻雲
高層雲
乱層雲
寒気団①　寒気団②
閉塞前線

暖気団
積乱雲　高層雲　巻雲
乱層雲
寒気団①　寒気団②
閉塞前線

Ⓐ　Ⓐ′　　Ⓑ　Ⓑ′

図2-4-8　各種前線

§4．総観規模現象

問1　次の①〜⑤の内，誤っているものを選べ。
①夏季に日本付近の天気に大きな影響を及ぼす太平洋高気圧は，背の高い高気圧で，温暖な高気圧である。
②冬季に大陸で放射冷却や北極からの寒気移流が，チベット高原によって滞留することによって発生するシベリア高気圧は背の低い高気圧である。
③移動性高気圧は日本では春や秋の天気に影響を与えることが多い。この移動性高気圧は，高気圧の前面では悪天となり，中心が通過する頃から晴天となる。
④オホーツク海高気圧は，オホーツク海方面に発生する高気圧で，寒気を南下させ，海面からの顕熱と潜熱の補給を受け，大気を不安定にし広範囲にわたって悪天をもたらすことがある。
⑤ブロッキング高気圧は，温暖型高気圧の一種である。

ヒント　☞　①太平洋高気圧は，上層に多くの空気が入り込むことによって大気の重さが大きくなることによって生じる高気圧で，背の高い高気圧である。下降流によって，断熱昇温がおこる温暖な高気圧である。
②寒型冷高気圧は，下層の寒気によってできているので，背の低い高気圧とも呼ばれる。
③中心から前面では天気がいいが，中心が通過すると薄雲に覆われ始め，後方の低気圧の接近と共に天気は悪くなる。
④オホーツク海方面に発生する高気圧で，寒気を南下させ，下層から次第に対流不安定になり，悪天をもたらす。

問2　次の①〜⑤の内，誤っているものを選べ。
①発達する低気圧では低気圧の西側で寒気移流が東側で暖気移流がある。
②発達する低気圧の特徴のひとつに上空の正渦度極大域が地上低気圧に対して西側にある（渦管が西傾している）ということがある。
③低気圧が閉塞過程に入ると低気圧中心のドライスロットが顕著になる。

解答　解答は次頁の下欄にあります。

　　　　④低気圧の前面では暖気の上昇流が，後面では寒気の下降流がある。
　　　　⑤発達中の低気圧に伴う温暖前線の前面では地上から上層にかけて風向が反時計回りに変化している。

ヒント 🔍 ①低気圧の発達は，南北の温度傾度を弱める。
　　　　②低気圧発達時は渦管が西傾しているが，閉塞過程に入ると垂直になる。
　　　　③低気圧の閉塞に伴い，低気圧中心に乾燥した寒気が入り込み，ドライスロットを形成する。衛星雲画像で，明瞭に観測できる。
　　　　④低気圧前面は暖気の上昇，後面は寒気の下降がある。
　　　　⑤暖気移流域では，風は上層に向かって時計回りに，寒気移流域では上層に向かって反時計回りに風向が変化する。

問3　次の①〜⑤の内，最も適当なものを選べ。
　　　①太平洋側の降水が雨になるか雪になるかは850 hPa面の気温が$-6℃$となる線を境界として決定し，湿度などについては，判定基準が複雑になるので考慮しない。
　　　②冬季の日本海側の降雪の内，日本海で等圧線が袋状になる気圧配置の場合は，季節風の吹きこみが弱く，平野部に降雪が多い。このような降雪を山雪型という。
　　　③春先から初夏にかけて日本海に発生する低気圧によって，日本海側では南よりの風が強くなり，フェーン現象が発生することがある。
　　　④閉塞前線は，寒冷前線に伴う寒気団が，温暖前線の前面にある寒気団の下に潜りこんで発生し，その逆になることはない。
　　　⑤温暖前線の通過前は南西よりの風が，通過後は西〜北西よりの風が吹く。

ヒント 🔍 ①雨雪判別は850 hPa面の気温だけでなく，地上気温や湿度も関係する。
　　　　②等圧線が南北に走っている気圧配置で，季節風の吹きこみが強く，山岳部に降雪が多いのが山雪型である。季節風の吹き込みが弱いときは里雪型。

解答
　問1 ③

③日本海で低気圧が発達し，太平洋側が低気圧暖域に入るとき，南よりの風が強くなり脊梁山脈で強制上昇され，水分を失った乾燥大気が断熱下降することによって，日本海側の地方では，フェーン現象が発生する。

④閉塞前線は，それを作り出す気団の性質により寒冷型と温暖型の2種類に分類できる。④の文章は寒冷型の説明。

⑤温暖前線の通過前は南東よりの風が，通過後南西よりの風が吹く。

|解答| 問2 ⑤　問3 ③

§5. その他気象現象

> **key point**
> ・集中豪雨の成因を理解しておくこと。
> ・ジェット気流とそれに付随する現象の特徴をつかんでおくこと。

集中豪雨

　局地的に短時間に集中して多量の降水がある現象で，擾乱の規模はメソスケールである。
　集中豪雨が起こるときは以下の特徴がいくつか重なる事が多い。
(a)梅雨前線や秋雨前線などの停滞する前線があり，前線に対して南からの暖湿気流が舌状に吹き込む（湿舌）。
(b)台風や熱帯低気圧が日本列島の南方海上にあり，暖湿気流を吹き込む。
(c)メソスケールの低気圧が前線に沿って，局地的に繰り返し発生，通過する。
(d)上空1.5 km～3 km付近に強風帯（下層ジェット）がある。
(e)上層（上空約5 km以上）に寒気がある。
(f)地理的条件として，南よりの暖湿気を強制上昇させるような山岳などがある。

ジェット気流

　対流圏と成層圏の境界近くの風速30 m/s以上の強風帯*をいう。日本付近では，北緯30°辺りに発生する亜熱帯ジェット気流と，北緯40°辺りに発生する寒帯前線ジェット気流がある。南北の温度傾度によって生じる温度風の関係からジェット気流は生じている。亜熱帯ジェット気流と寒帯前線ジェット気流の2本のジェット気流は，季節や場所によって1本になることもある。特に寒帯前線ジェット気流は，時間・空間的に変動が大きいので注意する。ジェット気流に伴ってジェット気流の南側にジェット気流に直角な波状の巻雲列（トランスバースライン）や細長い筋状の巻雲（シーラスストリーク）が発生することがある。これらをジェット巻雲という。晴天乱気流（CAT）はトランスバースラインに伴うものの方が強いことが多い。
　＊一般的な基準はなく目安の値である。

§5．その他気象現象　　　167

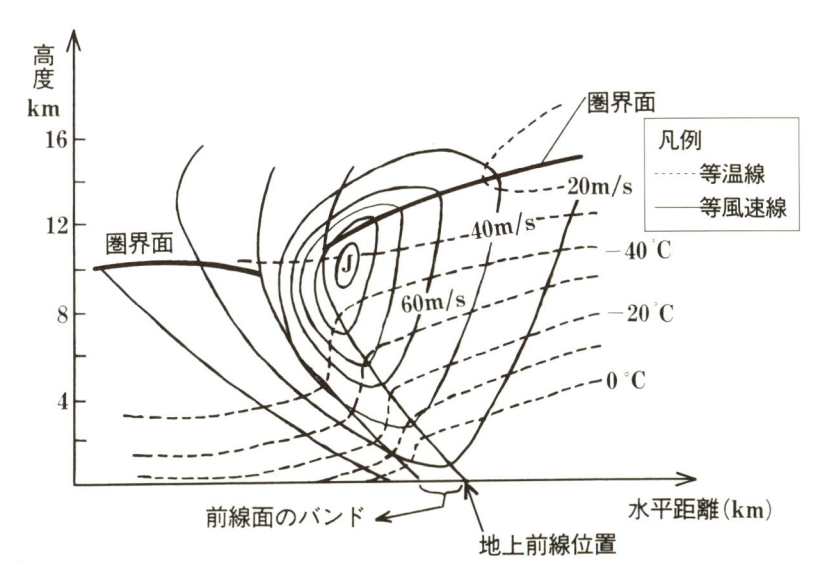

図 2-5-1　南北断面にみるジェット気流

・・・コーヒーブレイク・・・

合格通知について

　気象予報士試験では，試験の約5週間後に合格者が発表される。この合格発表では，各受験者宛てに結果通知が郵送される(配達日指定郵便)。合格時には大型の(角型2号：A4サイズに対応する封筒)が配達される。この中には合格証明書の他に気象予報士の登録案内や気象予報士会入会案内が同封されている。

　残念ながら不合格の場合は，小さい封筒に試験結果通知のみが同封されてくる。

問1 次の(a)～(d)の文章の正誤に関して①～⑤の内，最も適当なものを選べ。

(a)ジェット気流の北側に巻雲列が発生することがある。これは，ジェット巻雲と呼ばれている。

(b)日本付近のジェット気流には，寒帯前線ジェット気流と亜熱帯ジェット気流の2種類のものがある。但し，ジェット気流は，季節や場所によって1本になることもある。

(c)ジェット気流周辺は，風のシアーが大きく，航空機の航行には十分注意が必要である。

(d)ジェット巻雲にはシーラスストリークとトランスバースラインがある。トランスバースラインには，強い晴天乱気流を伴うことが多いので注意が必要である。

① 全て正しい。
②(a)のみ誤り。
③(b)のみ誤り。
④(c)のみ誤り。
⑤(d)のみ誤り。

ヒント ☞ (a)ジェット気流の南側にはジェット巻雲が発生することがある。
(b)ジェット気流は，季節や場所によって1本になることもあるので注意。
(c)ジェット気流周辺では風のシアーが大きく，乱気流がある。
(d)晴天乱気流はトランスバースラインに伴うものの方が強いことが多い。

問2 次の(a)～(d)の文章の正誤に関して①～⑤の内，最も適当なものを選べ。

(a)集中豪雨時には下層ジェットによる暖湿気流の移流が観測されることが多い。

(b)集中豪雨の発生には暖湿気流が，多く供給されることが多い。

(c)地形効果によって同一地域に降水が集中することがある。

(d)現在の予報技術では集中豪雨に伴う降水量を量的に正確に予測するのは難しいが，そのポテンシャル（降水現象の確率）を予測するこ

解答 解答は次頁の下欄にあります。

§5．その他気象現象

とはできる。

①(a)のみ誤り。
②(b)のみ誤り。
③(c)のみ誤り。
④(d)のみ誤り。
⑤全て正しい。

ヒント ☞ (a)下層ジェットは集中豪雨の目安になる。
(b)集中豪雨には暖かく湿った空気の流入が大きな役割を果たす。
(c)地形効果により降水が持続することがある。
(d)メソスケールの現象は量的には難しいが，その可能性は予測できる。

解答 問1 ② 問2 ⑤

§ 6. 天気への翻訳・確率予報

key point
- ガイダンスとは何かを理解しておくこと。
- 各種予報の内容を覚えておくこと。
- ニューラルネットとカルマンフィルタの利点・欠点を覚えておくこと。
- MOSとニューラルネットとカルマンフィルタの違いを認識しておくこと。
- 降水短時間予報を理解し，降水短時間予想図を解読できるようにすること。
- 確率予報とカテゴリー予報の違いを理解すること。
- 季節予報や週間予報の概要をつかんでおくこと。

ガイダンス

予報官の「天気への翻訳」を補助するための予報資料。3時間降水量や最高最低気温などからなっている。1日2回，日本時間の9時と21時の数値予報結果を基に計算された後出力される。気象庁では，このガイダンスを基に明後日までの府県天気予報を，また24時間後までの地方天気分布予報及び，地域時系列予報を作成している。

ガイダンス作成手法

現在ガイダンスは，これまでのMOS方式に変わって，カルマンフィルター（KLM）とニューラルネット（NRN）という手法で作成されている。

府県天気予報

一般に天気予報と呼ばれているもので，明後日までの天気予報である。これは，府県予報区の1次細分区域に対するものである。予報内容は，天気，風，降水確率，最高・最低気温，波浪である。

§6. 天気への翻訳・確率予報　　　　　　　　171

図2-6-1　ガイダンス出力例

> [!NOTE] 地方天気分布予報

　全国を約20kmのメッシュに分割し，このメッシュ区域の天気を24時間後まで3時間おきに予報するものである。予報要素は，メッシュ内の代表的な天気，降水量，気温と朝の最低気温と日中の最高気温である。天気については「晴れ」，「曇り」，「雨」，「雪」の4つのカテゴリーに分類して発表する。また，降水量もその量に応じて，4段階に分類して発表する。気温や最高・最低気温は1℃単位で予報する。

地域時系列予報

24時間先まで3時間毎の天気と気温を予報するもので，府県予報区の1次細分区域毎の代表地点について実施する。地方天気分布予報の気温がメッシュ内の代表的な値であるのに対して，地域時系列予報では，その代表地点での気温を予報していることに注意する。

MOS

数値予報の結果を予測因子とし，対応する時刻の予測する気象要素である被予測因子との統計的関係式を作成する方法。統計的関係式には線形重相関回帰式が用いられる。予測因子，被予測因子ともに予想値を用いているので予想値に含まれる系統的な誤差は取り除かれる。しかし，数値モデルが変更になったときは，統計的関係式も作り直す必要があるという問題点がある。また，擾乱の位相のずれは修正できない。

カルマンフィルター

数値予報の結果と実況値（観測値）から逐次更新されるパラメータを係数として持つ線形の統計的関係式を用い，関係式のパラメータを逐次更新しながら予測する方法である。パラメータが逐次変化するモデルであり，数値予報モデルの変更に対しても柔軟に対応できる。擾乱の位相のずれまでは修正できない。

ニューラルネット

ニューラルネット（人間の脳細胞のようなイメージ）に数値予報の結果と実況値（観測値）間の対応関係を繰り返し求めさせてその関係を学習させ，数値予報モデルと実況値の真の関係に近づけていく手法。逐次更新型のモデルであり，カルマンフィルターと同様に数値予報モデルの変更にも柔軟に対応できる。擾乱の位相のずれまでは修正できない。

確率予報とカテゴリー予報

気象現象の発生する可能性を確率値で表わした予報を確率予報という。降水確率予報や大雨確率予報等がある。これに対して，現象を「ある」，「なし」で予測するものをカテゴリー予報という。確率予報は，カテゴリー予報に比べてコスト/ロス比に対する利益が優れている。

例）降水現象の予報について

§6. 天気への翻訳・確率予報

＜カテゴリー予報＞「降水あり」,「降水なし」で予報
＜確率予報＞降水確率 30 %，降水確率 80 %等と予報

コスト/ロス比

　工事や催しものなど気象現象によって影響を受ける事象では，気象現象に応じて対策を講じる必要がある場合がある（例えば雨対策のテントなど）。このとき，対策に必要な費用をコストといい，この対策を講じることによって回避された損害をロスと呼び，この比をコスト/ロス比という。

降水確率予報

　降水確率予報は「6 時間に 1 mm 以上の降水がある確率」を示すもの。24～30 時間先まで 6 時間毎の予報値を 0～100 %まで 10 %毎に発表している。降水確率予報での確率値は，予報対象区域全地点に共通した予報値である。又降水確率は同じ予報が 100 回出たときに，現象が発生する回数を意味する。例えば降水確率 60 %ならば，これと同じ予報が 100 回出ると，60 回降水があるということである。

短時間予報（ナウキャスト）

　一般に 6 時間先までの予報を短時間予報と区分する。メソスケールの現象等は擾乱の寿命が数時間のオーダーである。また，現在の数値予報モデルではその格子間隔が荒いのでメソスケールの現象の追跡を完全に行うことはできない。このため，メソスケールの降水現象の予報は初期時刻での降水現象を時間外挿することによって，予報が可能になる。このような数時間先までの現象を主として初期状態からの時間外挿によって予測することをナウキャストという。降水短時間予報がこれにあたる。

降水短時間予報

　6 時間先までの 30 分おきの降水量分布を予想したもの。レーダーアメダス解析雨量図を初期値として時間外挿した結果と，6 時間先までのメソ数値予報の結果から統合的に予報する。地形性降雨などについての補正は行っている。

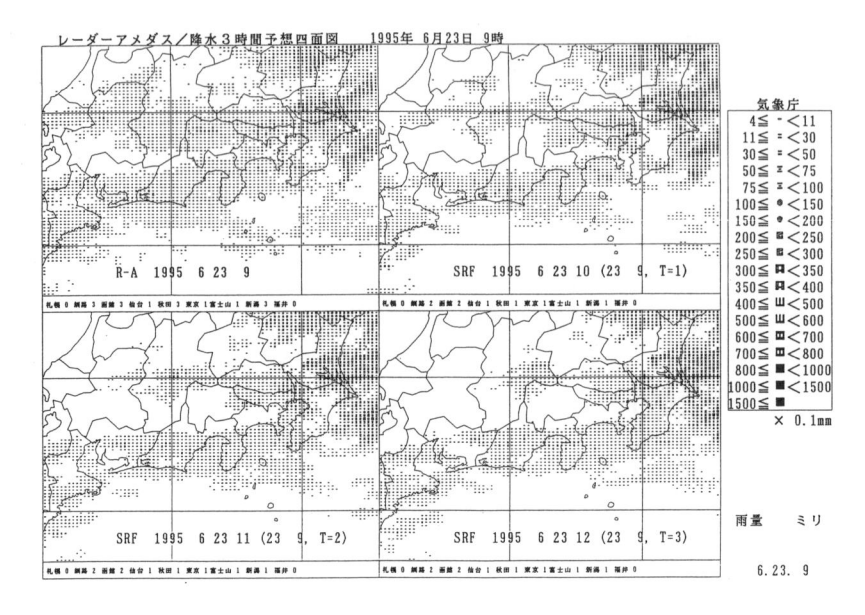

図 2-6-2　降水短時間予想出力図（前出：気象 FAX の利用法 part II）

週間天気予報

　府県予報区の1次細分区域を対象に1週間先までの天気，降水確率，最高・最低気温の予想が毎日1回発表される。総観規模の現象の予想限界が1週間程度なので，週間予報は数値予報の限界のラインでもある。予報期間の後半では数値予報の精度はかなり悪化するので，補正が必要になる。

季節予報

　長期予報は1ヶ月予報，3ヶ月予報，暖候期予報，寒候期予報からなる。
　これらの予報は予報期間が長期間となるので過去の類似した気候を参考にするなど統計的な手法によって予測したり，複数の初期値を用いて計算した結果を平均して求めるアンサンブル予報を適用したりしている。平成15年3月に3ヶ月予報で，同年9月から暖候期，寒候期のモデルにもアンサンブル予報が導入された。
　1ヶ月予報では平均気温，降水量，日照時間の確率予報と1週目，2週目，3〜4週目の平均気温の階級（高い，平年並み，低い）を予報。3ヶ月予報では平均気温の確率予報と各月の天候，及び平均気温，降水量を高い（多い），平年並み，低い（少ない）の3階級に区分して予報する。

§6. 天気への翻訳・確率予報　　175

> **プラスα　天気予報等の種類及び用語について**
>
> (1) 天気予報の発生頻度
> ・天気予報（短期予報）→ 5時・11時・17時の1日3回発表
> 　　5時の予報→今日・あすの予報
> 　　11時の予報→今日・あす・あさっての予報
> 　　17時の予報→今夜・あす・あさっての予報
> 　　〈今日は当日の6～24時，今夜は17時～24時，あすは次の日の0～24時，あさっては明後日の0～24時を対象とする。〉
> ・週間予報（中期予報）→ 1回／日発表
> ・季節予報（長期予報）→ 以下の通り
> 　　1ヶ月予報→ 1回／週（毎週金曜日発表），向こう1ヶ月を対象
> 　　3ヶ月予報→ 1回／月（毎月20日頃），向こう3ヶ月の月毎の気象状態を対象
> 　　暖候期予報→ 1回／半年（毎年3月発表），春～初秋の半年間を対象
> 　　寒候期予報→ 1回／半年（毎年10月発表），秋～春元の半年間を対象
>
> (2) 天気予報の用語について
> ・一時
> 　現象が予報した期間4分の1未満しか現れない時に用いる。
> 　　〈例〉くもり一時雨：予報期間の4分1未満の期間に雨が予想されその他の期間はくもりの場合。
> ・時々
> 　現象が予報した期間の2分の1未満に断続的に現れるとき。又は予報した期間の4分の1以上～2分の1未満に連続的に現れるときに用いる。
> 　　〈例〉くもり時々雨：予報期間の2分の1未満の期間に断続的に雨が予想され，その他はくもりの場合。又は予報期間の4分の1以上2分の1未満お期間に連続的に雨が予想されその他はくもりの場合。
> ・のち
> 　現象が予報期間の前半・後半で変化する場合。
> 　　〈例〉くもりのち雨：予報期間の前半がくもりで後半が雨の場合。

第2章　気象予測の基礎

問1　次の(a)〜(d)の文章の正誤に関して①〜⑤の内，最も適当なものを選べ。

(a) ニューラルネットは数値予報の結果と実況値（観測値）間の対応関係を求めさせ，これを逐次繰り返して，数値予報モデルと実況の間の関数に近づけていく手法である。

(b) カルマンフィルターは，数値予報の結果と実況値（観測値）から，予報式の係数を逐次修正しながら予測をする方法である。

(c) ニューラルネットもカルマンフィルターも擾乱の位相のずれを補正できる。

(d) MOS は，カルマンフィルターやニューラルネットに比較してモデルの変更に比較的柔軟に対応できる。

① (a)と(c)が誤り。
② (c)のみ誤り。
③ (d)のみ誤り。
④ (a)と(d)が誤り
⑤ (c)と(d)が誤り。

ヒント　☞　(a) ニューラルネットは，数値予報の結果と実況値（観測値）間の対応関係を逐次求めさせ，数値予報モデルと実況値の間の真の関数に近づけていく手法。

(b) カルマンフィルターは，数値予報の結果と実況値（観測値）から線形の統計的関係式を用い，統計的関係式のパラメータを逐次更新しながら予測をする方法である。

(c) ニューラルネットもカルマンフィルターも擾乱の位相のずれは補正できない。

(d) カルマンフィルターやニューラルネットは，MOS に比較してモデルの変更に比較的柔軟に対応できる。

問2　次の(a)〜(d)の記述の正誤に関して，次の①〜⑤の内，最も適当なものを選べ。

(a) 降水確率が高いほうがその地域の降水時間は長くなる。

(b) 予報対象地域の面積が広くなると，降水確率も高くなる。

解答　解答は次頁の下欄にあります。

§6. 天気への翻訳・確率予報　　　177

(c)ある地域の24時間後までの6時間おきの降水確率が全て50％であるとき，この地域の24時間の降水確率は50％になる。
(d)降水確率予報は予報対象区間で6時間に0.1mm以上の降水がある確率を表わしている。

①(a)のみ正しい。
②(b)のみ正しい。
③(c)のみ正しい。
④(d)のみ正しい。
⑤全て誤り。

ヒント　☞　(a)降水確率は100回同じ予報をしたときに現象が発生する回数を表わすので，降水時間は関係ない。
(b)降水確率は予報範囲全地点に共通の値なので，地域の大きさと確率値は関係ない。
(c)12時間の降水確率を検証する。
　12時間内に降水がある現象の確率は，1（降水がある確率100％）から12時間に降水がない現象の確率を引けば求められる。
　　最初の6時間に降水がない確率：0.5　次の6時間に降水がない確率：0.5
　　よって，12時間に降水がない確率は，$0.5 \times 0.5 = 0.25$
　　∴12時間内に降水がある確率は，$1 - 0.25 = 0.75 > 0.5$
12時間ですでに50％を超えているので，24時間でも当然50％を超える。
(d)降水確率予報は予報対象区間で6時間に1mm以上の降水がある確率を表わしている。

解答

問1　⑤　　問2　⑤

§7. 予報精度の評価

> **key point**
> ・スレットスコア,適中率,空振り率,見逃し率の意味と求め方を覚えておくこと。
> ・量的予報の評価法もマスターしておくこと。

カテゴリー予報の評価

▶**スレットスコア**

　　竜巻など発現確率が低い気象現象の予報精度の評価に有効。まれな現象では,現象が起こらないと予報するとほとんど適中するので,これを含めて評価することはあまり意味がない。よって,これを除外した適中率がスレットスコアである。

▶**適中率**

　　気象予報が適中した率を示す。

▶**見逃し率**

　　現象の予報をしなかったが現象が発生した率。

▶**空振り率**

　　現象の予報をしたが,現象が発生しなかった率。

		予報	
		降水あり	降水なし
実況	降水あり	A	B
	降水なし	C	D

$N = A + B + C + D$

スレットスコア：$A/(A+B+C)$

適中率：$(A+D)/N$

見逃し率：B/N

空振り率：C/N

表2-7-1　カテゴリー予報評価の為の分割表

§7．予報精度の評価

量的予報の評価

気温や降水量等の量的な予報の評価は以下のような式を用いて検証している。

▶平均2乗平方根誤差（RMSE）

$$\mathrm{RMSE} = \sqrt{\frac{\sum_{i=1}^{N}(F(i)-A(i))^2}{N}}$$

$F(i)$：予報値　$A(i)$：実況値　N：予測回数

▶平均予報誤差（バイアス）

$$\text{平均予報誤差} = \frac{\sum_{i=1}^{N}(F(i)-A(i))}{N}$$

$F(i)$：予報値　$A(i)$：実況値　N：予測回数

▶ブライアスコア

$$\text{ブライアスコア} = \frac{\sum_{i=1}^{N}(F(i)-A(i))^2}{N}$$

$F(i)$：予報値　$A(i)$：実況値　N：予測回数

但し $F(i)$ は予報通り事象が起こった時に1 起こらなかった時に0にし，A(i)は予報された確率値（(例)60％⇒0.6）をあてはめる。

……コーヒーブレイク……

学科試験について

　学科試験は五者択一のマークシートで実施される。もし分からない問題があっても空欄にしないで，最もそれらしいと思われる解答でマークシートを埋めておくこと。学科試験は合格基準が高い(15問中約11問の正解が必要)ので，空欄にして1問捨ててしまうことは非常に危険である。分からなくとも何かの回答で埋めておけば少なくとも20％の確率で正解するのであるから，自ら合格の可能性を低くするようなことは絶対にしないようにするべきである。

問1　次の①〜⑤の内，誤っているものを選べ。

① 竜巻などの発生頻度の少ない現象の予報精度の評価には，スレットスコアを用いるほうがよい。

② 防災の見地から見るとき見逃しを少なくすることは非常に重要である。

③ 降水確率などの確率予報の精度を評価するときは，ブライアスコアを用いるのが有効である。

④ RMSE は，その値が大きいほど予報精度が高い。

⑤ カテゴリー予報の精度評価は，分割表を作って適中率などを求めることによって実施される。

ヒント　① スレットスコアは，まれな現象の予報精度評価に有効。

② 「見逃し」は，大災害に結びつく恐れがあるので，防災的見地からは「見逃し」を少なくすることは重要である。

③ 現象ありを1，現象なしを0などとして降水確率との差から2乗平均を出せばよい。

④ RMSE は予測値と実況値の誤差の2乗平均の平方根であるので値が小さいほうが予報精度は高いといえる。

⑤ カテゴリー予報の精度評価には分割表を用いて適中率，見逃し率，空振り率などを計算して行う。

問2　今，ある地域の降水の予報と実況について，下記の分割表のような結果を得た。このとき予報精度を評価した結果の組み合わせとして，最も適当なものを次の①〜⑤より選べ。

		予報	
		降水あり	降水なし
実況	降水あり	20	2
	降水なし	3	75

解答　解答は次頁の下欄にあります。

§7．予報精度の評価

① スレットスコア＝0.95，空振り率＝0.03，見逃し率＝0.02
② スレットスコア＝0.95，空振り率＝0.02，見逃し率＝0.03
③ スレットスコア＝0.8，空振り率＝0.03，見逃し率＝0.02
④ スレットスコア＝0.8，空振り率＝0.02，見逃し率＝0.03
⑤ スレットスコア＝0.95，空振り率＝0.12，見逃し率＝0.08

ヒント ☞

		予　報	
		降水あり	降水なし
実況	降水あり	20	2
	降水なし	3	75

スレットスコア：$20/(20+2+3)=0.8$
見逃し率：$2/(20+2+3+75)=0.02$
空振り率：$3/(20+2+3+75)=0.03$

解答　問1 ④　問2 ③

第3章

関連法規

§1. 気象業務法

key point
- 気象業務法はきちんと覚えておけば学科での点取り問題にできる。
- ポイントを押さえて正確に覚えておくこと。

予報とは

　予報とは，気象現象の予想の発表をいう。ここでいう予想とは，収集した観測資料や観測に基づく予報資料を基に自然科学的な方法により実施することをいう。また，予報業務とは反復・継続して業務として実施するものをいう。

気象，地象，水象

　気象とは大気の諸現象，地象とは気象に密接に関係する地面及び地中の諸現象，水象とは気象又は地震に密接に関連する陸水及び海洋の諸現象をいう。

気象予報士

　気象予報士に関しては第24条の2～27に規定されているが，その中でも重要な項目は以下の通りである。
(1) 気象予報士になろうとする者は，気象庁長官の行う気象予報士試験（以下「試験」という）に合格しなければならない。
(2) 試験は気象予報士の業務に必要な知識及び技能について行う。
(3) 試験を受ける者が，国土交通省令で定める業務経歴又は資格を有する場合には，試験の一部を免除される。
(4) 試験に合格したものは気象予報士となる資格を有する。
(5) 気象庁長官は，指定機関に試験事務を行わせることができる。
(6) 気象庁長官は，指定試験機関の指定をしたときは，試験事務を行わない。
(7) 気象庁長官は，不正な手段によって試験を受けたり受けようとした者の，合格の取消し，又は試験の停止をさせることができる。
(8) 指定試験機関は，上記の項目を気象庁長官に代わって実施することができる。
(9) 気象庁長官は，(7)又は(8)の処分を受けたものに2年間以内の期間試

§1. 気象業務法　　　　　185

験を受けられないようにすることができる。
(10)気象予報士となる資格を有するものが気象予報士になるには気象庁長官の登録を受けねばならない。
(11)気象業務法の規定により罰金以上の刑に処された者は，刑の執行を終わるか，又は処分を受けた日から2年間は，気象予報士の登録を受けることができない。
(12)登録を受けようとする者は，気象庁長官に登録申請書を提出しなければならない。
(13)気象庁長官は，登録申請書が提出されたら，次の項目を気象予報士名簿に登録せねばならない。＜1．登録年月日，登録番号　2．氏名，生年月日　3．他国土交通省令で定めるもの＞
(14)気象予報士は気象予報士名簿に登録されている内容に変更があった場合は，遅延なく届け出なければならない。
(15)気象予報士は，以下の項目に該当する場合又は本人からの申請があったとき登録を抹消しなければならない。＜1．死亡したとき　2．(11)に該当するとき　3．不正な手段で登録を受けたとき＞
(16)気象庁長官はこの法律の施行に必要な限度において，試験機関などに対してその業務を報告させることができる。
(17)気象庁長官はこの法律の施行に必要な限度において，その職員を試験機関等に立ち入り，業務状況若しくは帳簿，書類，その他物件を検査させ，又は関係者に質問することができる。

予報業務の許可

気象庁以外の者が行う予報業務については第17〜22条に規定されている。
(1)気象庁以外の者が気象，地象，津波，高潮，波浪，又は洪水の予報業務を行おうとする場合は，気象庁長官の許可を受けねばならない。
(2)上述の許可は，目的，範囲を定めて行う。
(3)気象庁長官は，以下の基準によって許可をする。
　1．予報業務を遂行するのに十分な観測，その他予報資料の収集，及び予報資料の解析の施設及び要員を有すること。
　2．予報業務の目的及び範囲に関わる気象庁の警報事項を迅速に受けることのできる施設及び要員を有すること。
　3．予報業務を行う事業所につき，気象予報士を置いていること。

(4)許可を受けようとするものが気象業務法の規定により罰金以上の刑に処せられている場合は，刑に処せられて執行を終えてから2年間許可を受けられない。
(5)許可を受けようとするものは，許可の取り消しを受けてから2年間は許可を受けられない。
(6)予報業務の目的又は範囲を変更する場合は，気象庁長官の認可を受けねばならない。
(7)予報業務を行う事業所ごとに国土交通省令で定めるところにより，気象予報士を置かねばならない。
(8)予報の許可を受けたものは，予報業務の内現象の予想については，気象予報士に行わせねばならない。
(9)予報業務の許可を受けたものは，当該予報業務の目的，範囲に関わる気象庁の警報を当該予報の利用者に迅速に伝達するように努めねばならない。
(10)気象庁長官は，予報の許可を受けた者が許可の基準を満たさなくなったり，適正な業務運営のために必要があると認めた場合は，その施設，要員が許可基準を満たすような措置等をとるように改善命令を出すことができる。
(11)気象庁長官は，予報業務の許可を受けたものが気象業務法に違反するなどした場合，期間を定めて業務の停止や許可の取り消しを実施できる。
(12)予報業務の許可を受けたものが，予報業務の全部又は一部を休止又は廃止したときは，その日から30日以内に気象庁長官に届け出ねばならない。
(13)気象庁長官はこの法律の施行に必要な限度において，許可を受けたものに対し，それらの行う気象業務について報告させることができる。

警報

(1)「警報」とは重大な災害が起こる可能性のある旨を警告して行う予報をいう。
(2)気象庁は政令で定めるところにより気象，地象（地震及び火山活動を除く），津波，高潮，波浪又は洪水についての一般の利用に適合する予報及び警報をしなければならない。
(3)気象庁は，予報，警報をする場合は，自ら予報事項及び警報事項を周知するほか，報道機関の協力を得て公衆に周知するよう努めねばならない。

(4)気象庁は政令で定めるところにより気象，地象，津波，高潮及び波浪について航空機及び船舶の利用に適合する予報，警報をしなければならない。

(5)気象庁は気象，地象，水象について，鉄道事業や電気事業などの特殊な事業の利用に適合する予報，警報をすることができる。

(6)気象庁は政令で定めるところにより気象，高潮，及び洪水についての水防活動の利用に適合する予報，警報をせねばならない。

(7)気象庁は指定された河川について水防に関する事務を行う国土交通大臣と共同して，水位又は流量を示して洪水についての水防活動の利用に適合する予報及び警報をせねばならない。

(8)気象庁は気象，津波，高潮，波浪又は洪水についての警報をしたときは，政令の定めるところにより直ちにその警報事項を日本電信電話株式会社，警察庁，海上保安庁，国土交通省，日本放送協会又は都道府県の機関に通知しなければならない。警戒の必要がなくなった場合も同じである。

(9)(8)の通知を受けた日本電信電話株式会社，警察庁及び都道府県の機関は直ちにその通知内容を関係市町村長に通知するよう努めねばならない。

(10)(9)の通知を受けた市町村長は直ちにその内容を公衆及び所在の官公署に周知させるよう努めねばならない。

(11)(8)の通知を受けた海上保安庁の機関は直ちにその内容を航海中及び入港中の船舶に周知させるよう努めねばならない。

(12)(8)の周知を受けた国土交通省の機関は直ちにその内容を航行中の航空機に周知させるよう努めねばならない。

(13)(8)の周知を受けた日本放送協会の機関は直ちにその内容を放送せねばならない。

(14)気象庁以外のものが気象，津波，波浪及び洪水について警報を出してはいけない。但し，政令で定める場合はこの限りではない。

(15)津波に関する気象庁の警報事項を適時に受けられないような場所の市町村長は津波警報を発表できる。

気象観測

(1)「観測」とは，自然科学的な方法による現象の観察及び測定をいう。

(2)「気象測器」とは気象，地象，水象の観測に用いる器具，器機及び，装置をいう。

(3)気象庁以外の政府機関又は地方公共団体が気象の観測を行う場合は，運輸省令で定める技術上の基準に従ってこれをしなければならない。但し，＜1. 研究　2. 教育　3. 国土交通省令で定めるもの＞で実施する観測についてはこの限りではない。

(4)政府機関又は地方公共団体以外のものが，＜1. その成果を発表するための観測　2. その成果を災害の防止に利用するための観測　3. その成果を電気事業の運営に利用するための観測＞という目的の観測を行う場合，運輸省令で定める技術上の基準に従ってこれをしなければならない。

(5)(3), (4)に該当するものが観測施設を設置したときは，気象庁長官に届け出ねばならない。

(6)気象庁長官が気象の観測網確立のため必要と判断したときは，(5)の届出をした者に対して気象観測の成果の報告を求めることができる。

(7)(3), (4)での用いる気象測器，また許可を受けたものが予報業務を行う為の気象観測に用いる気象測器などは，検定に合格したものを使用せねばならない。

(8)気象庁長官はこの法律の施行に必要な限度において，その職員を許可を受けた者等の事業所に立ち入り，気象記録，気象測器，その他物件を検査させ，又は関係者に質問することができる。

(9)気象庁又は気象観測の(3), (4)の規定により観測を行うものの気象観測測器，警報の標識を壊したり移したりしてはならない。

その他

(1)気象庁長官は気象，地象，水象等の観測を行うため必要がある場合には，当該業務に従事する職員を国，地方自治体，私人が所有，占有または占用する土地や水面に立ち入らせることができる。

(2)(1)により宅地や柵などで囲まれた土地又は水面に立ち入らせる場合にはあらかじめその所有者，占有者などに通知しなければならない。但し，あらかじめ通知が困難な場合はこの限りではない。

(3)気象庁長官は気象，地象，水象等の観測を行うためやむを得ない必要がある場合には，あらかじめその所有者，占有者の承諾を受けた上で当該業務に従事する職員に障害物の撤去，伐採などをさせることができる。

(4)気象庁長官は離島や山林などで，気象，地象，水象等の観測を行う場合において，あらかじめその所有者，占有者の承諾を得るのが困難で，当該物件を著しく損傷しないときは，(3)の規定に関わらず，当該業務に従

§1. 気象業務法

事する職員に障害物の撤去，伐採などをさせることができる。この場合はすみやかに所有者，占有者にその旨を通知せねばならない。

罰則規定

以下に当てはまる場合罰金などの罰則が課せられる。

(1) 気象庁又は気象観測の(3)，(4)の規定により観測を行うものの気象観測測器，警報の標識を壊したり移したり等した者。
(2) 気象予報士試験の指定機関の役員又は職員で，試験事務に関する秘密を漏らした者。
(3) 指定試験機関等が業務停止命令に違反した場合の違反した役員又は職員。
(4) 検定に合格した気象測器を用いなければならないという規定に違反した者。
(5) 無許可で予報業務を行った者。
(6) 認可を受けずに予報業務の目的，範囲を変更した者。
(7) 現象の予測を気象予報士以外に行わせた者。
(8) 気象庁長官からの業務停止命令に違反した者。
(9) 無許可で気象観測の結果を無線通信で発表する業務を行った者。
(10) 予報業務の許可を受けている者で，気象庁長官からの業務改善命令を受けている者でこれに違反した者。
(11) 気象庁長官が観測を実施する際に職員の立ち入りを妨害し，拒否した者。
(12) 気象庁長官からの報告命令に対して虚偽の報告をした者。
(13) 気象庁長官が必要とした検査を拒み，妨げ若しくは忌避し，または質問に対して陳述せず若しくは虚偽の陳述をした者。
(14) 予報業務の許可を受けた者で業務の休廃止を届出ずにまたは虚偽の届出をした者。
(15) 無許可で警報を行った者。

問1 次の①～⑤の内，誤っているものを選べ。

①気象庁長官の実施する気象予報士試験に合格した者は気象予報士になる。

②予報業務の内，現象の予想は気象予報士に実施させねばならない。

③気象予報士試験に不正合格し，合格を取り消されたものは，一定期間気象予報士試験を受験できない。

④気象予報士が気象業務法に違反し，罰金以上の刑に処されたとき，気象予報士の登録を抹消される。

⑤気象予報士はその住所を変更したとき，遅延なく気象庁長官に届出ねばならない。

ヒント ①気象庁長官の実施する気象予報士試験に合格した者は気象予報士となる資格を有する（気象予報士になるには登録の必要がある）。

③不正な手段によって試験を受けたり受けようとして合格の取消し，又は試験の停止を受けた者は，2年間以内の期間試験を受けられないようにすることができる。

⑤気象予報士名簿に登録されている内容の内，国土交通省令で定めるものの中に住所が含まれている。

問2 次の①～⑤の内，誤っているものを選べ。

①予報業務の目的又は範囲を変更する場合は，気象庁長官の認可を受けねばならない。

②許可を受けようとするものが気象業務法の規定により罰金以上の刑に処せられている場合は，刑に処せられて執行を終えてから2年間許可を受けられない。

③予報業務の許可を受けたものが，予報業務の全部又は一部を休止又は廃止したときは，その日から60日以内に気象庁長官に届け出ねばならない。

④予報業務の許可を受けたものは，当該予報業務の目的，範囲に関わる気象庁の警報を当該予報の利用者に迅速に伝達するように努めねばならない。

解答 解答は次頁の下欄にあります。

⑤気象庁長官は，予報業務の許可を受けたものが気象業務法に違反するなどした場合，期間を定めて業務の停止や許可の取り消しを実施できる。

ヒント ☞ ③予報業務の許可を受けたものが，予報業務の全部又は一部を休止又は廃止したときは，その日から30日以内に気象庁長官に届け出ねばならない。

問3 予報業務の許可を受けるのに必要な物について述べた(a)〜(d)の文章についての①〜⑤の記述の内，最も適当なものを選べ。
(a)予報資料の解析に必要な施設及び要員
(b)予報資料の収集に必要な施設及び要員
(c)気象庁の警報事項を迅速に受けることのできる施設及び要員
(d)予報業務を行う事業所につき運輸省令により，気象予報士を置いていること

①(a)のみ不用
②(b)のみ不用
③(c)のみ不用
④(d)のみ不用
⑤全て必要

問4 次の①〜⑤の内，誤っているものを選べ。
①「警報」とは重大な災害が起こる可能性のある旨を警告して行う予報をいう。
②気象庁は気象，津波，高潮，波浪又は洪水についての警報をしたときは，政令の定めるところにより直ちにその警報事項を日本電信電話株式会社，警察庁，海上保安庁，国土交通省，日本放送協会又は都道府県の機関に通知しなければならない。
③警報の通知を受けた都道府県知事は直ちにその内容を公衆及び所在の官公署に周知させるよう努めねばならない。
④警報の通知を受けた日本放送協会の機関は直ちにその内容を放送せ

解答 問1 ①

ねばならない。
⑤気象庁以外のものが気象，津波，波浪及び洪水について警報を出してはいけない。

ヒント ☞ ③警報の通知を受けた市町村長は直ちにその内容を公衆及び所在の官公署に周知させるよう努めねばならない。
⑤但し例外的に市町村長が津波警報を出せる場合があるので注意。

問5 次の①～⑤の内，誤っているものを選べ。
①気象庁長官は気象，地象，水象等の観測を行うためやむを得ない必要がある場合には，あらかじめその所有者，占有者などの承諾を受けた上で当該業務に従事する職員に障害物の撤去，伐採などをさせることができる。
②いかなる場合でも気象庁長官は観測を行うために，土地や水面の所有者や占有者などの許可なしに，当該業務に従事する職員を国，地方自治体，私人が所有，占有または占用する土地や水面に立ち入らせることはできない。
③許可を受けたものが予報業務を行う為の気象観測に用いる気象測器などは，検定に合格したものを使用せねばならない。
④政府機関又は地方公共団体以外のものが，その成果を発表するための観測を行う場合は，国土交通省令で定める技術上の基準に従ってこれをしなければならない。
⑤政府機関又は地方公共団体以外のものが，その成果を発表するための観測施設を設置したときは，気象庁長官に届け出ねばならない。

ヒント ☞ ②あらかじめ通知が困難な場合はこの限りではない。

問6 次の①～⑤の内，**気象業務法で許可を必要とするものを選べ。**
①自治会長が子供会の運動会の日の天気を予想し発表した。
②海外の天気予報の情報を放送した。
③ラジオで天気予報の解説をした。
④大学の気象学の研究で検定に合格していない気象測器を使用した。

解答　問2 ③　問3 ⑤

§1. 気象業務法

⑤無線で気圧の測定結果を放送した。

ヒント　☞　①予報業務には許可が必要であるが，予報業務とは反復・継続して業務として実施するものをいう。運動会の日だけの単発の予報には許可は不要。
②海外の天気予報の収集は予報業務ではない。
③気象庁で発表された天気予報の解説は予報ではなく許可は不要。
④研究に使用する場合の気象測器は例外として扱われる。
⑤無線通信による観測結果の発表には許可が必要。

コーヒーブレイク

実技試験の天気図の切り離しについて

　実技試験に用いられる天気図は，全て切り取り線によって切り離しが可能である。試験開始時に多くの受験者がこの天気図を切り離しているが(試験開始時に試験会場はミシン目に沿って図を切り取る音でいっぱいになる。)，この図の切り取りには十分注意すべきである。気象予報士試験に用いられる図の量は非常に多く，単純に図を切り離してしまうと後で図の順番がごちゃごちゃになって，必要な図を探すのに多くの時間を費やしてしまうことになる。図の切り取りは，必要最小限のものにとどめる方がベターであろう。

解答

問4　③　　問5　②　　問6　⑤

§2. 災害対策基本法

> **key point**
> ・災害対策基本法はきちんと覚えておけば学科での点取り問題にできる。
> ・ポイントを押さえて正確に覚えておくこと。
> ・災害対策基本法の中で特に気象予報士試験に出るのは，警報の伝達の部分である。

災害対策基本法の概要

災害対策基本法は，国，地方公共団体などを通じて総合的な防災対応体制を確立するために制定されたものである。国には中央防災会議，都道府県には都道府県防災会議，市町村には地方防災会議が設置され，中央防災会議では防災基本計画を，地方防災会議では地域防災計画を策定する。また，指定公共機関（NTT等）では，防災業務計画の策定が必要である。災害が発生又は発生する恐れがある場合には都道府県又は市町村に災害対策本部が設置される。また，非常災害が生じた場合は，内閣府に非常災害対策本部が設置される。さらに，災害の規模が非常に大きく，国の経済及び公共の福祉に重大な影響を及ぼすような場合には，災害緊急事態が布告され，緊急災害対策本部が設置される。

警報の伝達等

(1) 災害が発生する恐れがある異常な現象を発見した者は，遅延なくその旨を市町村長又は警察官若しくは海上保安官に通報しなければならない。

(2) (1)での通報を受けた警察官又は海上保安官は，その旨をすみやかに市町村長に通報しなければならない。

(3) (1)又は(2)の通報を受けた市町村長は，地域防災計画に基づきその旨を気象庁，その他関係機関に通報せねばならない。

(4) 都道府県知事は，気象庁その他国の機関から災害に関する予報若しくは警報の通知を受けた場合，または自ら災害に関する警報を行ったときには，法令又は地域防災計画の定めるところにより，予想される災害の事態及びこれに対する措置に対して，関係指定地方行政機関の長，

§2. 災害対策基本法

指定地方公共機関，市町村長その他の関係者に対し必要な通知又は要請をするものとする。

(5) 市町村長は災害に関する予報若しくは警報の通知を受けたとき，自ら災害に関する予報若しくは警報を知ったとき，又は(4)の通知を受けたとき，地域防災計画の定めるところにより当該予報若しくは警報又は通知に係る事項を関係機関及び住民その他関係する公私の団体に伝達せねばならない。この場合，必要があると認められる場合市町村長は住民その他関係する公私の団体に，予想される災害の事態及びこれに対する措置について通知，警告できる。

(6) 災害が発生，または発生の恐れがある場合，人命又は身体を災害から保護し，その他災害の拡大を防止する上で特に必要と認められる場合，市町村長は必要と認められる地域の居住者，滞在者その他の者に対し避難のための立退きを指示できる。

(7) (6)の立ち退き指示の際，必要であれば市町村長はその立ち退き先を指示できる。

(8) 市町村長は(6)，(7)によって立ち退き指示や立ち退き先の指示を行った場合，すみやかにその旨を都道府県知事に報告せねばならない。

(9) 市町村長は避難の必要がなくなった場合，その旨を公示せねばならない。

(10) 市町村長が立ち退き指示をできないような場合，これに変わって警察官又は海上保安官が立ち退きの指示ができる。

第3章 関連法規

問1 次の文章の(ア)〜(エ)に入る語句の組み合わせで最も適当なものを①〜⑤の中から選べ。

災害が発生する恐れがある異常な現象を発見した者は，遅延なくその旨を市町村長又は(ア)若しくは(イ)に通報しなければならない。

災害が発生，または発生の恐れがある場合，人命又は身体を災害から保護し，その他災害の拡大を防止する上で特に必要と認められる場合，(ウ)は必要と認められる地域の居住者，滞在者その他の者に対し避難のための立退きを指示できる。

(ウ)が立ち退き指示や立ち退き先の指示を行った場合，すみやかにその旨を(エ)に報告せねばならない。

① (ア)警察官　(イ)消防署員　(ウ)都道府県知事　(エ)内閣総理大臣
② (ア)警察官　(イ)自衛官　　(ウ)都道府県知事　(エ)気象庁長官
③ (ア)警察官　(イ)海上保安官　(ウ)市町村長　　(エ)都道府県知事
④ (ア)自衛官　(イ)海上保安官　(ウ)市町村長　　(エ)都道府県知事
⑤ (ア)警察官　(イ)消防署員　(ウ)都道府県知事　(エ)気象庁長官

問2 次の文章の(ア)〜(エ)に入る語句の組み合わせで最も適当なものを①〜⑤の中から選べ。

国や地方には，災害時の対応などを協議するために国には(ア)，市町村には(イ)が設置され，(ア)では防災基本計画を，(イ)では地域防災計画を策定する。都道府県又は市町村に災害が発生又は発生する恐れがある場合には(ウ)が設置される。災害の規模が非常に大きく，国の経済及び公共の福祉に重大な影響を及ぼすような場合には，災害緊急事態が布告され，(エ)が設置される。

① (ア)中央防災会議　(イ)地方防災会議　(ウ)災害対策本部　(エ)緊急災害対策本部
② (ア)中央防災会議　(イ)地域防災会議　(ウ)非常災害対策本部　(エ)緊急災害対策本部
③ (ア)国家防災会議　(イ)地域防災会議　(ウ)災害対策本部　(エ)非常災害対策本部
④ (ア)国家防災会議　(イ)地方防災会議　(ウ)非常災害対策本部　(エ)緊急災害対策本部
⑤ (ア)中央防災会議　(イ)地域防災会議　(ウ)災害対策本部　(エ)非常災害対策本部

解答　解答は次頁の下欄にあります。

§3. 水防法・消防法

key point
・気象庁以外の者が出す警報は頻出問題である。

水防法

洪水又は高潮による水災を警戒，防御し被害を軽減し公共の安全を確保するための法律

(1)気象庁長官は洪水，又は高潮の恐れがある場合その状況を国土交通大臣及び関係都道府県知事に通知し，必要に応じ放送機関，新聞社，通信社他報道機関に協力を求めこれを周知せねばならない。

(2)建設大臣は2以上の都府県の区域に渡る河川や流域面積が大きい河川で，洪水により国民経済上重大な損害を生ずる恐れがあるものについて，洪水の恐れがあると認められた場合，気象庁長官と共同してその状況を水位，流量を示して関係都道府県知事に通知すると共に必要に応じて報道機関の協力を得て一般に周知せねばならない。

(3)前項の河川は国土交通大臣が定める。

(4)国土交通大臣は洪水または高潮により国民経済上重大な損害を生じる恐れがあると認めた河川，湖沼又は海岸について，都道府県知事は国土交通大臣が指定した河川，湖沼，海岸以外の河川，湖沼又は海岸で洪水又は高潮により相当な被害の恐れがあると認めて指定したものについて水防警報をせねばならない。

消防法

火災を予防，警戒及び鎮圧し国民の生命，身体及び財産を守ることを目的とした法律

(1)気象庁長官，管区気象台長，沖縄気象台長，地方気象台長又は測候所長は，気象の状況が火災の予防上危険であると認めるときはその状況を都道府県知事に通報せねばならない。

(2)都道府県知事は前項の通知を受けたとき直ちにこれを市町村長に通報せねばならない。

解答 問1 ③ 問2 ①

(3) 市町村長は前項の通知を受けたとき又は気象の状況が火災予防上必要であると認めるときは火災警報を出すことができる。

(4) 前項の規定により市町村長より警報が発せられたとき，警報が解除されるまでその市町村の区域内にいる者は市町村条例で定める火の使用の制限に従わねばならない。

問1 次の文章の(ア)〜(エ)に入る語句の組み合わせで最も適当なものを①〜⑤の中から選べ。

(ア)は洪水または高潮により国民経済上重大な損害を生じる恐れがあると認めた河川，湖沼又は海岸について，(イ)は(ア)が指定した河川，湖沼，海岸以外の河川，湖沼又は海岸で洪水又は高潮により相当な被害の恐れがあると認めて指定したものについて(ウ)をせねばならない。

(エ)は気象の状況が火災予防上必要であると認めるときは(オ)を出すことができる。

① (ア)国土交通大臣　(イ)市町村長　(ウ)洪水警報　(エ)都道府県知事
　(オ)乾燥警報

② (ア)気象庁長官　(イ)国土交通大臣　(ウ)水防警報　(エ)都道府県知事
　(オ)火災警報

③ (ア)国土交通大臣　(イ)都道府県知事　(ウ)水防警報　(エ)市町村長
　(オ)火災警報

④ (ア)国土交通大臣　(イ)気象庁長官　(ウ)洪水警報　(エ)都道府県知事
　(オ)火災警報

⑤ (ア)気象庁長官　(イ)都道府県知事　(ウ)洪水警報　(エ)市町村長
　(オ)乾燥警報

解答
問1 ③

第4章

実技試験対策

§1. 各種天気図のポイント

key point
・各種天気図や予想図などの資料の見るべきポイントをつかんでおくこと。

実況解析図

　気象観測データを基に作成される。主に地上天気図と高層天気図等からなり，高層天気図は，850 hPa，700 hPa，500 hPa などの気圧面での解析図となっている。
　さらに高層の実況解析図は，高層実況天気図に加えて，500 hPa の高度・渦度解析図と 850 hPa 風・気温，700 hPa 鉛直 p 速度解析図がある。500 hPa は渦度がほぼ保存される高度であり，トラフやリッジの追跡に適する。また，等温線と風の関係から温度移流が判別できる。
　また，鉛直流は雲の生成などを予測することができる。

地上実況天気図

　地上の気象観測に基づいて作成されるもので，気圧配置や地上天気の分布状況などを把握できる。地上実況天気図内には，高気圧（H），低気圧（L），各種前線，観測地点での実況，等圧線（4 hPa 毎）等が記載されている。また，図中の低気圧等に伴って海上警報の種別も記載される。
　地上天気図の例を図 4-1-1 に示す。

プラスα　　地名について

　気象予報士試験では，問題に地名（半島名・海洋名等）が出てくることが多い。特に，遼東半島・山東半島，渤海・黄海などは地理的な位置も近く，混同しやすい。有名な地名などは，本書の添付資料 2（P.278）にある日本とその周辺図を参考にして頭に入れておく方がよい。

§1. 各種天気図のポイント　　　　　　　　　201

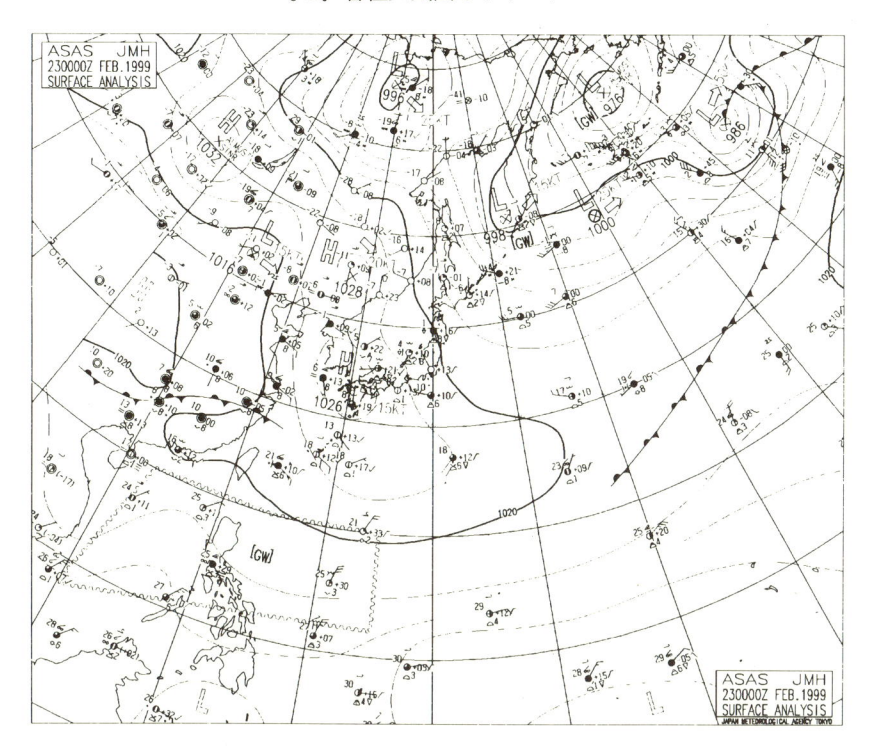

```
         海上警報                等圧線(4hPa 間隔)      ─────────
    [W]  ：風警報               等圧線(中間線)         ─ ─ ─ ─ ─ ─
   FOG[W]：濃霧警報              高・低気圧の進行方法    ⇨
    [GW] ：強風警報              寒冷前線              ▲▲▲▲
    [SW] ：暴風警報              温暖前線              ●●●●
    [TW] ：台風警報              閉塞前線              ▲●▲●
                                 停滞前線              ●▼●▼
```

TD　：弱い熱帯低気圧(最大風速 33kt 以下)
TS　：台風(最大風速 34〜47kt)
STS　：台風(最大風速 48〜63kt)
T　　：台風(最大風速 64kt 以上)

図 4-1-1　地上天気図（気象庁提供）

高層実況天気図

　高層実況天気図は，高層気象観測された結果に基づいて 850 hPa, 700 hPa, 500 hPa 等の各等圧面について作成されるものである。天気図には観測点での実況値（風向・風速，気温，湿数）と，高気圧（H），低気圧（L），温暖域（W），寒冷域（C），及び等高線が示されている。等圧面での等高線は，地上天気図でいう等圧線のイメージで認識することができる（∵静力学平衡の関係）。

図 4-1-2　高層実況の記入例

▶ 850 hPa 高層天気図

　850 hPa 面は，高度約 1.5 km の面で，地面摩擦や地表の熱からの直接的な影響がほんどなくなる自由大気の最下層に相当する。この面の天気図は，特に前線の解析に有効である。実線は，60 m おきの等高度線で，破線は 3 ℃（冬季は 6 ℃）おきの等温線，点による影域は湿数 3 ℃以下の湿潤域である。

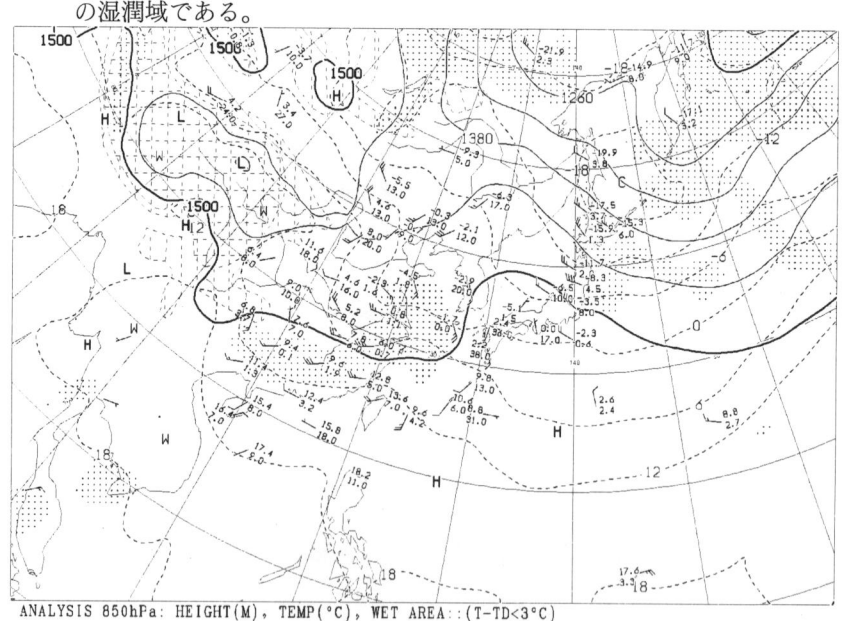

図 4-1-3　850 hPa 高層天気図（気象庁提供）

§1. 各種天気図のポイント　　　203

▶ **700 hPa 高層天気図**

　700 hPa 面は，高度約 3.0 km の面で，自由大気下層を代表する面である。解析されている線は 60 m おきの等高度線で，破線は 3 ℃（冬季は 6 ℃）おきの等温線，点による影域は湿数 3 ℃以下の湿潤域である。

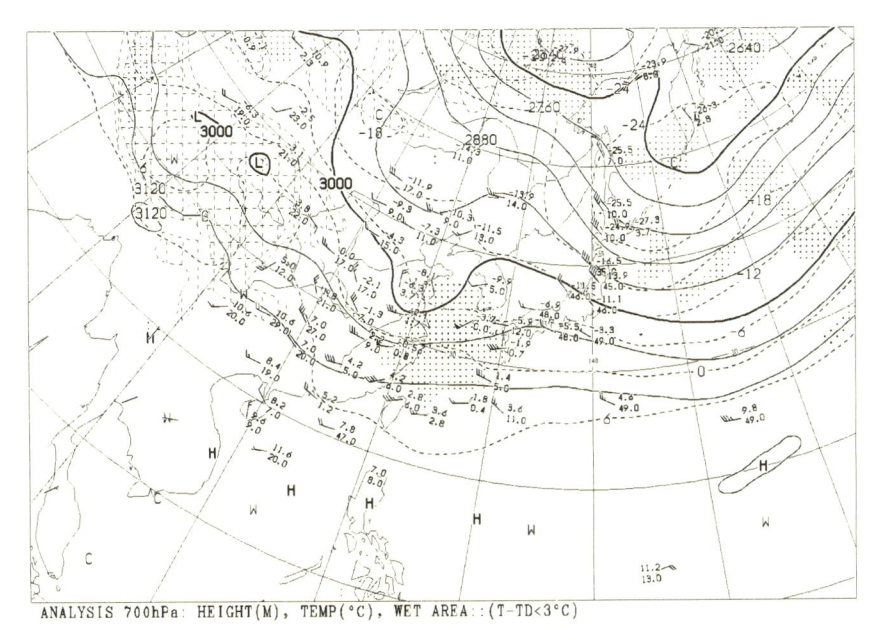

図 4-1-4　700 hPa 高層天気図（気象庁提供）

▶ 500 hPa 高層天気図

　500 hPa 面は，高度約 5.4 km の面で，大気中層の代表面である。対流圏の大気の運動の解析にとって非常に重要な天気図である。実線は，60 m おきの等高度線で，破線は 3 ℃（冬季は 6 ℃）おきの等温線である。

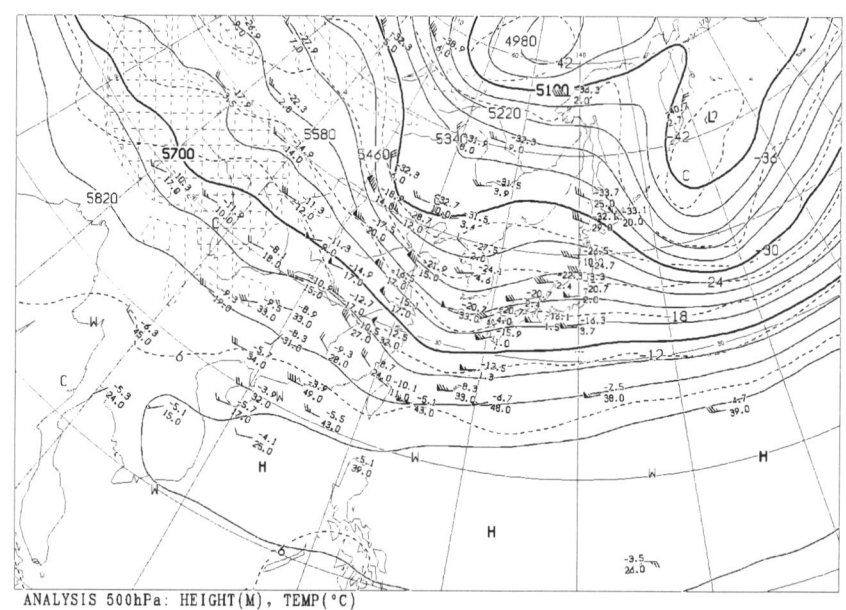

図 4-1-5　500 hPa 高層天気図（気象庁提供）

プラスα　各種予報支援資料の記号

ASAS：アジア地上天気図
AUPQ 78：アジア 850 hPa，700 hPa 解析図
AUPQ 35：アジア 500 hPa，300 hPa 解析図
AXFE 578：極東 850 hPa 気温・風，700 hPa 上昇流，500 hPa 高度・渦度図
FSAS：アジア地上 24 時間予想天気図
FXFE 502：極東地上気圧・風・降水量，500 hPa 高度・渦度 12, 24 時間予想図

§1．各種天気図のポイント　　　　205

▶ **300 hPa 高層天気図**

　300 hPa 面は，高度約 9.0 km の対流圏上部を代表する面である。この面は，ジェット気流の解析に利用される。実線は，120 m おきの等高度線で，破線は 20 kt おきの等風速線で，－符号のついている小さい数字は 6℃毎の温度分布を表わしている。

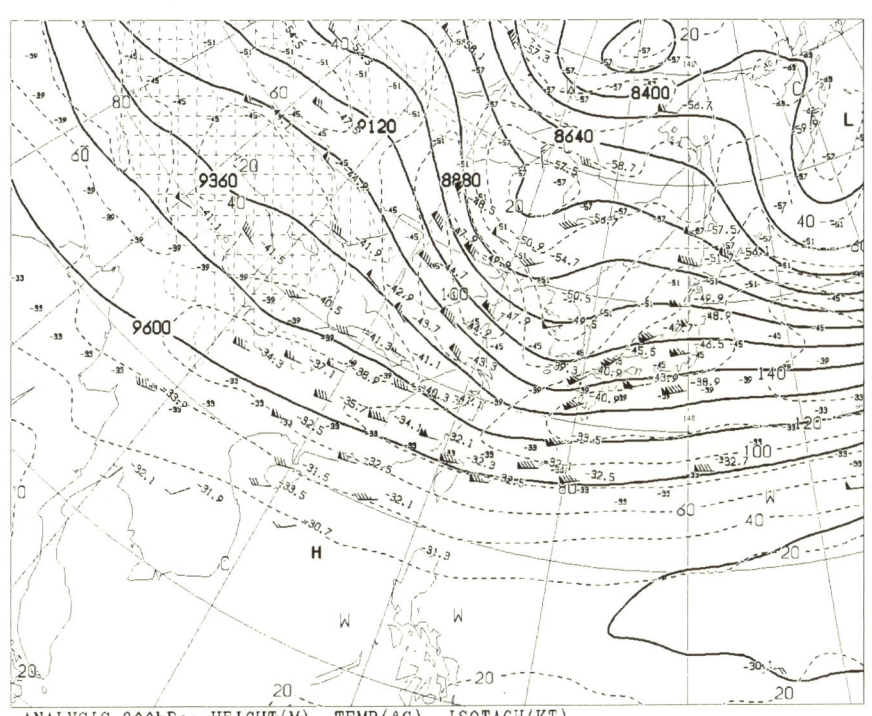

ANALYSIS 300hPa: HEIGHT(M), TEMP(°C), ISOTACH(KT)

図 4-1-6　300 hPa 高層天気図（気象庁提供）

FXFE504：極東地上気圧・風・降水量，500 hPa 高度・渦度 36，48 時間予想図
FXFE 5782：極東 850 hPa 気温・風，700 hPa 上昇流・湿数，
　　　　　　500 hPa 気温 12，24 時間予想図
FXFE 5784：極東 850 hPa 気温・風，700 hPa 上昇流・湿数，
　　　　　　500 hPa 気温 36，48 時間予想図
TSFE 1：雲解析情報図
SDJP：レーダーエコー合成図
FXJP 854：日本 850 hPa 相当温位・風 12，24，36，48 時間予想図

▶ 500 hPa 高度・渦度解析図

太い実線は 60 m おきの等高度線，破線は $40\times10^{-6}/\mathrm{sec}$ おきの渦度を表わす。細実線は渦度の 0 線，縦線で囲まれた領域は，正渦度領域を表わす。

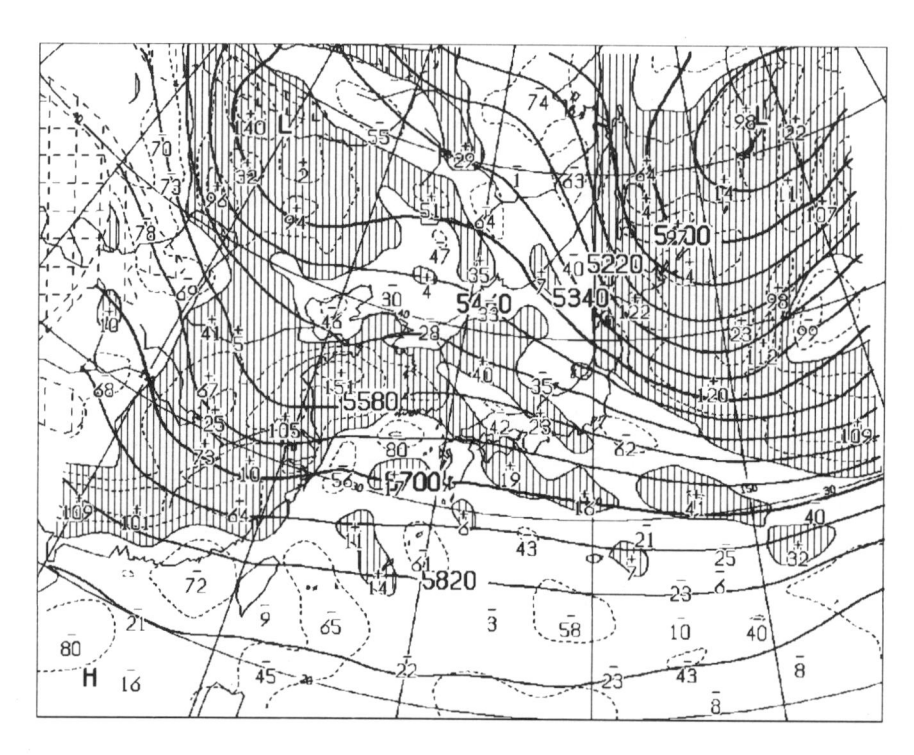

図 4-1-7　500 hPa 高度・渦度解析図（気象庁提供）

プラスα　等圧面天気図について

気象庁が作成する天気図は，850 hPa，700 hPa，500 hPa，300 hPa と限られた等圧面のみであるが，これだけの情報でも総観規模の擾乱については把握することができる。これは大気がほぼ静力学平衡な状態にあり，風をはじめとする多くの気象要素が層状の構造をしているために限られた等圧面の情報だけでも大気の立体構造をある程度摑むことができるからである。

§1. 各種天気図のポイント

▶ 850 hPa 風・気温, 700 hPa 鉛直 p 速度解析図

　破線は 20 hPa/h おきの 700 hPa 面での鉛直 p 速度線, 細実線は 700 hPa 面での鉛直 p 速度の 0 線を表わす。太実線は, 850 hPa 面での 3 ℃毎の等温線を示す。また, 矢羽根は 850 hPa 面の風向と風速を示す。

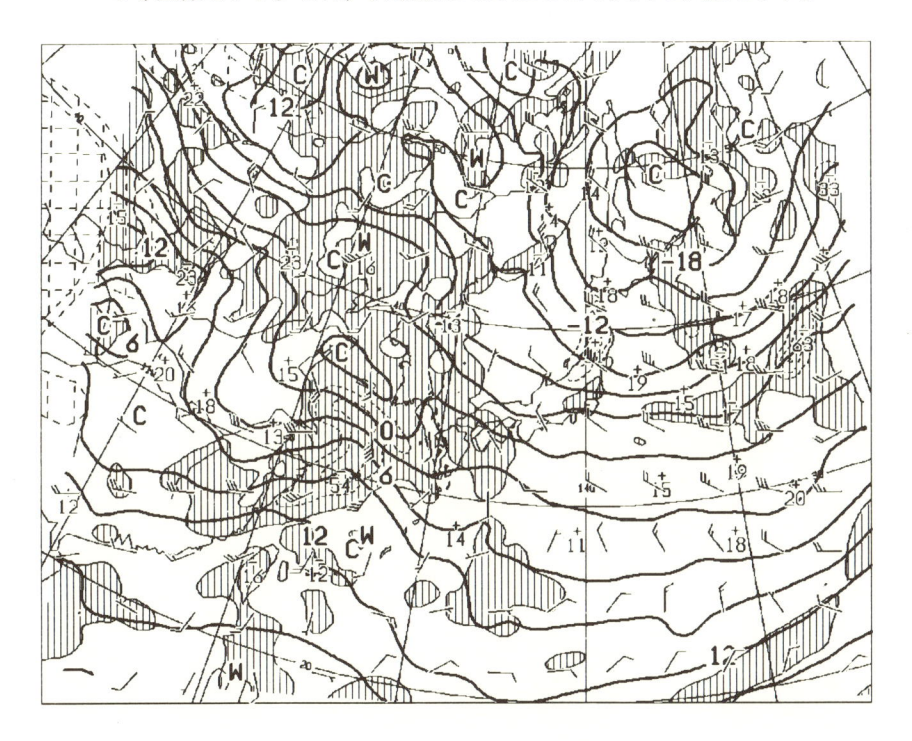

図 4-1-8　850 hPa 風・気温, 700 hPa 鉛直 p 速度解析図 (気象庁提供)

数値予報モデル資料

　日本付近の気象現象を予想する数値予報モデルは, 主に RSM モデルと GSM モデルの 2 つから構成されている。

▶ RSM モデル

　　空間分解能は, 格子間隔約 20 km, 鉛直方向 40 層。51 時間先まで東アジアを中心に予測する。今夜から明日にかけての天気予報に利用される。

▶ GSM モデル

　　空間分解能は, 格子間隔約 55 km, 鉛直方向 40 層。216 時間 (09 時

初期値の予想は 90 時間後) までの地球全体を対象とし予測する。明後日や週間予報に利用する。

いずれのモデルにおいても各等圧面毎に見るべきポイントは同じであるので，本書では，RSM モデルの図を用いて各等圧面で注目すべきポイントを述べる。

各種予想図

▶ 500 hPa 高度・渦度予想図

太い実線は 60 m おきの等高度線，破線は $40 \times 10^{-6}/\text{sec}$ 毎の等渦度線，細実線は渦度の 0 線，縦線域は，正渦度領域を表わす。予想時間は，12, 24, 36, 48 時間後がある。500 hPa は，渦度の保存性が高いので，今後の天気変化に影響する渦度や渦度移流（正渦度移流は上昇流を負渦度移流は下降流を生じる）の判別ができる。また，渦度の 0 線は，ジェット気流を見つける際の参考になる。

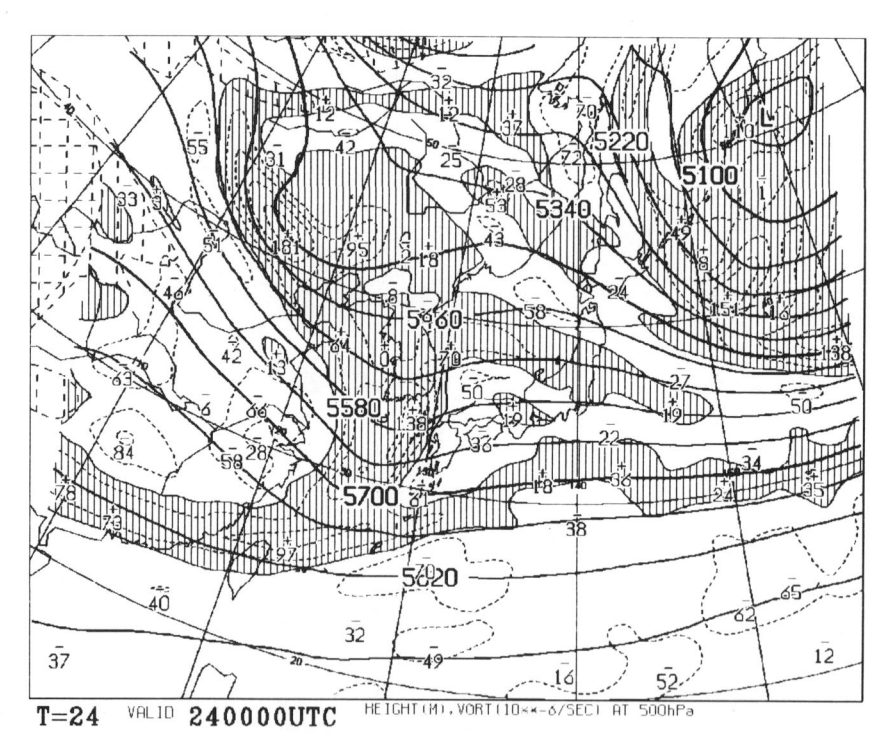

図 4-1-9　500 hPa 高度・渦度予想図（気象庁提供）

§1. 各種天気図のポイント

▶**地上気圧・降水量・風予想図**

　実線は 4 hPa 毎の等圧線で，破線は 10 mm 毎の前 12 時間等降水量線を表わす。また矢羽根で，地上風（但し海上のみ）を表わす。予想時間は，12, 24, 36, 48 時間後である。地上気圧の変化から，高気圧や低気圧の変化を知ることができる。また，地上風の風向変化から風のシアーラインを見つけることができる。降水量は予想時間より前にあった降水の積算量である点に十分注意する。

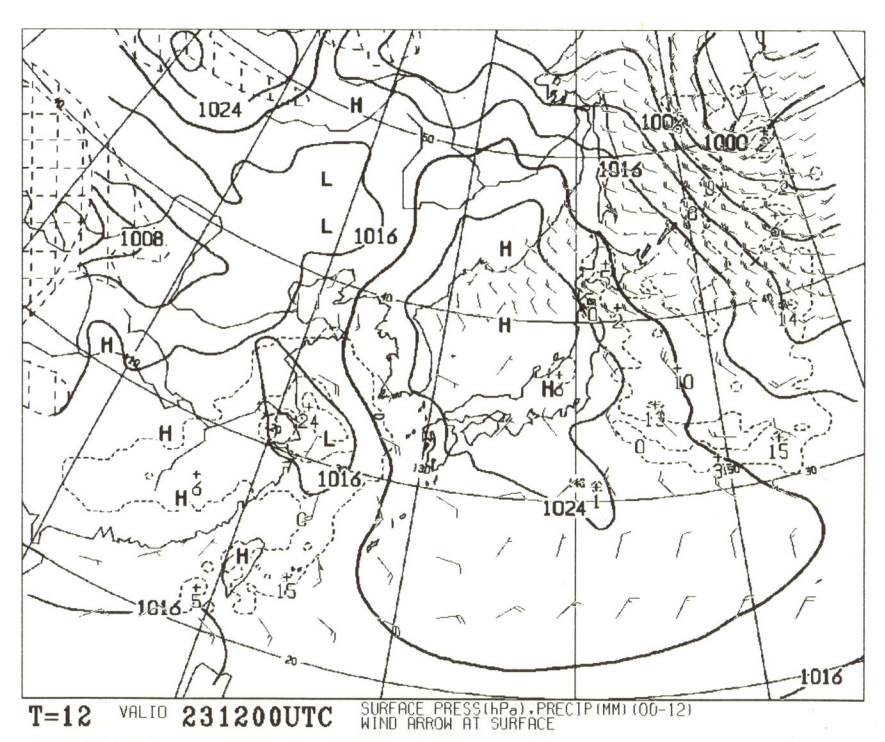

図 4-1-10　地上気圧・降水量・風予想図（気象庁提供）

▶ 500 hPa 気温，700 hPa 湿数予想図

　太実線は，500 hPa 面での 3 ℃毎の等温線で，細実線は，700 hPa 面での 6 ℃毎の等湿数線を表わす。また，細点線は 700 hPa 面での湿数 3 ℃線を表わしている。縦線域は，湿数が 3 ℃以下の湿潤域である。予想時間は，12，24，36，48 時間後がある。500 hPa の気温では，上空の寒気や暖気の動きから上空の寒気・暖気の移流を知ることができる。700 hPa の湿数では，大気の湿潤域と乾燥域が判別できる。

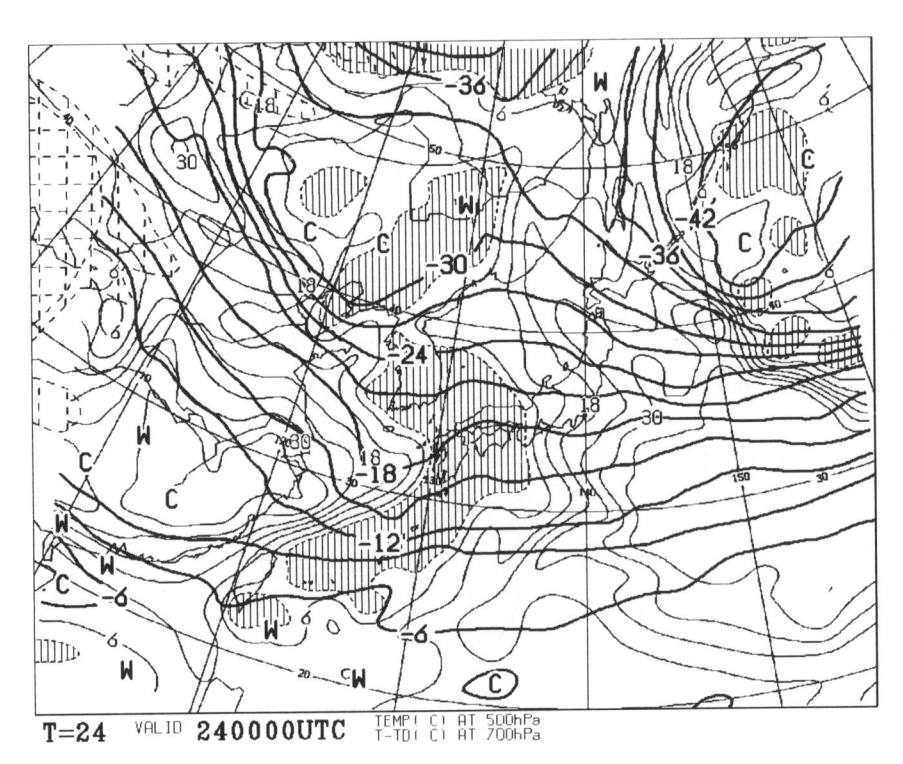

図 4-1-11　500 hPa 気温，700 hPa 湿数予想図（気象庁提供）

§1. 各種天気図のポイント　　　　　　　　211

▶ 850 hPa 風・気温，700 hPa 鉛直 p 速度予想図

　太実線は，850 hPa 面での 3 ℃毎の等温線で，細破線は，700 hPa 面での 20 hPa/h 毎の等鉛直 p 速度線を表わす。また，細実線は 700 hPa 面での鉛直 p 速度が 0 の線を表わしている。縦線域は上昇流域である。矢羽根は 850 hPa 面での風向・風速を表わす。鉛直流は，対流雲の生成に寄与する。また，等温線と風の関係からは，温度移流を知ることができる。暖気移流域は上昇流，寒気移流域は下降流となる。

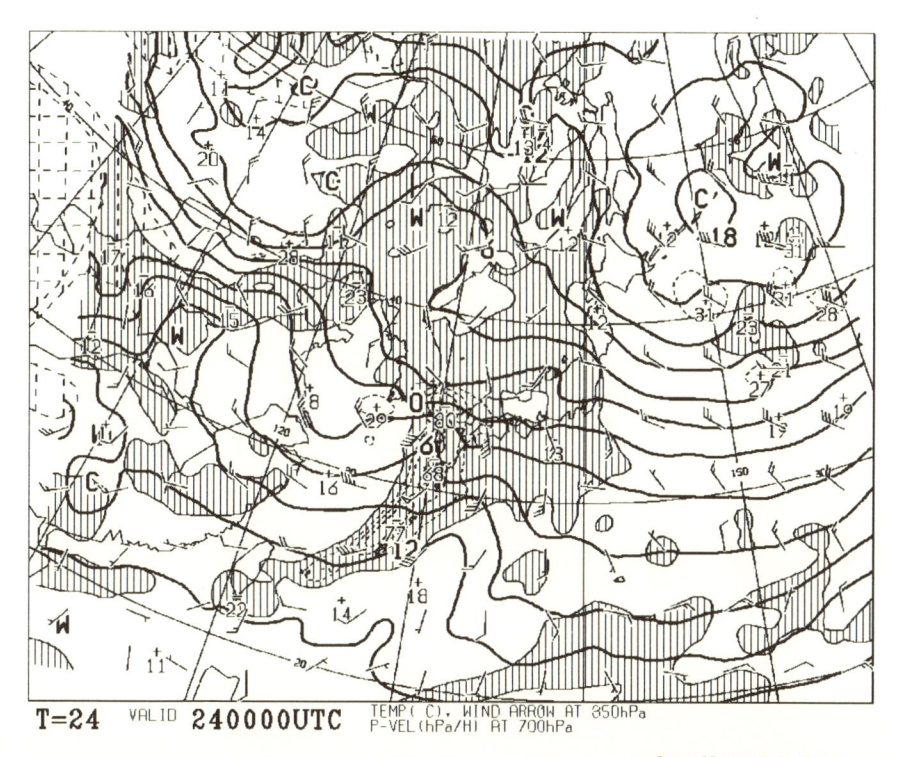

図 4-1-12　850 hPa 風・気温，700 hPa 鉛直 p 速度予想図（気象庁提供）

▶ 850 hPa 風・相当温位予想図

　実線は，850 hPa 面での 3 K 毎の等相当温位線で，矢羽根は，850 hPa 面での風向・風速を表わす。予想時間は，12,24,36,48 時間後がある。相当温位では，気温だけでなく水蒸気の影響も考慮されているので，梅雨前線などの判定に有効である。また，相当温位予想図の時間推移を見ることによって，湿舌などの下層の湿潤な大気の動きを把握することができる。

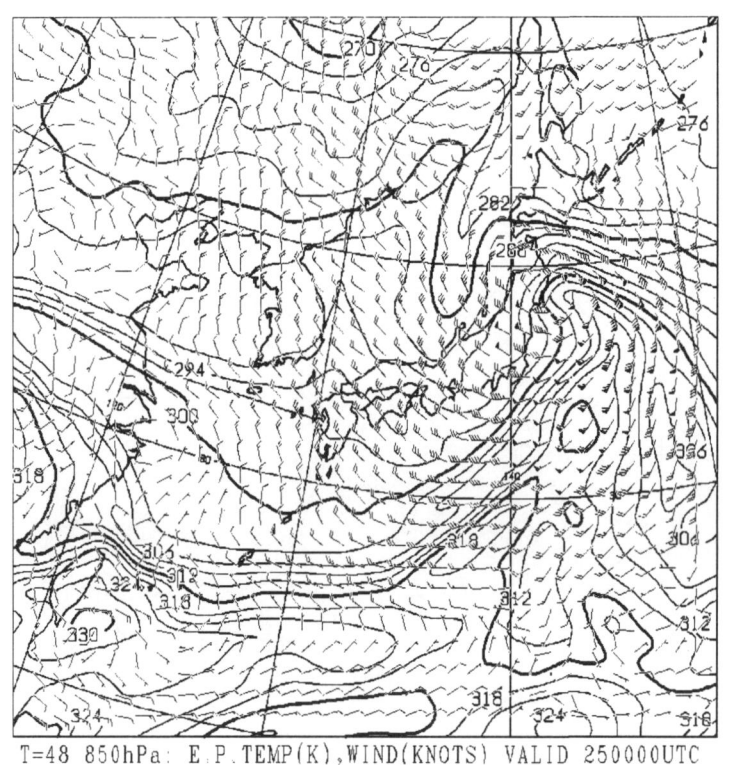

T=48 850hPa: E.P.TEMP(K),WIND(KNOTS) VALID 250000UTC

Japan Meteorological Agency

図 4-1-13　850 hPa 風・相当温位予想図（気象庁提供）

§1．各種天気図のポイント

その他実況図及び予想図

▶雲解析情報図

衛星画像を解析し，雲種別，高度，分布状況，移動状況，発達状況等を記号等を用いて表現した図。気象庁では3時間おきに発表している。雲域の全体的な動きや状況を判別するのに有効である。

図4-1-14において，Cbは積乱雲，Cgは雄大積雲を表わす。

付加情報として，雲渦の中心や対流雲列なども記載される。雲渦は下層渦，上層渦，台風中心，メソβスケール渦の4種類に分けて記載する。シーラスストリークは上層の流れに沿う巻雲の筋を表わし，トランスバースラインは上層の流れに直角にできる巻雲列である。これらシーラスストリークやトランスバースラインは上層の流れを示唆する。また，ジェット気流の中心は強風軸として表現される。対流雲列は寒冷前線などの解析に利用できる。さらに雲頂高度（hPa）や移動方向も記載されているので様々な擾乱の発達状況などを把握することができる。

▶レーダーエコー合成図

単一の気象レーダーでは，地球の曲率や電波の減衰などの影響により，限られた範囲しか降水粒子を探知できない。そこで，複数の気象レーダーによって観測されたレーダーエコーを合成して，広範囲の降水分布を把握する。一般用と航空用の2種類があり，一般用は格子間隔が5km，航空用は10kmである。

プラスα　水蒸気画象について

気象衛星「ひまわり5号」では，赤外画像・可視画像に加えて水蒸気画像の情報も提供する。これは水蒸気による吸収の大きい波長帯（6.5〜7μm）を感知するセンサーによるもので，乾燥域は暗く，湿潤域は明るく写るものである。実際に衛星に到達する放射は，上層の水蒸気によるものほど顕著であるため，相対的に中層〜上層の水蒸気の状態を示していることが多い。

214　第4章　実技試験対策

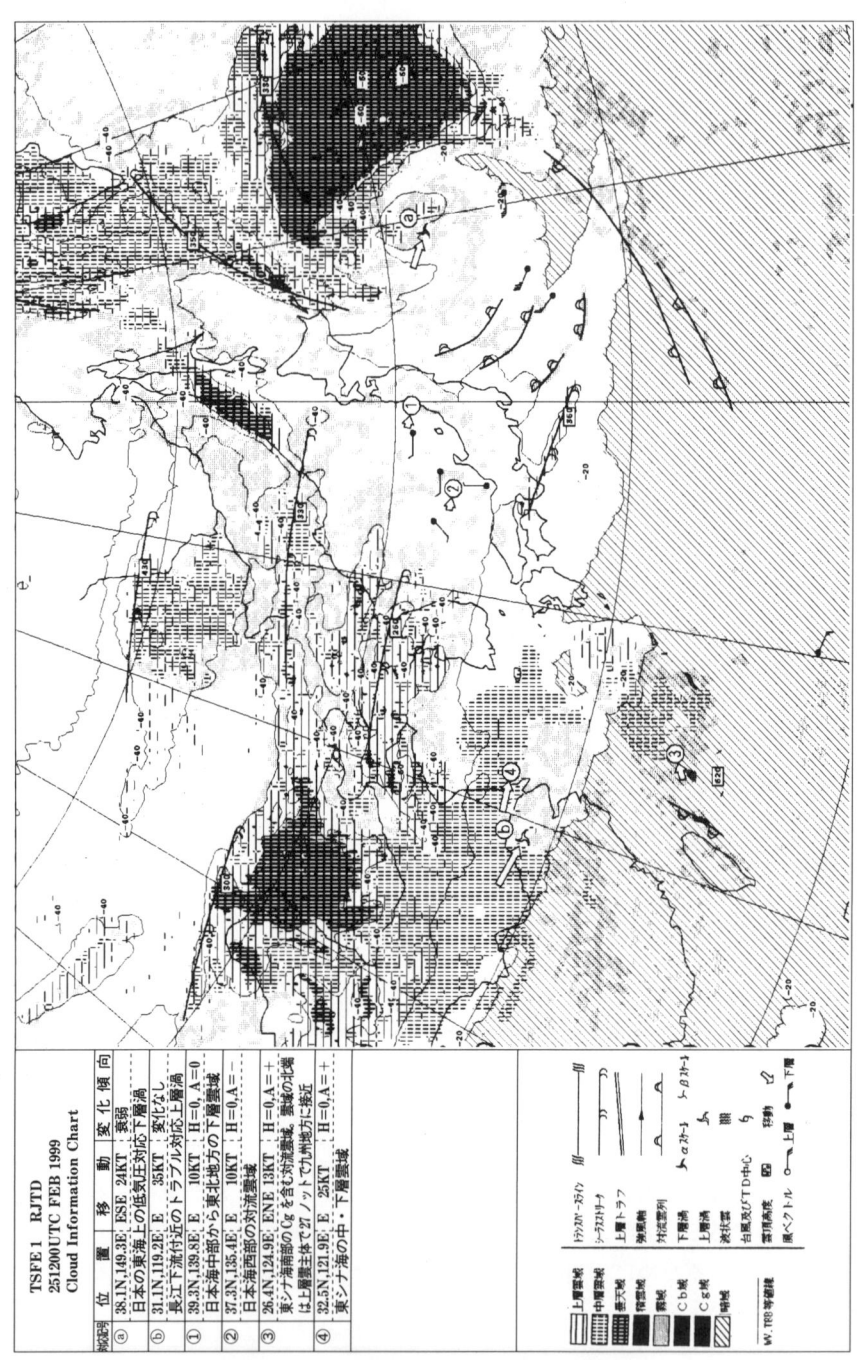

図 4-1-14　雲解析情報図（気象庁提供）

§1. 各種天気図のポイント 215

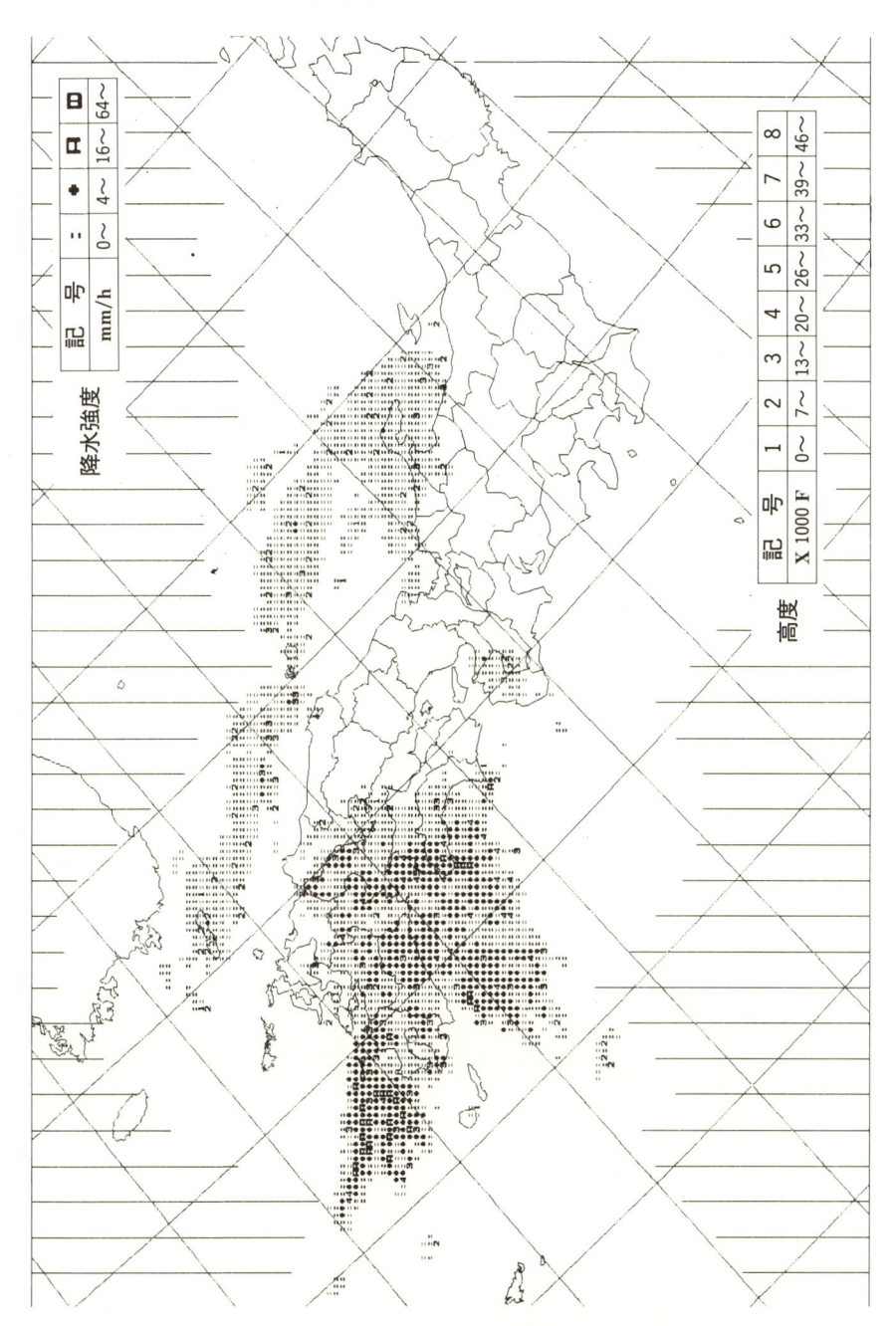

図 4-1-15 レーダーエコー合成図（気象庁提供）

▶レーダーアメダス解析雨量図

　　レーダーエコーは降水量でなく，降水粒子を探知しているので正確な降水量はわからない。一方アメダスは，観測間隔が荒く（約17kmおき），時間的にも1時間積算量を扱っている。そこで，これら両者の欠点を補うようにしたものがレーダーアメダス解析雨量図である。解析雨量図は，レーダーエコーの値を1時間積算して，これをアメダスにより観測された降水量で補正して，より信頼性の高い観測データを提供する。レーダーエコー合成図では，観測時間の降水強度であるのに対し，解析雨量図は1時間積算量であることに注意する。

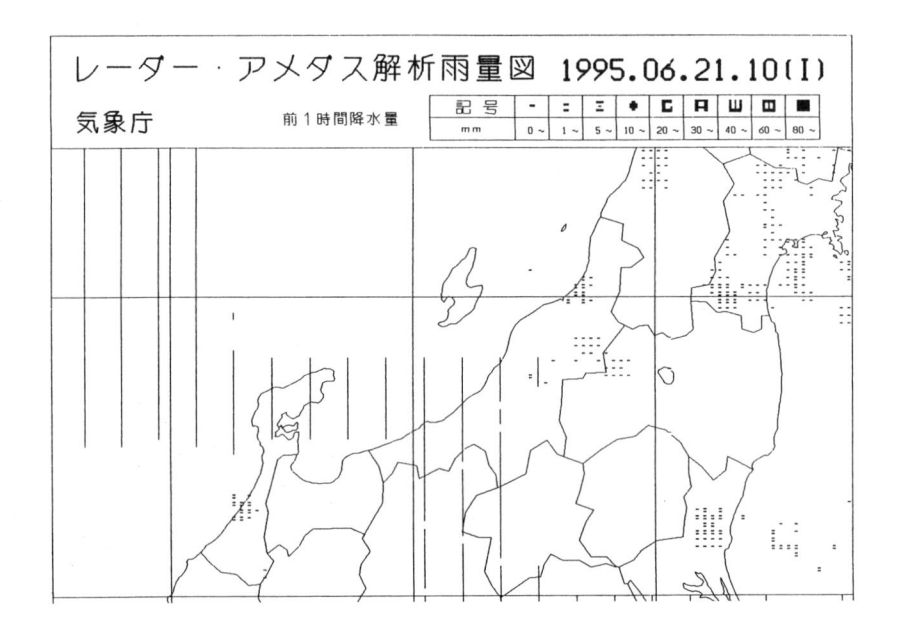

図4-1-16　レーダーアメダス解析雨量図（前出：気象FAXの利用法part II）

降水短時間予想出力図

　レーダーエコー解析雨量図を基にして，6時間後までの30分おきの降水量分布を時間外挿を基本にして予想したものである。

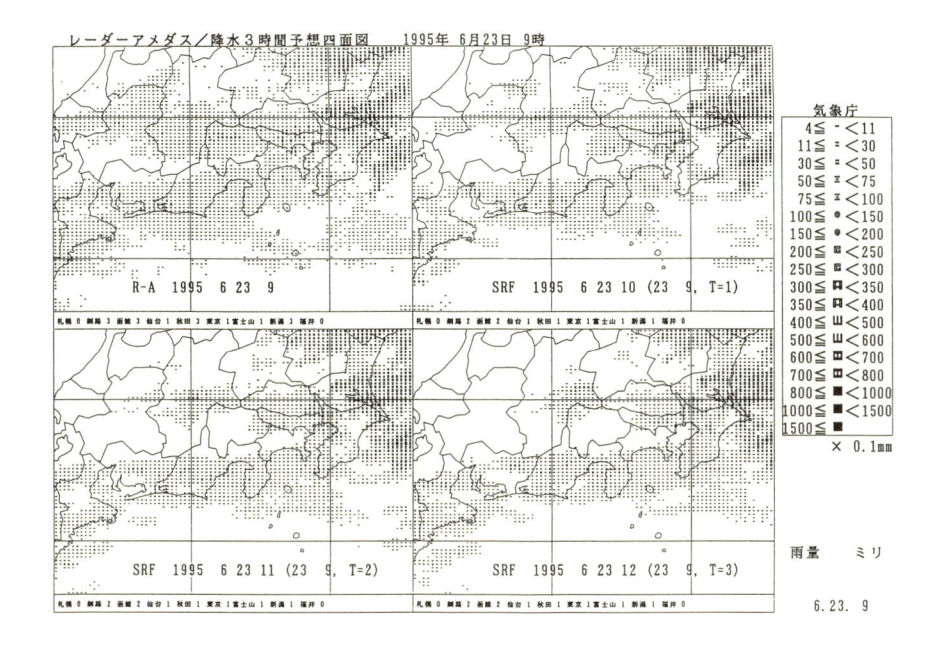

図4-1-17　降水短時間予想出力図（前出：気象FAXの利用法 part II）

プラスα　　NAPSの導入について

　気象庁では，平成13年3月よりNAPSという新しいスーパーコンピュータシステムを導入した。このシステムは演算処理能力が高く，より精密な数値予報モデルの解析が可能な為，集中豪雨や台風等メソスケールの現象のより正確な予報を可能にするものである。これに伴い，メソ数値予報モデル（水平解像度10 km，鉛直層40層）が新たに加えられ，メソスケール予報の精度向上が期待できる。また，このモデルを活用し降水短時間予想も3時間から6時間に延長された。

§ 2. 低気圧の発生と発達

> **key point**
> ・低気圧の発達，閉塞状態を各種天気図等から予測したり，またその理由付けする問題は，実技試験で頻出である。
> ・低気圧発達段階では，500 hPa の渦度と地上低気圧中心を結ぶ渦管の西傾，850 hPa の温度移流が低気圧前面（東側）で暖気移流，後面（西側）で寒気移流，700 hPa の上昇流は低気圧前面（東側）で暖気の上昇流，後面（西側）で寒気の下降流。
> ・低気圧が閉塞段階に入ると，渦管が垂直になり，暖気移流は低気圧前面から北側へ，また寒気移流は後面から南側へ回り込むような分布に変化する。
> ・低気圧発生の兆候を押さえておくこと。
> ・850 hPa の−6℃線やエマグラムによる降水の雨雪判別も頻出である。

日本周辺で発達する低気圧

日本周辺で発生・発達する低気圧は，日本海低気圧・南岸低気圧等がある。これら低気圧の発生や発達では，各種天気図に低気圧発達の特徴が表われており，これを捕らえることによって今後の低気圧の発達状況などを予測することができる。

各種天気図における特徴

▶地上天気図，地上気圧・風・降水量予想図

地上天気図では実況及び予想図の気圧配置から，低気圧の中心気圧の時間推移を観察することによって，低気圧の発達状況がわかる。時間経過と共に中心気圧が低くなっていれば低気圧は発達状況にあり，低気圧の発達が止まり，閉塞状況（低気圧の最盛期）にあるときは，中心気圧が時間とともにそれほど変化しない。また，中心気圧が時間と共に高くなっていくときは，低気圧は閉塞期を過ぎ衰弱状況にある。また，前線も低気圧の発達状況を知るには重要である。例えば，低気圧に閉塞前線が解析されるようになると，低気圧は閉塞過程にあり最盛期を迎えている。

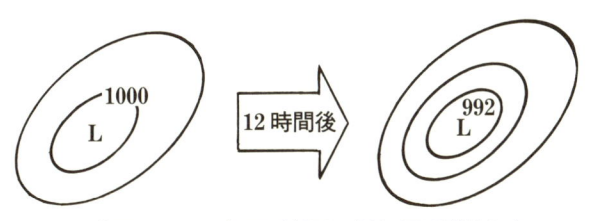

§2. 低気圧の発生と発達　　　　219

12時間で8hPa気圧が低下し低気圧は発達した

図4-2-1　地上気圧の発達状況

▶ 850 hPa 天気図，850 hPa 気温・風解析図，予想図

　850 hPa で与えられる情報には，温度と風がある。低気圧の発達時は，低気圧の進行方向の前面側に暖気移流があり，後面側に寒気移流がある。低気圧が発達し，閉塞過程に向かうと，次第に暖気移流は低気圧前面から低気圧の北側に回り込むように，また寒気移流は低気圧の南側に回り込むような形態になる。

※温度移流について

　　温度移流は，(気温傾度)×(風の傾度方向の成分)で求められる。

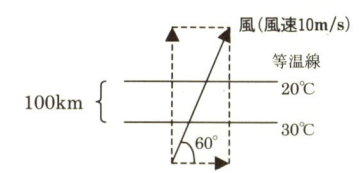

気温傾度：$(30-20)/100 = 0.1°C/km$
風の傾度方向の成分：$10 \times \sin 60°$
　　　　　　　　　$= 10 \times 0.87 = 8.7 m/s$
　　　　　　　　　$= 8.7 \times \frac{3600}{1000} = 31.3 km/h$
温度移流量：$0.1°C/km \times 31.3 km/h = 3.1°C/h$

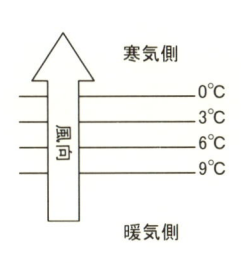

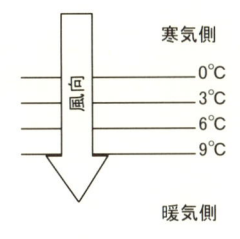

暖気移流　　　　　　　　寒気移流

図4-2-2　温度移流

▶ 700 hPa 鉛直 p 速度解析図，予想図，700 hPa 湿数解析図，予想図

　700 hPa 鉛直 p 速度は，解析・予想図ともに 850 hPa の温度・風の解析・予報図と同一図上に表現される。低気圧の発達時には，低気圧の前面の暖気域（850 hPa の気温で判定）で上昇流があり，後面の寒気域で下降流がある。これは，まさしく有効位置エネルギーが運動エネルギーに変換されている過程である。低気圧が発達し，閉塞過程に入り始める頃には，低気圧の中心付近には乾燥した（700 hPa 湿数の大きな）寒気が吹き込むようになりドライスロットを形成する。

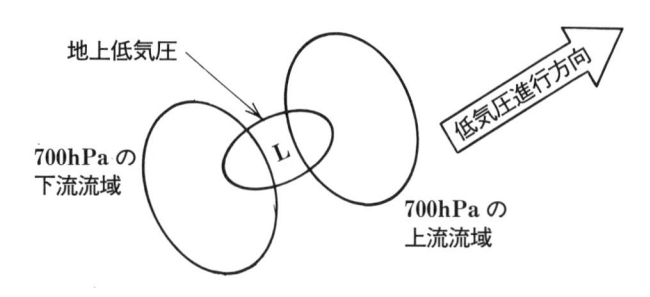

図 4-2-3　低気圧の発達時の 700 hPa 上昇流

▶ 500 hPa 天気図，500 hPa 高度・渦度解析図，予想図

　500 hPa 高度・渦度では，500 hPa でのトラフや渦度の状況を見ることによって，低気圧の発達状況を知ることができる。発達中の低気圧では，地上の気圧の谷に対して 500 hPa の気圧の谷は，西に傾いている。これは，正渦度の極大域にも見ることができ，地上低気圧中心と 500 hPa での正渦度の極大域を結ぶ渦管が西傾していれば，低気圧は発達段階にある。一方，低気圧が閉塞過程に入ると，上空のトラフと地上低気圧の谷との位置関係は，西傾していた状態から垂直な位置関係になる。正渦度を見ても，500 hPa の正渦度極大域と地上低気圧中心を結ぶ渦管は，発達時には西傾していた状態から垂直な状態に変化する。

§2. 低気圧の発生と発達

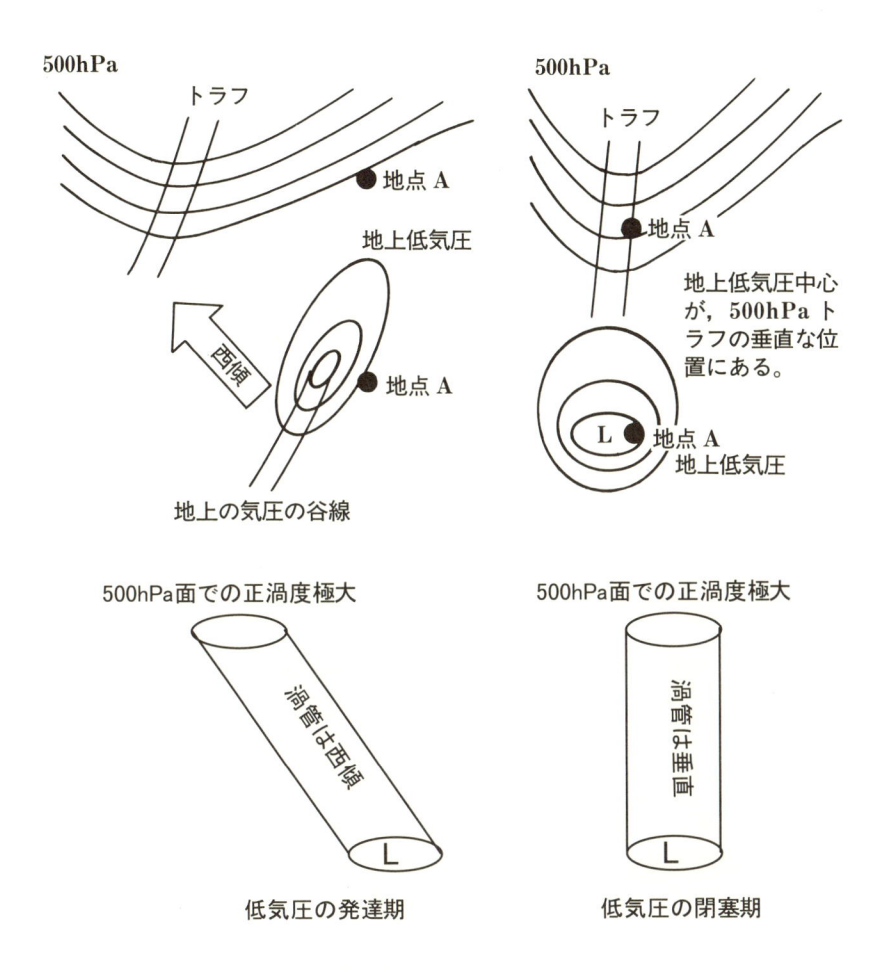

図4-2-4 地上低気圧と500hPaのトラフの関係

▶衛星雲画像

　発達中の低気圧に対応して，衛星雲画像では，特に低気圧の東側から北側にかけて雲頂高度が高く，厚い雲がみられる。また，雲の北側の縁が外側にふくらんでいる（バルジ）。閉塞過程にある低気圧では，中心付近に乾燥した寒気が吹き込み，雲の少ないドライスロットを形成する。

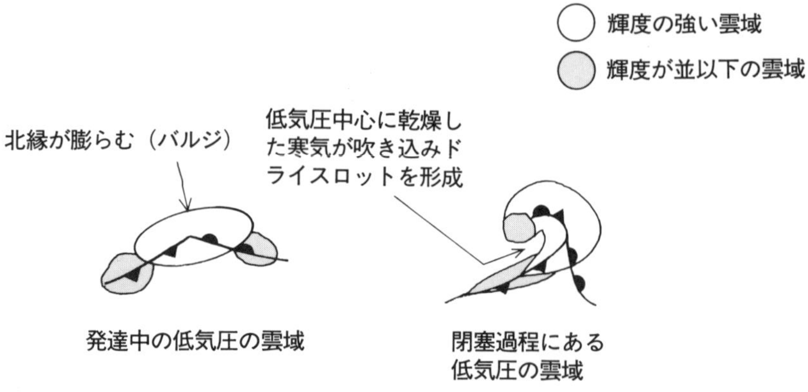

○ 輝度の強い雲域
● 輝度が並以下の雲域

北縁が膨らむ（バルジ）

低気圧中心に乾燥した寒気が吹き込みドライスロットを形成

発達中の低気圧の雲域

閉塞過程にある低気圧の雲域

図 4-2-5　低気圧と雲域の関係

低気圧の発生

　低気圧発生の兆候は，各種天気図から読み取ることができる。しかし，これらの兆候は，低気圧発達時のような顕著な表われ方をしないことが多いので，注意して天気図を観察せねばならない。

各種天気図にみる低気圧発生の兆候

▶地上

　低気圧が発生しそうな箇所では地上に低気圧性の風の循環があることがある。

▶ 850 hPa 気温・風，700 hPa 鉛直 p 速度

　低気圧が発生する箇所では，850 hPa 面で，低気圧発生箇所に暖気移流の強まりが，見られる可能性がある。また，850 hPa 面の風の場では低気圧性の循環が見られる可能性がある。また，700 hPa 面では，低気圧発生箇所付近に上昇流の強まりが見られる可能性がある。

▶ 500 hPa 高度・渦度

　低気圧発生箇所には，500 hPa 面での顕著な正渦度の移流があることが多い。

§2. 低気圧の発生と発達

```
       500hPaの風向
    ┌──────────┐     500hPaの正渦度域
    │  移動    ├──→  ↙
    └──────────┘
   ⌒⌒⌒   ⌒⌒⌒           500hPaでの正渦度移流
  (     ) (     )
   ⌒⌒⌒   ⌒⌒⌒

         ↑              700hPaでの上昇流域

                        850hPaでの暖気移流

    ╱╲╱╲╱╲              地上・850hPaでの
                         低気圧性の循環
```

図 4-2-6　低気圧発生の兆候

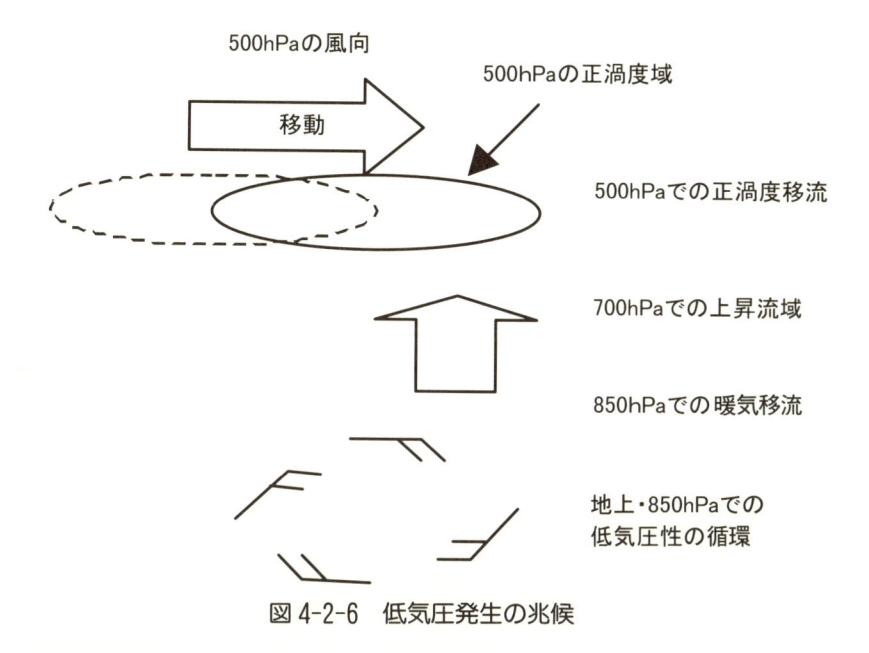

雨雪判別

　低気圧等の擾乱によって降水現象が発生することがあるが，寒候期においては，この降水現象が雨になるのか雪になるのかを判定することは，防災対策上非常に重要である。一般に 850 hPa 面の気温 $-6°C$ が雨と雪の境界とされており，これよりも低い気温の箇所では雪，高い箇所では雨と判別できる。しかし，実際の雨雪判別は，850 hPa 面の気温からのみ判断するのではなく，地上に入り込む寒気や，地上から 850 hPa までの気温の鉛直分布（エマグラムで解析）等を用いて，総合的に判断する必要がある。

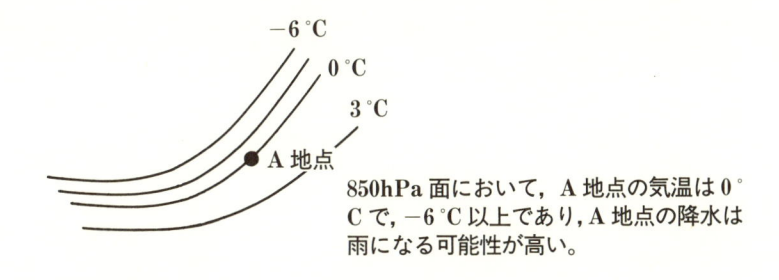

　　　　　　$-6°C$
　　　　　　　$0°C$
　　　　　　　　$3°C$
　　　　　　● A 地点

850hPa 面において，A 地点の気温は $0°C$ で，$-6°C$ 以上であり，A 地点の降水は雨になる可能性が高い。

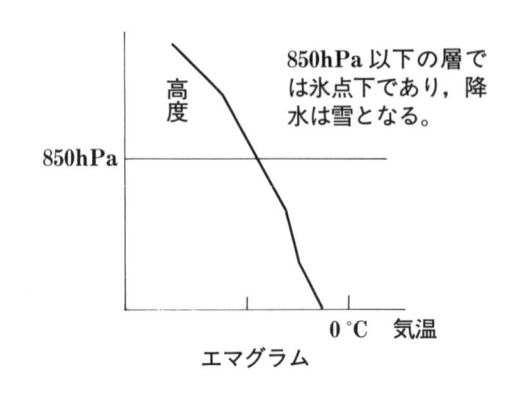

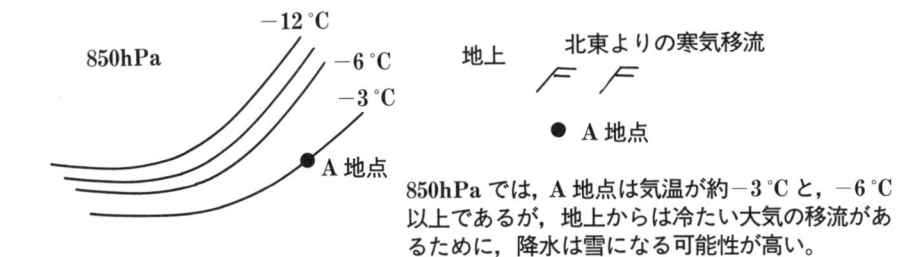

```
          |\
       高 | \
       度 |  \    850hPa 以下の層で
          |   \   は氷点下であり、降
   850hPa |----\  水は雪となる。
          |     \
          |      \
          |       \_
          |         \_
          |_____
                    0°C    気温
              エマグラム
```

```
              -12°C                 北東よりの寒気移流
  850hPa    ___-6°C      地上       ꜰ  ꜰ
           /  -3°C
          /  ●                       ● A 地点
            A 地点
```

850hPa では、A 地点は気温が約-3°C と、-6°C 以上であるが、地上からは冷たい大気の移流があるために、降水は雪になる可能性が高い。

850hPa で、気温が-6°C 以上でも降水は雨であるとは限らない。

図 4-2-7　降水の雨雪判別

§3. 上昇流の要因

key point
- 上昇流の発生要因は，実技試験の頻出問題である。
- 上昇流は対流雲の生成に寄与し，悪天をもたらす原因になる。

上昇流

　上昇流は，対流雲を生成する重要な要因であり，降水現象と密接な関係がある。又低気圧等の各種の擾乱を解析，予測する上でも非常に大きな意味をもつ。上昇流を発生する要因は各種天気図上に顕著に表われる。

上昇流発生要因

(1) 500 hPa 面で正渦度の移流がある。
　　→ 500 hPa 高度・渦度
(2) 850 hPa 面で暖気移流がある。
　　→ 850 hPa 気温・風
(3) 地上で降水があり，降水の凝結による加熱効果がある。
　　→地上気圧・風・降水量
(4) 風のシアーがあり，収束の効果がある。
　　→地上気圧・風・降水量，850 hPa 気温・風
(5) 山に風が吹きつけ，地形性の上昇流を生じる。
　　→地上気圧・風・降水量（但し，風向情報のみ）

……コーヒーブレイク……

インターネット情報

　気象予報士試験の情報は，インターネット上でも得ることができる。受験案内等の基本的な事項については，(財)気象業務支援センターのホームページ(アドレスは http://www.jmbsc.or.jp)に常に最新の情報が掲載されている。
　また，このほかにも気象予報士や予報士試験の合格基準や試験の解答などの情報が公開されるので参考にするとよい。

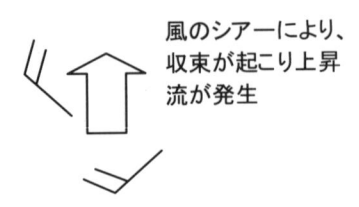

風のシアーにより、収束が起こり上昇流が発生

風の収束による上昇流

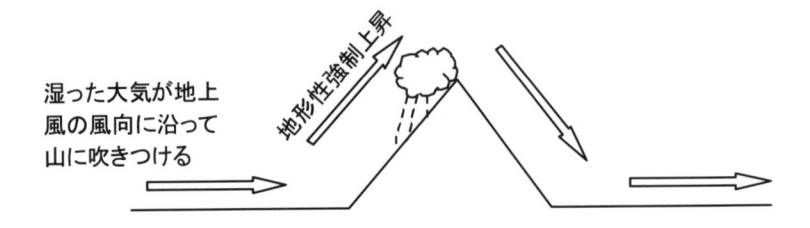

湿った大気が地上風の風向に沿って山に吹きつける

地形性強制上昇

地形性の上昇流

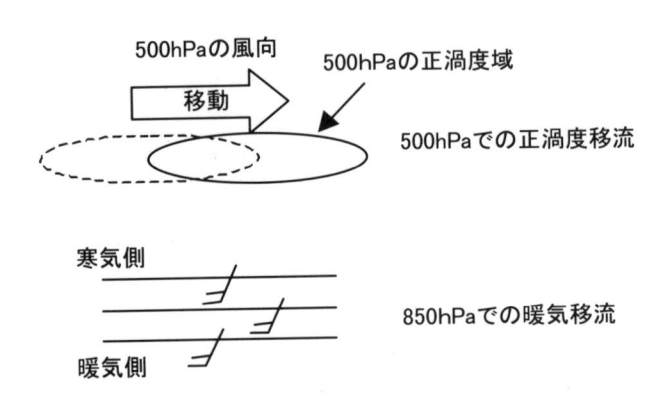

500hPaの風向
移動
500hPaの正渦度域
500hPaでの正渦度移流

寒気側
暖気側
850hPaでの暖気移流

図 4-3-1　上昇流発生要因

§4. 前線

> **key point**
> ・前線の解析されていない各種予想図から前線を解析する問題は頻出である。
> ・各種予想図から前線を解析した理由も重要である。特に850 hPa の等温線・等相当温位線には注意すること。
> ・梅雨前線では特に 850 hPa の等相当温位線に着目。
> ・前線面は安定な逆転層で，前線面は寒気側に傾いていることに注意する。
> ・850 hPa 面の風の低気圧性循環と等温線集中帯の折れ曲がり部から，地上低気圧の位置が推定できる。

寒冷前線，温暖前線

寒冷前線や温暖前線の存在は，各種天気図から読み取ることができる。

各種天気図における特徴

▶地上

寒冷前線や温暖前線は，地上低気圧の等圧線の谷部分を通っている。また，前線に伴って，風向シアーが見られる。寒冷前線では，前線通過前は南西よりの風が吹き，前線通過後は西～北西よりの風が吹く。温暖前線では，前線通過前は南東よりの風が吹き，前線通過後は南西よりの風が吹く。また，前線に沿って，降水域も現れる。特に，寒冷前線側では，強い降水域が点在するように現れ対流性の驟雨が降ることが多い。

また，温暖前線に伴う降水は，層状の雲による降水が多いので，寒冷前線に伴う降水に比べて降水域が広いことが多い。

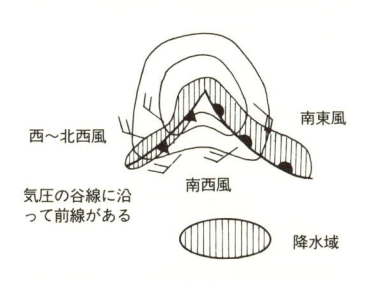

図 4-4-1　前線に伴う降水域

▶ 850 hPa 気温・風

前線は，異なる気団の間にできる境界であるので，温度傾度が非常に大きい．すなわち，850 hPa での等温線の集中帯は，前線の存在を示唆している．地上の前線は 850 hPa 面での等温線の集中帯の暖気側に存在する．また，地上と同様に風向シアーも参考になる．

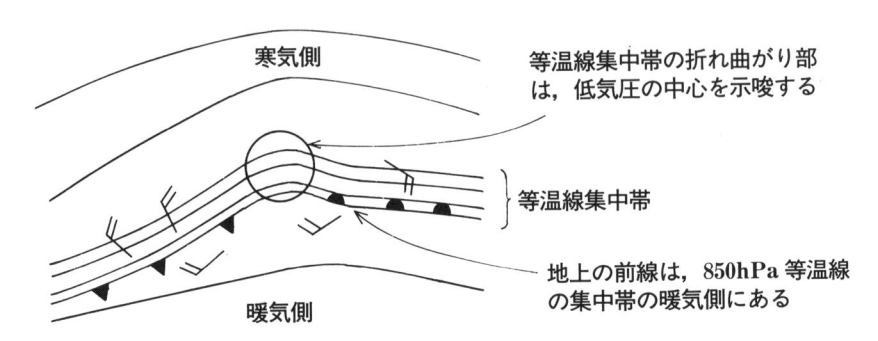

図4-4-2　地上前線と 850 hPa 面の等温線の関係

▶ 850 hPa 相当温位

850 hPa の等温線の分布から，前線の有無が判定できたように，相当温位線の分布からも同様に前線の存在を確認できる．相当温位は，気温だけでなく，水蒸気量までも考慮できるという利点がある．前述の等温線と同様に，850 hPa 面での相当温位線の集中帯の暖気側に地上の前線が存在する．

▶ 衛星雲画像

前線に伴って，衛星雲画像でも，特徴的な雲が見られる．寒冷前線に対応して対流雲の雲列がみられ，温暖前線に対しては，層状性の雲が広がることが多い．

▶ レーダーエコー及びレーダーアメダス解析雨量図

衛星雲画像と同様に，寒冷前線に対しては対流性の降水，温暖前線に対しては層状性の降水に伴うレーダーエコーや解析雨量が現れる．特に寒冷前線に伴う対流性の降水エコー列がはっきりと観測，解析される．

▶ 700 hPa 鉛直 p 速度

前線に伴って，まとまった上昇流が現れることがある．

▶ 鉛直断面図

前線面（異なる気団の境界面）は，相当温位の鉛直断面図で等相当温

§4. 前線　　　　　　　　　　　　　　　　229

位線の集中帯として確認できる。また，前線面はエマグラムで見れば，逆転層として認識できる。逆転層の高度の違いから地点の位置関係を知ることができる。

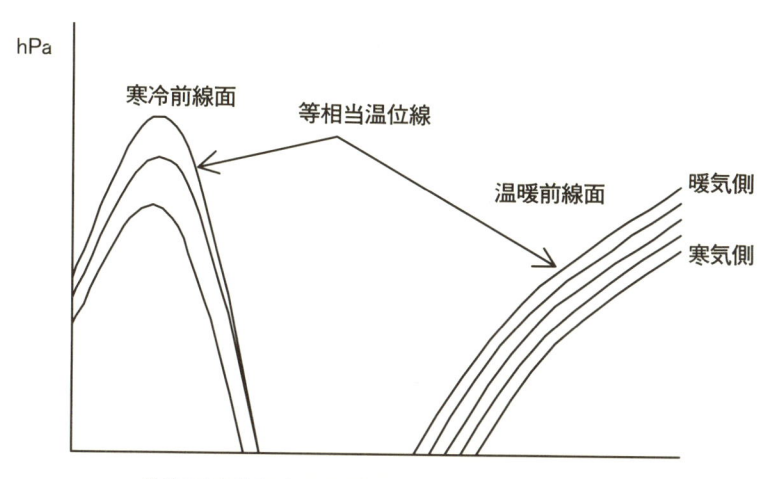

前線面は等相当温位線の集中帯として表現される

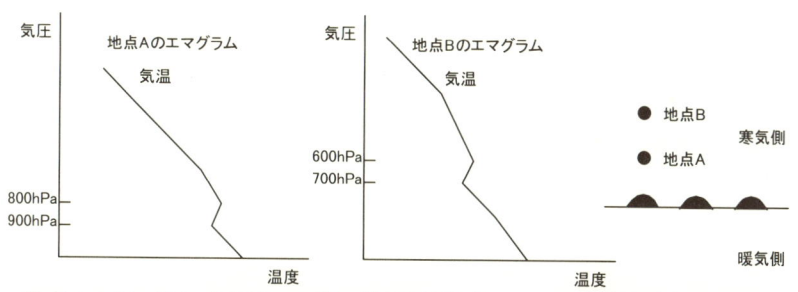

地点 A では，900〜800hPa の間に逆転層があり，ここに前線面が存在することがわかる。一方地点 B では，600〜700hPa の間に逆転層がある。前線面は，鉛直断面で見れば寒気側に傾いているので，地点 B の方が寒気側に存在する

図 4-4-3　前線を表現した相当温位の鉛直断面図とエマグラム

梅雨前線

梅雨前線は，温度傾度よりも水蒸気傾度が顕著な前線である。そのため，850 hPa の気温分布で梅雨前線が解析されなくても，850 hPa の相当温位分布では梅雨前線が明瞭に解析できることが多い。梅雨前線も，寒冷前線や温暖前線と同じ方法で解析できる。

各種天気図における特徴

▶地上

　　風のシアーライン

▶ 850 hPa 面

　　850 hPa 面での等温線，等相当温位線の集中帯の暖気側に地上の前線が解析される。

▶ 300 hPa 面又は 500 hPa 面

　　対流圏上層のジェット気流も前線の位置を示唆している。温度風の関係から南北の温度傾度があるときには上空に行くほど西風が強まる。このようにジェット気流は，温度傾度が起因している。前線面は温度傾度が大きい箇所であり，上空にはジェット気流が解析されることが多い。前線面は上空に向かって寒気側に傾いているので，地上の前線は，上空のジェット気流の軸の南側に解析される。

　　300, 500 hPa 面での強風軸は各面の風速分布からわかる。又 500 hPa 面については渦度の 0 線もジェット気流の存在を示唆する。

▶衛星雲画像

　　前線に伴って，特に前線から寒気側に層状雲を中心とした広い範囲に雲域が観測される。

地上・850hPa面での風の水平シアー等相当温位線の集中帯と地上前線の関係

§4. 前線   231

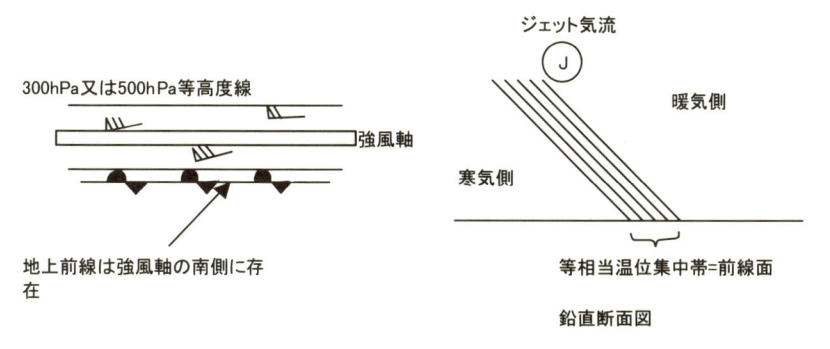

図4-4-4　地上前線と各種等圧面の関係

| 梅雨前線に伴う気象現象 |

　梅雨末期には，太平洋高気圧の勢力が強まり，その縁辺から梅雨前線に向けて下層から暖湿な大気が，下層の強風（下層ジェット）によって流入しやすくなる。また，台風の発生による下層からの暖湿気流の移流も多くなる。暖湿気流の強い移流は，対流性の降水の要因となる。この際，上空に寒気が張り出すと対流不安定性は一層強まり，非常に活発な対流雲を生成し大雨をもたらす。また，梅雨時期には，北側にオホーツク海高気圧が発生することが多く，太平洋高気圧とオホーツク海高気圧の間に前線が形成され，前線が停滞することが多くなる。

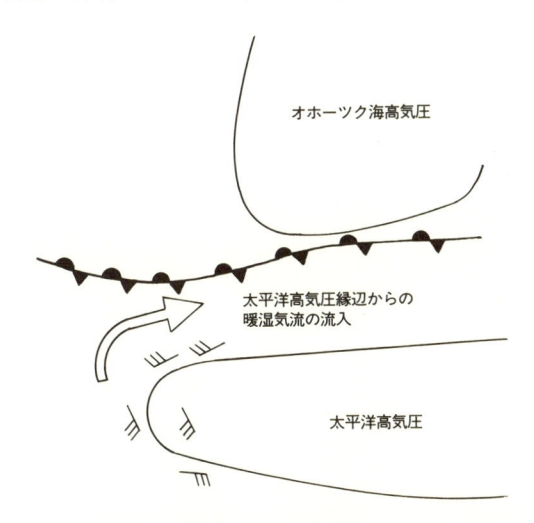

図4-4-5　太平洋高気圧から梅雨前線に流入する暖湿気流

§5. 寒冷渦

> **key point**
> ・上空の寒気核と上空の低気圧の位置が一致するのが寒冷渦。
> ・上空の寒気と下層の暖気移流は大気の成層を不安定化し、対流活動を活発にする。
> ・寒冷渦の大気の鉛直構造を押さえておくこと。

寒冷渦

　寒冷渦とは、上層寒冷低気圧のことで、冷たい空気からできており、同じ高度での気温分布を見ると、低気圧内の方が周囲よりも気温が低くなっている。空気は冷たいほど重く、気圧はその空気の積み重なった重さの結果であるので、上層寒冷低気圧は上空に行くほど周囲に比べて気圧が低くなっている。このため、地上では、低気圧が明瞭でなくても500 hPa面では顕著な低気圧が解析されることがある。

各種天気図における特徴

▶ 500 hPa 面天気図

　寒冷渦では、500 hPa面において、顕著な低気圧が見られる。また、低気圧には寒気の核が伴っている。また、上空には、低気圧性の循環も見られる。

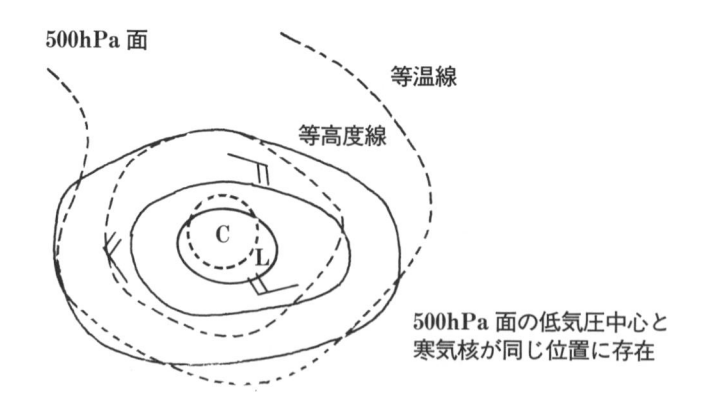

図 4-5-1　寒冷渦

§5. 寒冷渦

▶地上天気図

　上空の天気図では，顕著な低気圧と寒気核が見られるが，地上では顕著な低気圧は解析されないことが多い。しかし，寒冷渦に対応して，降水域が表われることがある。

▶850 hPa 面天気図

　上空に寒気が存在するので，下層の 850 hPa 面に暖湿気流の移流があると，大気は一層不安定化し，対流が活発になり積乱雲が発達しやすくなる。これは，寒冷渦に限らず，上空から寒気が吹き出しているときに下層から暖気の移流があれば，大気は不安定になり対流活動は活発になる。

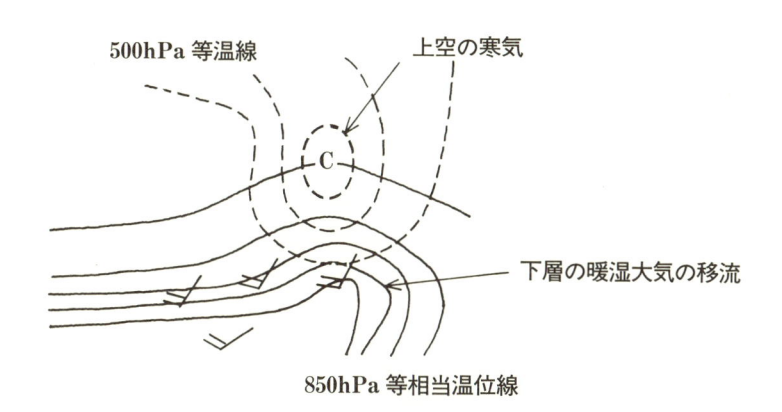

図 4-5-2　500 hPa 面の寒気移流と 850 hPa 面の暖気移流による大気の不安定化

▶鉛直断面図

　寒冷渦を鉛直断面で切断すると，図 4-5-3 のような等温線と等温位線の分布になる。

　圏界面下降部の上空の大気は気温が高く密度が小さいため，圏界面付近では，上に積み重ねられる大気の重さは軽く，気圧は周囲よりも低くなる。一方圏界面より下では，圏界面下降部の大気温度が低いため，大気の重さが大きく地上までに積み重ねられる大気の重さは重くなり，地上付近では，低気圧は明瞭ではなくなる。

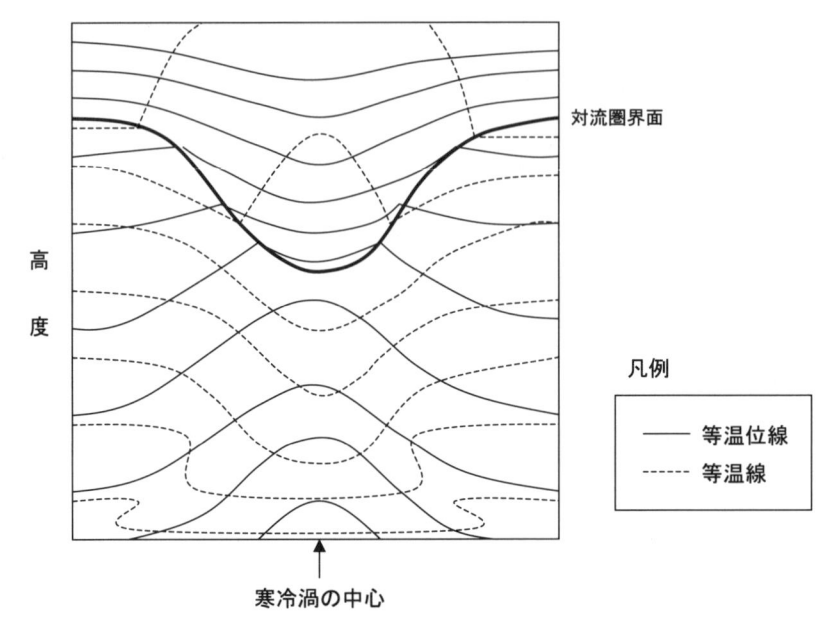

図 4-5-3　寒冷渦の温度分布の鉛直断面図

寒冷渦に伴う気象現象

　寒冷渦では，上空に寒気が入り込むため，大気は不安定になる。この際，850 hPa面などの下層に暖湿な大気の流入があると一層大気は不安定化する。大気が不安定化すると，対流活動が活発になり，積乱雲などの対流雲が発達する。よって，寒冷渦に伴って積乱雲等による気象現象である降雹，短時間強雨，落雷，突風などの激しい現象が起こる可能性が高くなる。

§6. エマグラムとSSI

> **key point**
> ・エマグラムは大気の鉛直安定性を調べるのに重要であり，実技試験の資料によく含まれる。
> ・エマグラムから逆転層や大気の湿潤状況をすぐに判定できるようにすること。
> ・エマグラムは，降水の雨雪判別にも用いることができる。
> ・エマグラムからSSIを求められるようにしておくこと。
> ・SSIと鉛直安定性の目安は正なら安定，負なら不安定。

エマグラム

縦軸に気圧，横軸に気温を取り，各気圧面での大気温度と大気の露点温度を表わしたグラフ。このグラフで大気の湿潤状況や鉛直安定性を調べることができる。

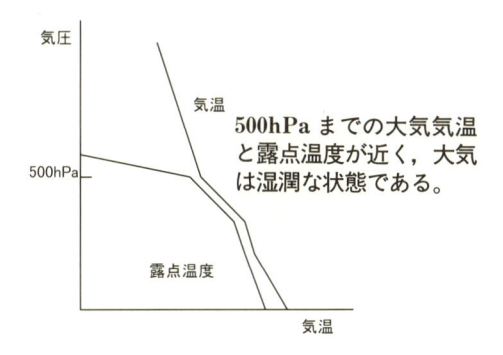

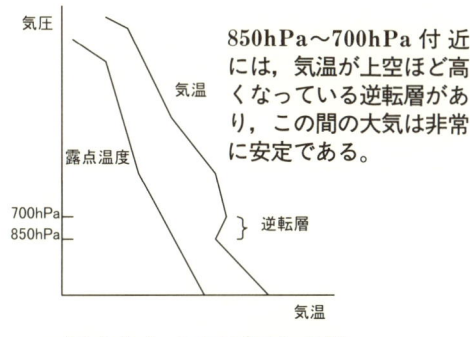

500hPaまでの大気気温と露点温度が近く，大気は湿潤な状態である。

850hPa〜700hPa付近には，気温が上空ほど高くなっている逆転層があり，この間の大気は非常に安定である。

図 4-6-1　エマグラムの例

SSI（ショワルター安定指数）

850 hPa 面にある大気塊を 500 hPa 面まで断熱的に持ち上げたときに，500 hPa 面で観測されている気温 T_2 から断熱的に持ち上げたときの大気温 T_1 を引いた差 $(T_2 - T_1)$ を 1 ℃単位で表したもの。値が小さいほど大気は不安定となる。SSI が正の数ならば大気は鉛直安定，負の数ならば鉛直不安定，0 ならば中立というのが一応の目安である。特に夏季の SSI が -3 以下であれば，雷雨の可能性を示唆する。

エマグラムから SSI を求める方法

① 850 hPa 面の大気を乾燥断熱線に沿って上昇させる。(a～b)
② 850 hPa 面の露点温度に対応する等混合比線と①の軌跡の交点は，凝結高度である (b)。
③ 凝結高度に達したら，湿潤断熱線に沿って 500 hPa 面まで上昇させる。(b～c)
④ 500 hPa 面で観測された気温とこのときの気温の差 $(T_e - T_c)$ をとった結果が SSI の値である。

T_c：850 hPa 面の大気を 500 hPa 面まで断熱上昇させたときの気温
T_e：500 hPa 面での大気温

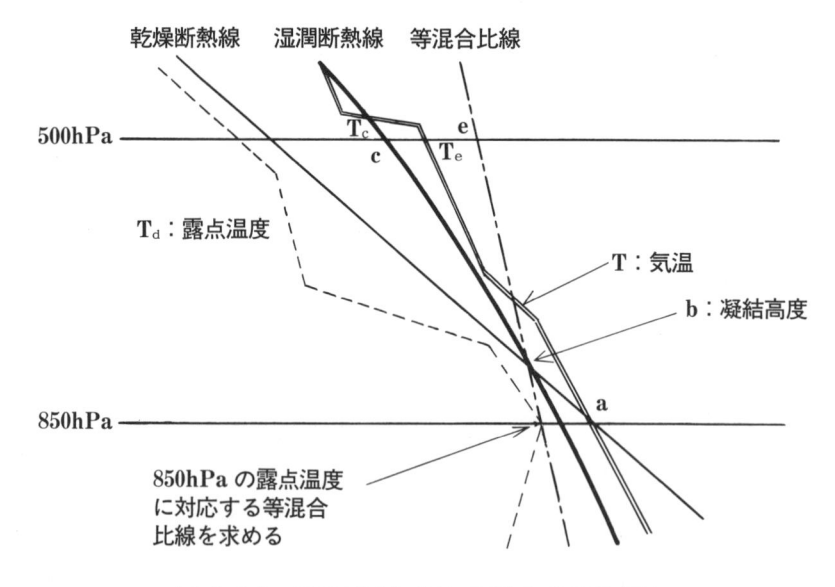

図 4-6-2　エマグラムから SSI を求める方法

§7. オホーツク海高気圧

key point
- オホーツク海高気圧に伴う北東気流がもたらす悪天を押さえておくこと。
- 海洋からの水蒸気補給による海霧現象に注意する。

オホーツク海高気圧

オホーツク海方面から日本に向けて張り出す高気圧の総称をいう。オホーツク海高気圧からは，北東の冷たく湿った風が吹き，悪天をもたらす。

各種天気図に見る特徴

▶地上天気図

地上天気図には，オホーツク海付近に高気圧が解析される。これに伴い，関東から北日本の太平洋側には，北東風が卓越する。また，太平洋側では霧や曇りの箇所が多い。

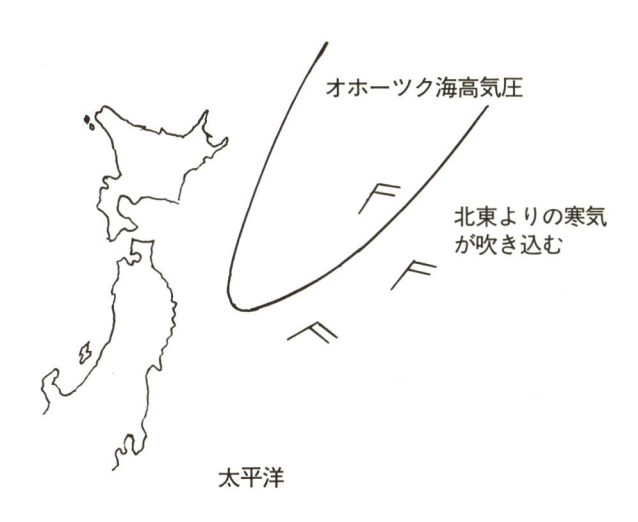

図4-7-1　地上天気図にみるオホーツク海高気圧

▶気象衛星画像

　北東からの寒気は，相対的に暖かい太平洋から顕熱と潜熱の補給を受け，大気下層部分が不安定化しており，霧や下層雲を発生する。これらは，雲頂高度が低いので，赤外画像には写らず，可視画像に明瞭な雲域（霧域）として観察される。

▶鉛直断面図

　大気下層は太平洋からの水蒸気補給の効果により湿潤な状態になっている。

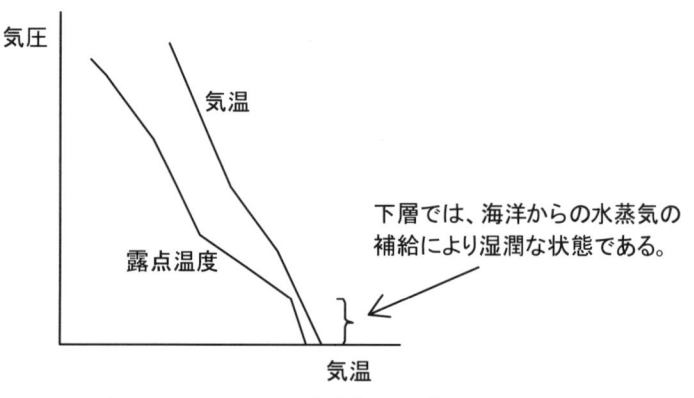

図4-7-2　オホーツク海高気圧に伴うエマグラム

▶オホーツク海高気圧に伴う気象現象

　オホーツク海高気圧に伴って，関東から東北にかけての太平洋側には北東よりの冷たい風が吹き，太平洋からの顕熱と潜熱の補給により霧や下層雲が広がる。このため，農耕地域に冷害や，日照不足などの被害をもたらすことがある。また，霧によって各種交通機関の運行に支障をきたすことがある。

§8. 地形性降雨

key point
・地形性降雨により降水が強化される現象は，実技試験に頻出である。

地形性降雨

　大気は風によって移動する。また，この風は地表の形状に影響をうける。例えば山に向かって風が吹けば，大気は強制的に上昇させられる。強制的に上昇させらた大気は，湿潤な状態であれば水蒸気の凝結が起こり，降水現象が発生する。このように地形の影響によって生じる降水を地形性降雨という。地形性降雨は，風の吹きつける斜面の風上側に生じ，特に日本では，紀伊半島の南東斜面，四国山地の太平洋側，九州山地の東斜面等によく発生する。

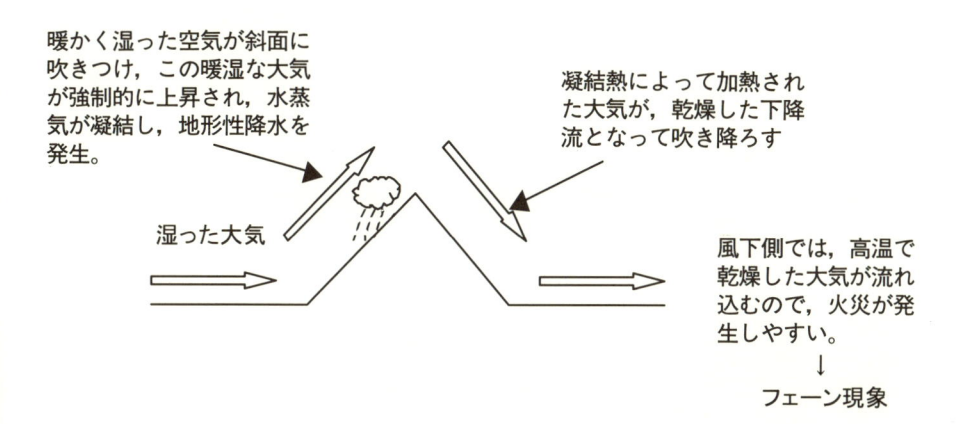

暖かく湿った空気が斜面に吹きつけ，この暖湿な大気が強制的に上昇され，水蒸気が凝結し，地形性降水を発生。

凝結熱によって加熱された大気が，乾燥した下降流となって吹き降ろす

湿った大気

風下側では，高温で乾燥した大気が流れ込むので，火災が発生しやすい。
↓
フェーン現象

図 4-8-1　地形性降雨のモデル

図 4-8-2　日本の地形図

§9. 寒冷気団低気圧（ポーラーロー）

> **key point**
> ・ポーラーローは，コンマ状の衛星雲画像を示す。
> ・ポーラーローに伴う激しい気象に注意する。

寒冷気団低気圧（ポーラーロー）

発達した低気圧後面の寒気内の前線を伴わない小低気圧で，1000 km 程度のスケールのものである。主に冬季の日本海側で発生・発達する。

衛星画像

ポーラーローは，衛星画像では，コンマ状の特徴的な雲パターンを示す。

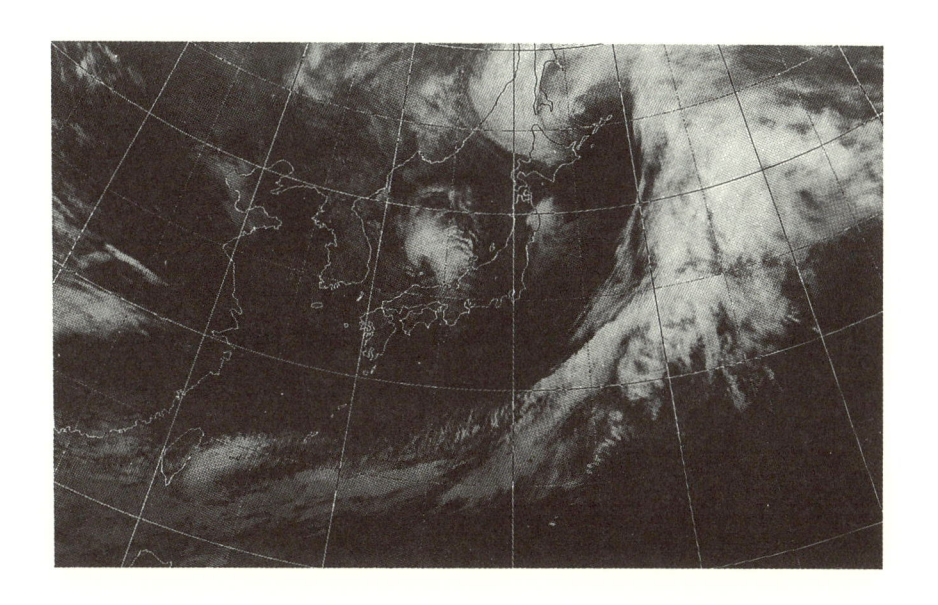

図 4-9-1　衛星画像（前出：気象 FAX の利用法 part II）

ポーラーローと各種天気図の関係

▶地上

発達した低気圧後面の寒気場内に位置する。風向シアーが観察される

事もある。

▶ 700 hPa 面

　700 hPa の鉛直流はポーラーローの東側で上昇流，西側で下降流となっている。

▶ 850 hPa 面

　ポーラーローの西側では強い寒気移流がある。

▶ 500 hPa 面

　ポーラーローは正渦度移流の極大域に対応している。

ポーラーローに伴う気象現象

　ポーラーローに伴って，積乱雲を伴う激しい気象現象が発生する。特にコンマ状の雲の尾の部分では，風向の急変，突風，落雷，降雹等の現象が起こる。

コーヒーブレイク

試験の解答例について

　気象予報士試験の解答例は，試験後約 10 日後以降に(財)気象業務支援センターに請求すると入手できる。気象予報士試験では，試験問題を持ちかえることができるので，特に学科試験では試験問題に自分の解答の印を付けておけば，後で簡単に答え合わせをすることができる。

§10. 台風

> **key point**
> - 台風は実技試験に単独の問題として出される重要項目である。
> - 台風に伴う風や降水量の予測，高潮などの気象災害に結びつく現象の予測は頻出である。
> - 傾度風平衡の式から傾度風を求められるようにしておくこと（第1章参照）。
> - 予報円と暴風警戒域の定義を覚えておくこと。
> - 台風の構造についてよく理解しておくこと。特に気温分布や風の分布は重要である。
> - 台風の温帯低気圧化も重要事項である。
> - 台風のエネルギー源とエネルギー消失のメカニズムを理解しておくこと。

台風の定義

熱帯や亜熱帯で発生する熱帯低気圧のうち，域内の最大風速が34 kt（17.2 m/s）以上のものを台風と呼ぶ。

台風の強さと大きさの分類

台風の大きさ

階級	風速15 m/s以上の半径
表示無し	500 km 未満
大型	500 km 以上〜800 km 未満
超大型	800 km 以上

台風の強さ

階級	中心付近の最大風速
表示無し	33 m/s 未満
強い	33 m/s 以上 44 m/s 未満
非常に強い	44 m/s 以上 54 m/s 未満
猛烈な	54 m/s 以上

表 4-10-1 台風の大きさと強さの階級

台風のエネルギー

台風を発達させるエネルギーは，海上から補給される顕熱と潜熱である。台風が北上して，転向点（台風の進路方向が変わる点）を超えると海面水

温が下がり、また寒気が流入するために、海面から受け取る潜熱よりも地表摩擦で失うエネルギーの方が大きくなり（特に陸地では水蒸気補給もなく摩擦も大きいので顕著）、台風は次第に衰える。

台風の構造

台風の構造は第1章でも述べたとおりであるが、ここでももう一度おさらいしておく。台風の中心は対流圏下層から上層にかけて雲のない下降流域（台風の眼）が鉛直に存在し、下層でも上層でも台風の中心はほぼ同じ位置にある。台風中心付近の気温は周囲の気温よりも高くなっている。これは、台風の中心付近の上昇流により持ち上げられた湿った大気が、潜熱を放出することによって加熱されたためである。また、台風に伴う風の分布は下層では低気圧性の循環になっており、上層に向かって低気圧性循環が弱まり対流圏上層では高気圧性の循環が見られる。気圧傾度は、地表面付近で最大であるが、地表面では摩擦力が大きいため、地表面摩擦の影響力が小さい850 hPa面で台風に伴う風速は最大となる。

300 hPa 等高度線		上層では明瞭な台風は見られないことが多く、高気圧性の循環が観察されることがある。
500hPa等高度線	（台）	台風の中心位置はほぼ垂直の位置関係にある
地上等圧線	（台）	気圧傾度は下層ほど大きく、上層ほど低気圧性循環が不明瞭になる

図4-10-1　台風の構造

台風の進路

台風は、上空の風向に沿って流される。この流れを指向流という。指向流の高度は概ね500 hPa面位であるが、台風の強さが強ければこれよりも上空、弱ければこれよりも下層に存在する。日本付近に来る台風は、一般に太平洋高気圧の縁辺の流れに流されて移動する。また、日本に接近した台風は、指向流の影響により台風の進行方向の右半円のが風速が強くなっ

§10. 台風

ている。

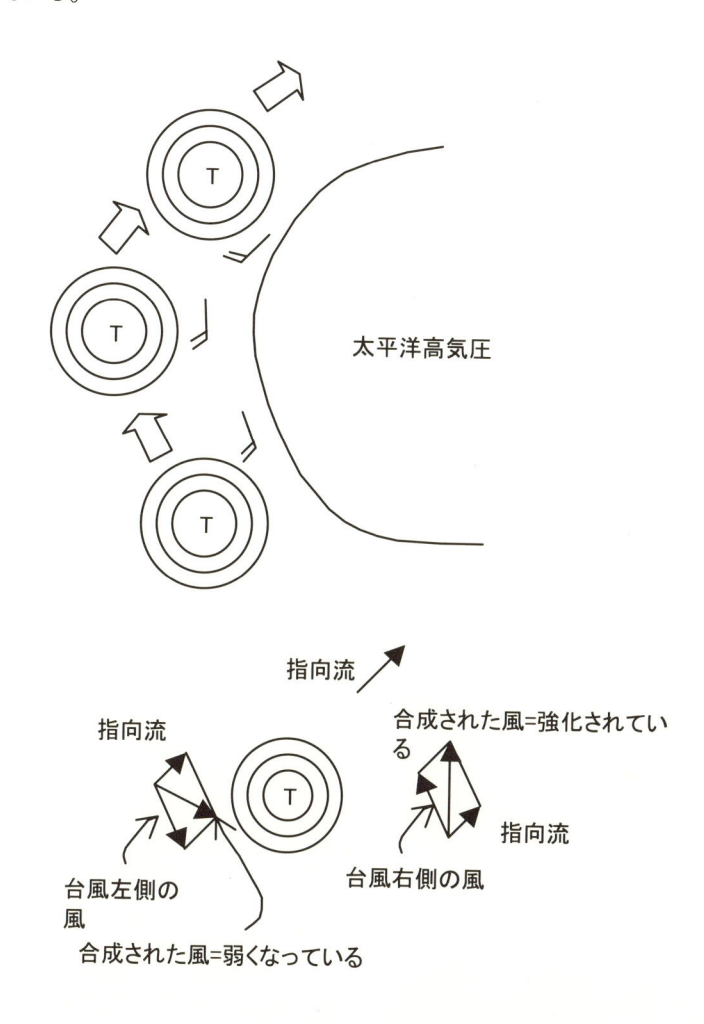

図4-10-2　日本付近の台風の流れ

[衛星画像]

　台風中心には眼があり（ない場合もある），これを取り巻くように積乱雲がらせん状に取り巻いている。赤外画像では，台風の中心から外側に向かって吹き出す雲が見られるが，
　これは上層の高気圧性循環に伴って発生した上層雲である。

246　第4章　実技試験対策

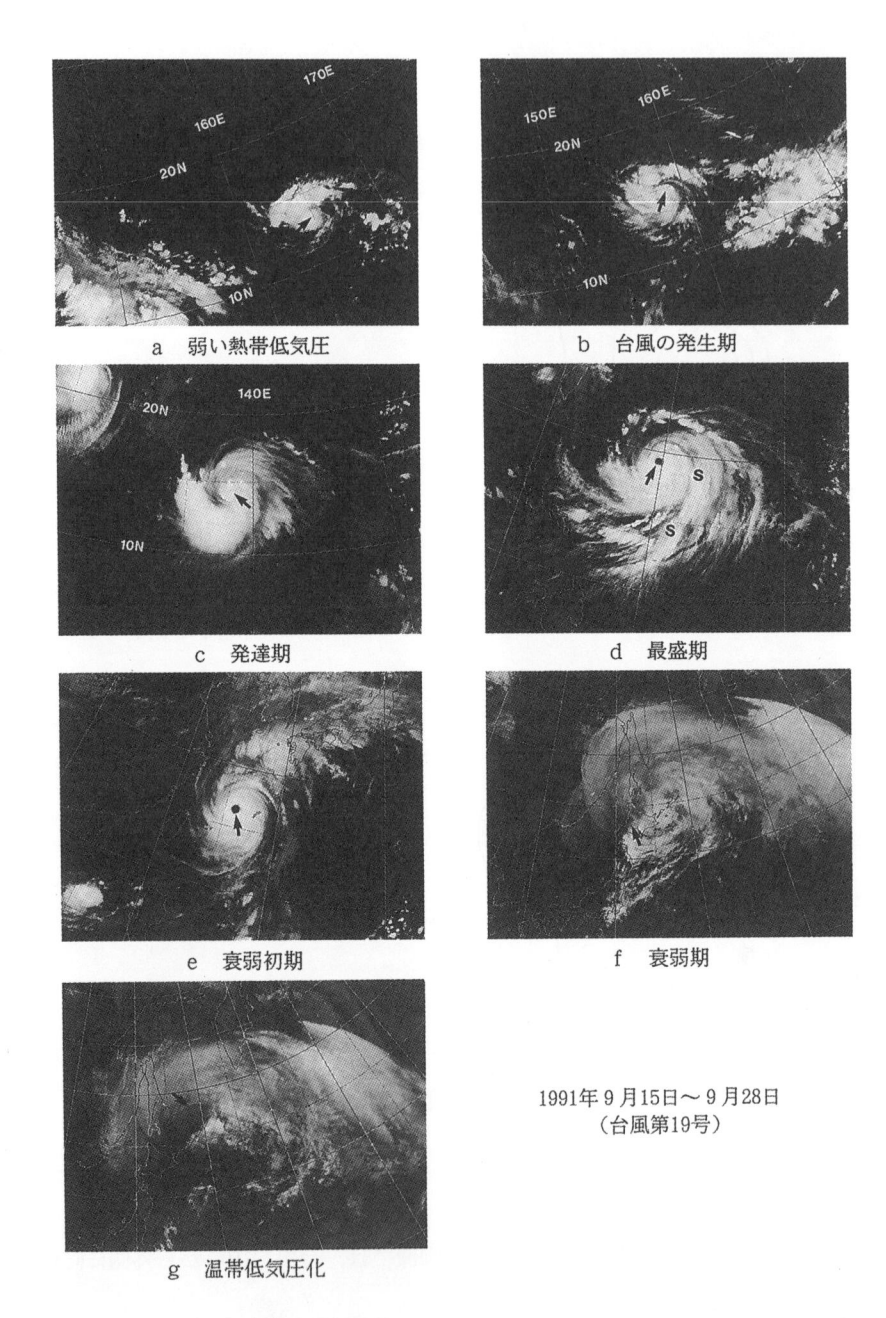

a　弱い熱帯低気圧
b　台風の発生期
c　発達期
d　最盛期
e　衰弱初期
f　衰弱期
g　温帯低気圧化

1991年9月15日～9月28日
（台風第19号）

図4-10-3　台風の気象衛星画像（気象FAX利用の手引き　日本気象協会）

§10. 台風

台風の温帯低気圧化

　台風が北上し，転向点で東向きに進路を変えると台風は，次第に温帯低気圧化する。この温帯低気圧化に伴う兆候は以下の通りである。まず，中心気圧は弱くなり，気圧配置も円形から楕円形状（北東から南西に長軸をもつ）になる。風や雨の分布も右半円がやや強いものの，台風の状態のときには，ほぼ同心円状に分布していたものが，次第に台風の北東側に強い風や雨域が明瞭に分布するようになる。また，地上台風の等圧線に対して，500hPaなどの上空の台風を示す低気圧性循環の等高度線が不明瞭になり，地上台風中心と上空の渦度極大域を結ぶ軸が，垂直であったものが北よりの方向に傾きはじめ，渦度の値も小さくなってくる。

　しかし，台風が温帯低気圧化しても，これに伴う気象現象が弱まるとは限らない。一般には，台風が温帯低気圧化すると暴風域や強風域は広がる傾向にある。

地上台風の中心に対して，上空の台風の中心や渦度極大域は鉛直な位置関係にある

台風が温帯低気圧化すると，気圧配置が同心円状から楕円形状になり，上空の台風を示す等高度線は不明瞭になる。また，渦管も北よりに傾く。

等高度線　等渦度線

500hPa 等高度線
等渦度線

鉛直

地上等圧線

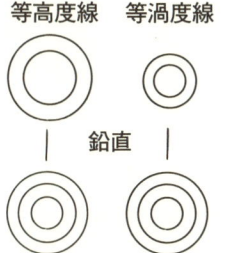

等高度線は不明瞭

北よりに傾く

雨域・風の分布もほぼ同心円状

強風域と強い雨域は北東（進行方向）よりになる

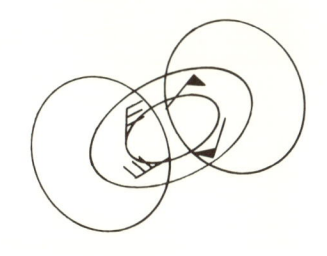

図 4-10-4　台風の温帯低気圧化

予報円と暴風警戒域

　台風の進路予報に用いられる予報円と暴風警戒域の関係は，以下の通りである。台風の予報図において，暴風警戒域が消滅するときは，台風が弱まって暴風域がなくなると予想されるということである。また，台風中心が予報円内に入る確率は70％である。

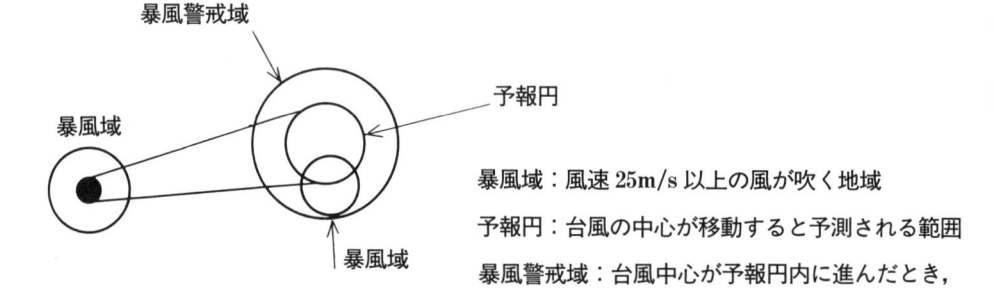

暴風域：風速25m/s以上の風が吹く地域
予報円：台風の中心が移動すると予測される範囲
暴風警戒域：台風中心が予報円内に進んだとき，暴風域になりうる範囲

図4-10-5　台風の予報円と暴風警戒域

台風の進路予想図

　進路予想図は，上述の予報円と暴風警戒域を72時間先まで示したものである。

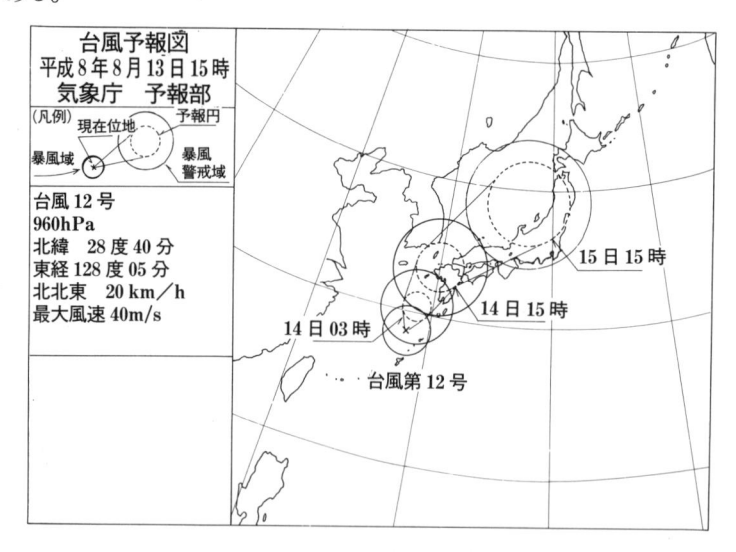

図4-10-6　台風の進路予想図（気象庁提供）

台風に伴う気象災害

台風に伴って，予想される気象災害は以下のようなものである。

▶大雨

台風に伴って積乱雲のらせん状のバンド（スパイラルバンド）が発達しているので，これに伴う大雨が予想される。また，台風が日本に接近するような場合は，斜面へ吹きつける湿った風が強制的に上昇させられることによって，降水が強化されることがある。

▶暴風

台風の中心が近づくほど風速は強まる（台風の中心の眼の部分では風速は弱い）。また，台風の進行方向の右半円では，指向流の影響により風速が強化されるので，特に注意する。

▶高潮

気圧が下がると，海面が持ち上げられる（気圧 1 hPa 下降で，海面約 1 cm 上昇）。台風では，中心気圧が非常に低くなるので，海面の上昇量も非常に大きい。特に満潮時刻と台風の中心の接近時刻が一致する場合は海面高が非常に高くなり危険である。

▶塩風害

風が強く，雨の少ない台風の場合には，海面からの塩分が地上に運ばれて塩風害をもたらし，農作物などに被害をもたらすことがある。

▶フェーン現象

強風が山地や斜面に吹きつけるときは，その風下側でフェーン現象が発生する。このため空気が乾燥し，火災発生の危険性がある。

プラスα　海面水温について

低気圧や台風等の激しい気象現象が海上にあるとき，暴風などの現象によって海水がよく混合される。このため水温の高い水面の海水とそれより下層の水温の低い海水が混合され，海面水温は混合がないときよりも低くなる。

§11. 冬季の日本海側に見られる筋状雲

key point
- 海上からの水蒸気補給によってできる筋状の雲の生成の仕組みを理解すること。
- 湿潤大気の収束により対流雲が発達することを理解すること。
- 筋状の対流雲列と収束雲列の衛星画像での特徴的な雲パターンを覚えておくこと。

筋状雲

　西高東低の強い冬型気圧配置の時，大陸から冷たい季節風が吹き出す。このとき下層から上層まで風向はほぼ同じであり，この風向に沿うようにして日本海海上に筋状の雲が発生する。これは，大陸から吹き出す冷たい空気が，相対的に暖かい日本海から顕熱と潜熱の補給を受け，下層で対流雲を発生させるためである。これが冬季の日本海上でよく見られる筋状雲である。

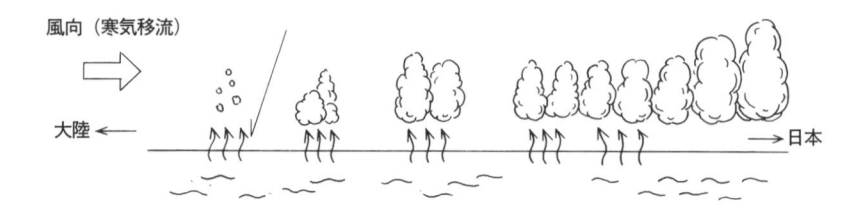

図 4-11-1　筋状雲の発生

帯状対流雲（収束雲）

　強い冬型気圧配置のときに大陸側から吹き出す季節風は，朝鮮半島にある山脈の効果によって分流され，日本海上で明瞭な収束線を形成する。この収束線に沿って対流雲が発達し，対流雲列が発生する。このように発生した雲を帯状対流雲（収束雲）という。

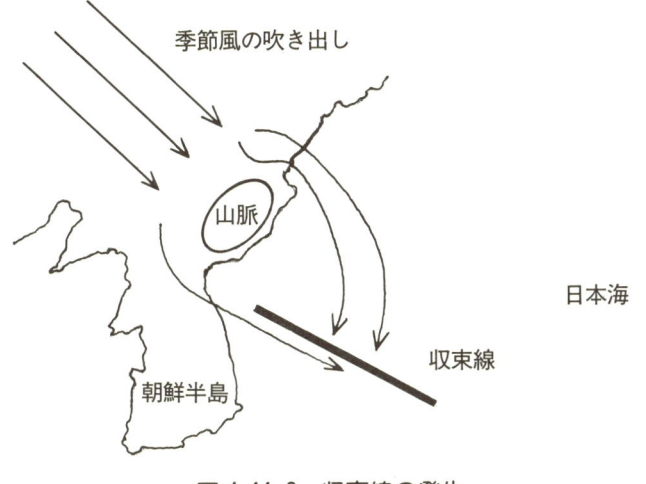

図 4-11-2　収束線の発生

衛星画像

　北西〜南東に伸びる明瞭な収束線に対応して対流雲列が観察される。この収束線の南側では，北西〜南東に向かって並ぶ筋雲列が，北側には北から南に向けて伸びる筋雲列が並んでいる。これらの筋雲列は大陸からの冷たい季節風の吹き出しに伴って，風向に沿って発生している（この際，風向の鉛直シアーは小さい）。この筋状雲は，寒気が相対的に暖かい日本海から熱と水蒸気の補給を受け，下層で対流活動が活発になったために生じた下層の対流雲列である。これらの筋状の雲列の間に生成されているのが収束雲で，鉛直に発達した対流雲列となっている。

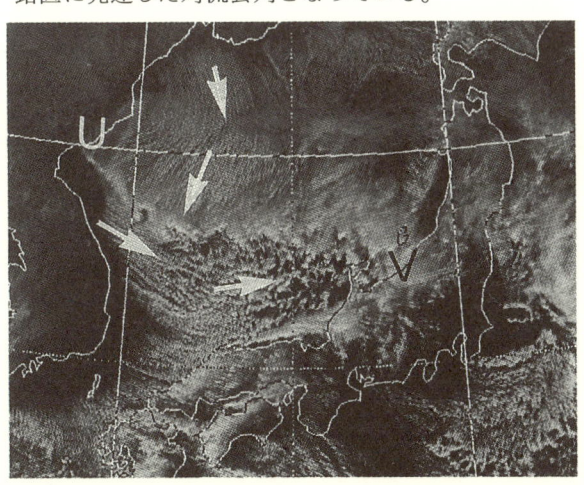

図 4-11-3　収束雲と筋雲列の衛星画像（前出気象の利用法 FAXpart II）

収束雲に伴う気象現象

　収束雲に伴って発達した対流雲が発生するので，日本海側の地方では大雪や落雷，突風に注意する必要がある。また，海上では異常な波浪が発生するので，船舶の航行などには十分警戒が必要である。

☕ コーヒーブレイク

実技試験の字数制限について

　気象予報士試験の実技試験では気象現象等について字数を指定して記述させる問題が必ず出題される。問題の形態は「〜について○○字程度で述べよ。」というものである。このときの字数制限は○○字以内というものではなく，解答用紙の解答欄は余裕を持った桝目になっている。桝目はかなり余裕を持っているので，これを全て埋めてしまうようでは解答としてはまとまりを欠いていると考えた方がよい。一般的には制限字数の80〜120％程度に収めるのが無難である。

§12. 気象災害

key point
・気象災害に結びつく激しい気象現象とそのとき発生する気象災害の関係をつかんでおくこと。

発達した積乱雲に伴う現象

発達した積乱雲に伴い，落雷・降雹・突風・短時間強雨などの警戒が必要である。

大雨

低気圧や寒冷渦などの現象が停滞したり，同じ地域に暖湿気流の移流が続くなどして，対流雲が同じ地域に繰り返し発生するような場合，大雨になる可能性が高い。大雨に伴って，地すべりや土砂崩れ，河川の増水や氾濫，低地の浸水等の現象を警戒する必要がある。

短時間強雨

短時間強雨に伴って，中小河川の氾濫やがけ崩れなどの現象が起こりうるので警戒が必要である。

強風

低気圧の発達に伴い特に警戒すべき現象は大雨と強風である。このうち強風は，気圧傾度が大きい程発生しやすい。25～30ノットは強風注意報の目安になる(地域によって基準は異なる)。また，強風に伴い海上では波が高くなるので高波に警戒する。

波浪

波浪とは，風浪（風による波）とうねり（風が止んでも続く波・遠くから伝播する波）を合わせたものをいう。一般に有義波高が3m以上になると波浪注意報が，6m以上になると波浪警報としている気象台が多い。波浪注意報程度の状態を「しけ」，波浪警報程度の状態を「大しけ」とも呼ぶ。

大雪

　　日本海側の地方で顕著な現象である。太平洋側では，日本海側に比べて降雪量が少なくても，降雪の機会が少ないので少ない降雪量でも災害に結びつきやすい。降雪と強風が同時に起こる現象を風雪といい，また，降雪と地ふぶき（風により積もった雪が巻き上げられ発生する。乾燥した雪に対して発生）が合わさるとふぶきになる。

着氷・着雪

　　船舶や航空機の航行に影響を与える現象に着氷がある。これは，過冷却水滴や海水が船体などに付着し凍りつく等して発生するものである。また，電線などに雪が付着（着雪）すると雪が落ちる等して過剰な振動が起こり電線を切ることがある。さらに着雪は，りんごの生育等農作物にも被害をもたらす。

霧

　　霧によって視界が悪くなるので交通機関には大きな影響が出る。地上では高速道路の速度規制や鉄道にもダイヤの乱れが生じる。海や空でも船舶や航空機の欠航等運行に障害が出る。

台風に伴う現象

　　詳細は台風の節で述べたが，台風に伴って，暴風・大雨・高潮・塩風害等に注意する。

フェーン現象に伴う現象

　　フェーン現象に伴い空気が乾燥するので，火災が発生しやすくなるので警戒が必要である。

低温，日照不足

　　オホーツク海高気圧等の影響により北東からの冷たい気流が流れ込むと低温や下層雲の増加による日照不足などの現象が発生する。これらの現象は農作物の生育に悪影響を与え，農家に被害をもたらす。

なだれ

　　斜面に積もった雪が急激に崩落する現象をいうが，その発生の仕方によ

って表層なだれと全層なだれに区分される。表層なだれは、これまでに降り積もった雪の上に新雪が降り積もった時にこの新雪の部分のみが崩れ落ちたり、湿った雪が降り積もった後にその表面の層のみが崩れ落ちる現象である。前者は乾燥した状態で、後者は湿潤な状態で発生する。これに対し、降り積もった雪の上に大量の新雪が降り、その重みでそれまで積もっていた積雪も含めて崩落したり、雪が降り積もった所に降水があり、地面と雪の層に水が流れて縁が切れて積もっていた雪が崩落するような現象を全層なだれという。これも前者は乾燥した状態で、後者は湿潤な状態で発生する。

融雪洪水

積雪の多い地域で気温が上がり雪が解けることによって、なだれだけでなく融雪による洪水の危険性もある。

§13. 模擬問題

【問1】次の資料を基に以下の問に答えよ。

図1　地上気圧・降水量・風12時間予想図（上），24時間予想図（下）
図2　850 hPa 風・気温，700 hPa 鉛直 p 速度
　　　12時間予想図（上），24時間予想図（下）
図3　500 hPa 高度・渦度12時間予想図（上），24時間予想図（下）
図4　850 hPa 風・相当温位12時間予想図（上），24時間予想図（下）
図5　地上24時間予想天気図

(1)図1において12時間後に九州北西沖に位置すると予想されている低気圧は24時間後には中心気圧が4 hPa低下し，東海地方に達すると予想される（図5）。この低気圧は今後発達するかどうかを答えよ。

(2)問1でそう答えた根拠を180字程度で解答せよ。

(3)初期時刻から24時間後には東海地方や四国地方にやや強い降水が予想されている。この降水が雨になるか雪になるかを予想せよ。

(4)(3)でそう答えた根拠を30字程度で答えよ。

(5)図5では低気圧に伴って前線が解析されている。この前線が解析された根拠を他の図を用いて各前線毎にそれぞれ60字程度で説明せよ。

§13. 模擬問題

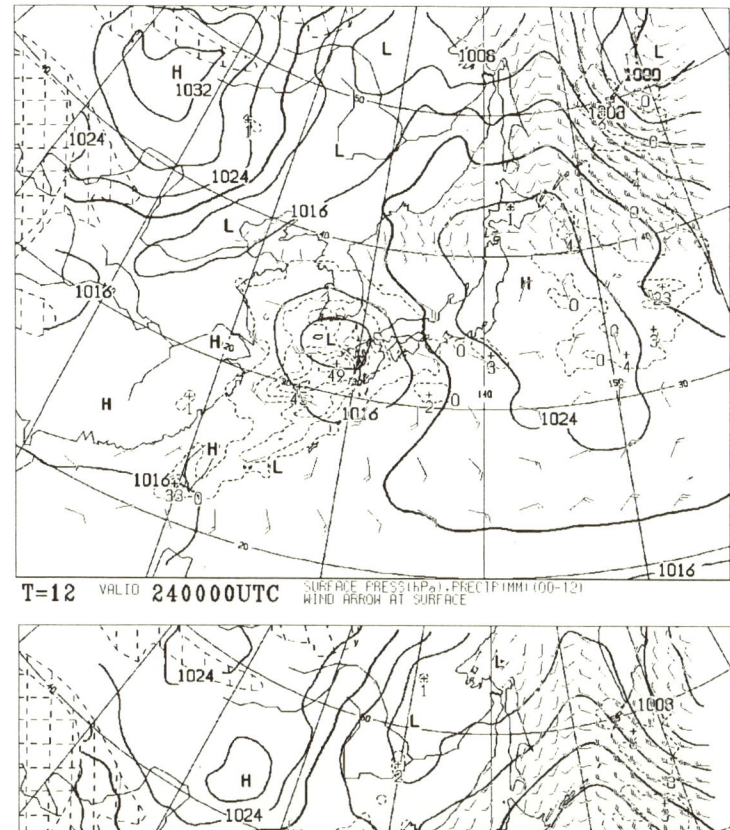

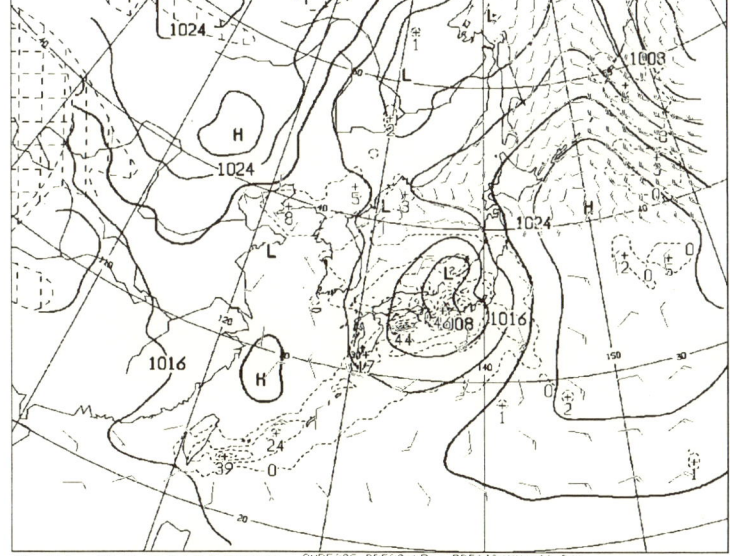

【問1】

図1 地上気圧・降水量・風 12 時間予想図(上)，24 時間予想図(下)

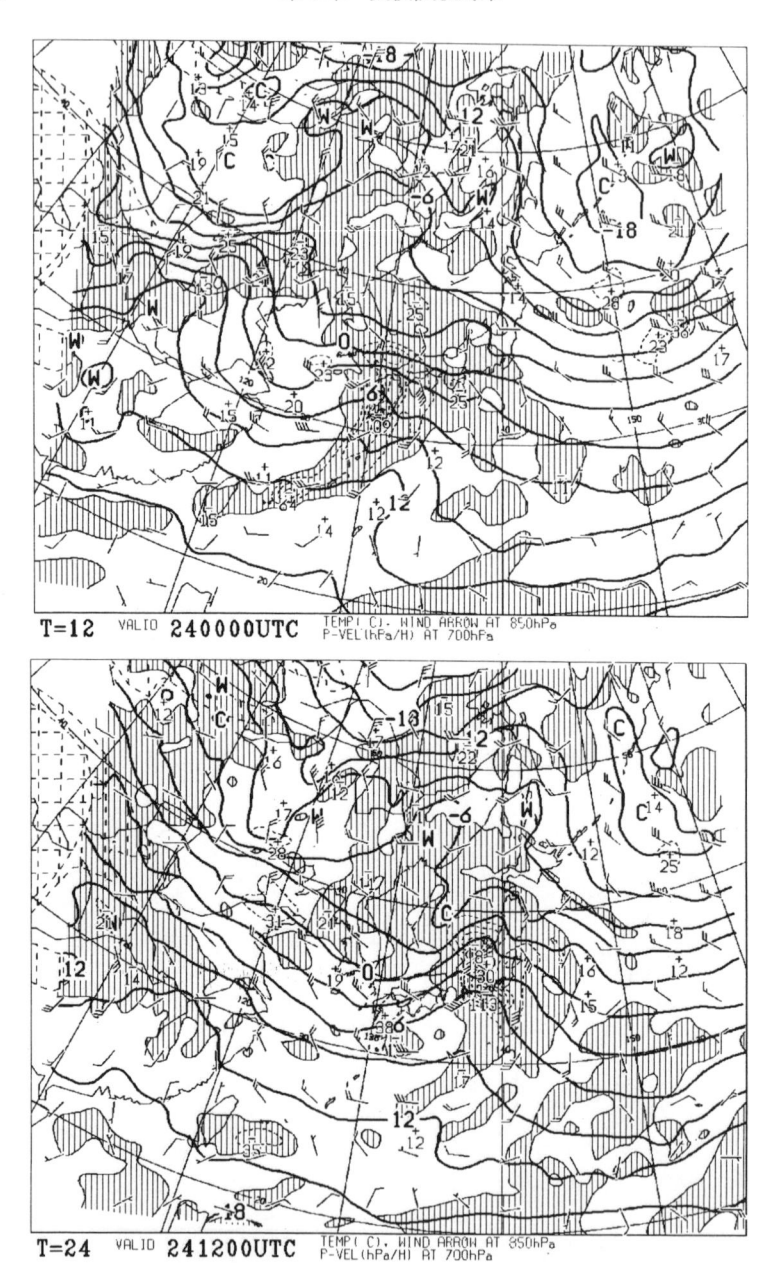

図2 850hPa風・気温, 700hPa鉛直P速度, 12時間予想図(上), 24時間予想図(下)

§13. 模擬問題　　　　　　　　259

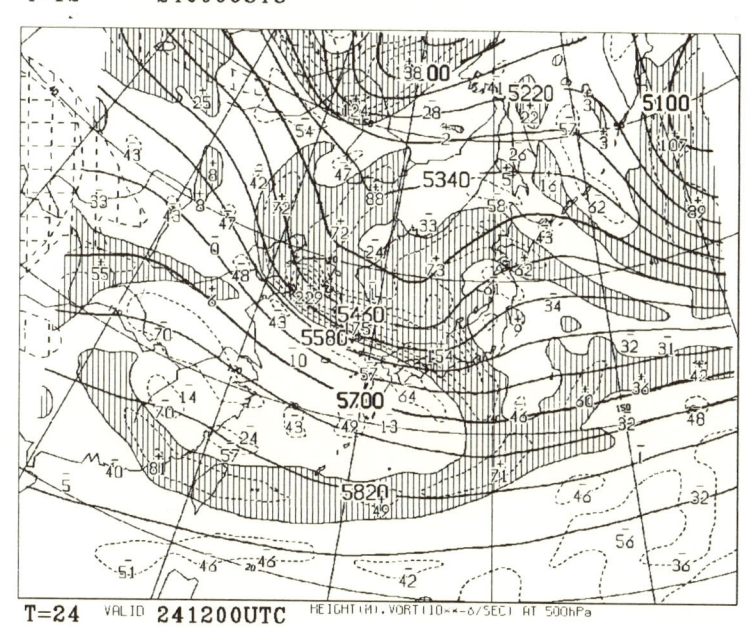

図3　500 hPa 高度・渦度 12 時間予想図(上)，24 時間予想図(下)

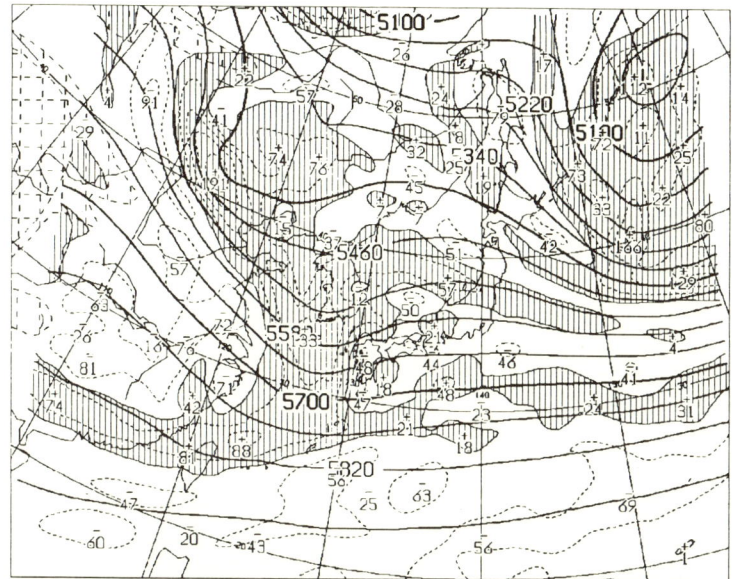

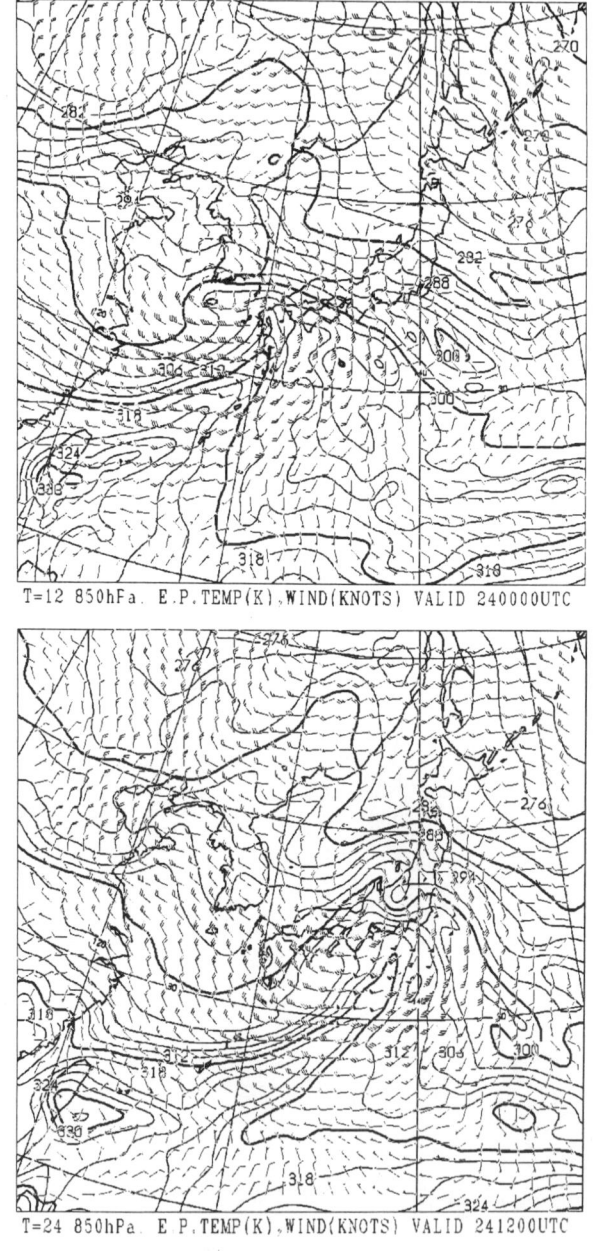

図4　850hPa風・相当温位12時間予想図（上），24時間予想図（下）

§13. 模擬問題　　　　　　　　　　　　261

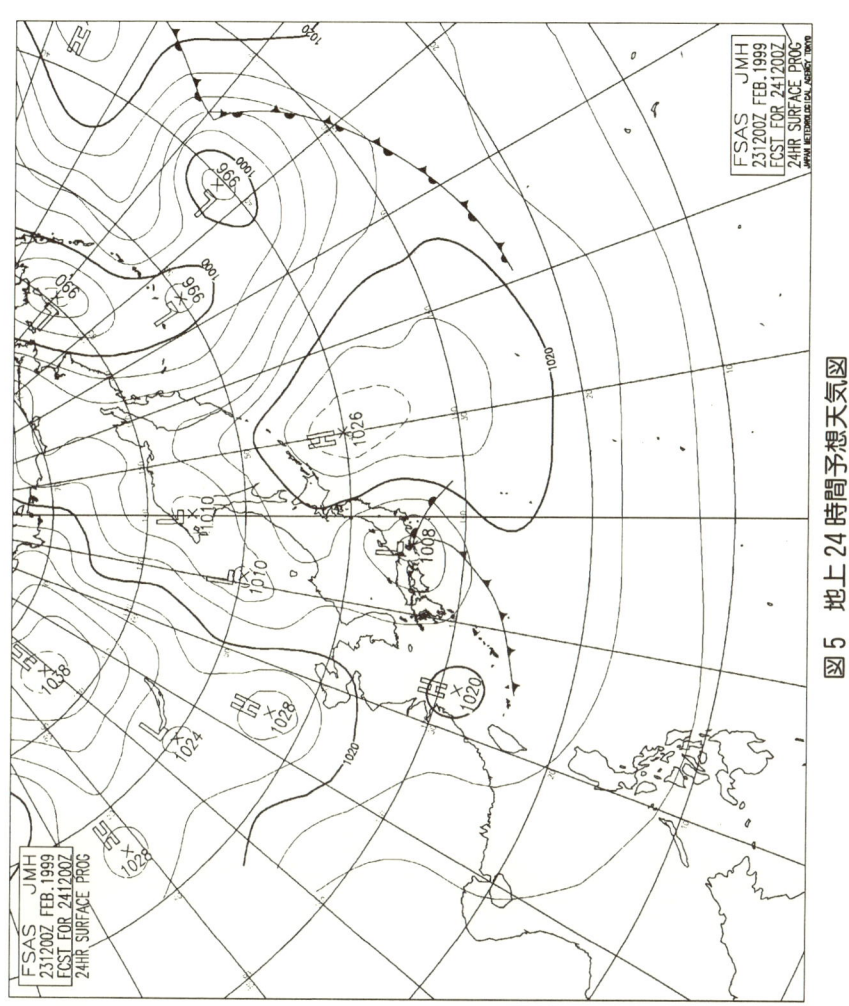

図5 地上24時間予想天気図

解答

(1) 発達する。

(2) 大局的に見て 850 hPa 面においては低気圧の東側（前面）で暖気移流，西側（後面）で寒気移流が予想されており，700 hPa 面においても低気圧の東側（前面）では暖気の上昇流，西側（後面）では寒気の下降流が予想されている。さらに地上低気圧に対して 500 hPa 面での正渦度の極大域が西に存在すると予想されている。このため低気圧はさらに発達すると予想される。

(3) 雨

(4) 850 hPa の気温分布が 3～6 ℃程度であるため，降水は雨になると予想される。

(5) 温暖前線
　850 hPa 面の 303～309 K 等相当温位線集中帯の暖気側で 850 hPa 面での南西風と南～南東よりの風の風向シアー及び地上気圧の谷線。

　寒冷前線
　850 hPa 面の 306～318 K 等相当温位線集中帯の暖気側で 850 hPa 面での北西風と南西風の風向シアー及び地上気圧の谷線，地上の列状に並んだ降水域。

[解説]

(2) 低気圧が発達中かどうかの状況は地上から・上層にかけての状況を見ることによって分かる。それぞれの気圧面でのポイントは以下の通りである。

地上…低気圧中心気圧の増減
850 hPa 面…低気圧の前面・後面での温度移流状況
700 hPa 面…低気圧の前面・後面での上昇流・下降流の状況
500 hPa 面…渦管が西傾しているかどうか

(4) 降水の雨雪判別には 850 hPa 面の気温が $-6\,°C$ 以下かどうかがひとつの指標になる。但し，地上の気温や湿度によっても影響を受けるのでいつも 850 hPa 面のみで判断してしまわないようにする。

(5) 前線の判別は以下のポイントから考える。

地上…気圧の谷線，風向シアー，降水分布
850 hPa 面…等温線・等相当温位線集中帯の暖気側・風向シアー
衛星画像…対流雲列（特に寒冷前線）
500 hPa 又は 300 hPa…ジェット気流の強風軸の南側
その他にも 700 hPa の上昇流の分布状況なども参考になる。

【問1】解説(2)

700 hPa 上昇流域

850 hPa 寒気移流

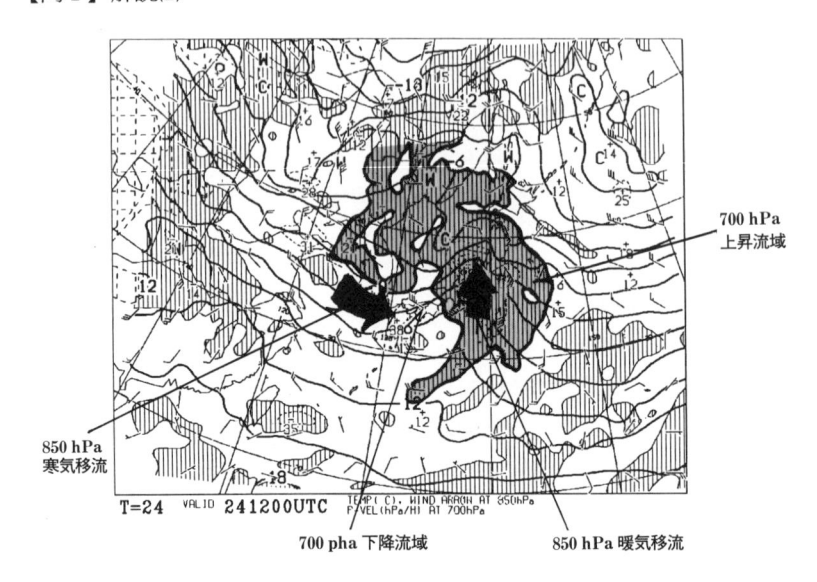

700 pha 下降流域　　　850 hPa 暖気移流

図2　＜850hPa風・気温，700hPa鉛直p速度24時間予想図＞

解説　(4)の図

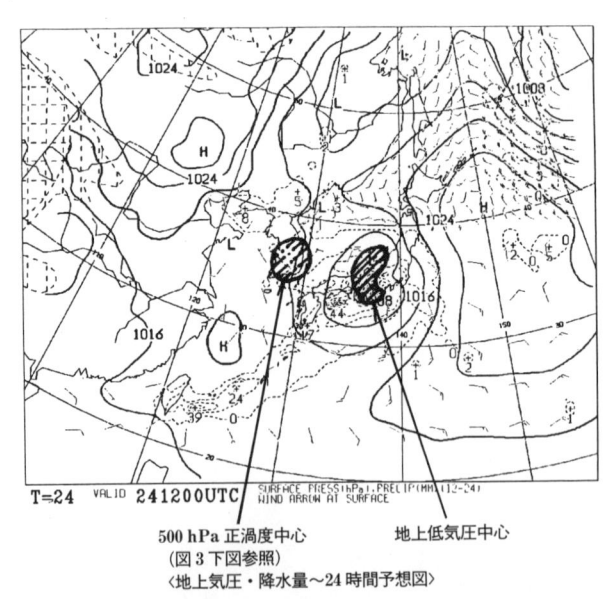

500 hPa 正渦度中心　　地上低気圧中心
(図3下図参照)
〈地上気圧・降水量〜24時間予想図〉

図1　＜地上気圧・降水量・風24時間予想図＞

解説

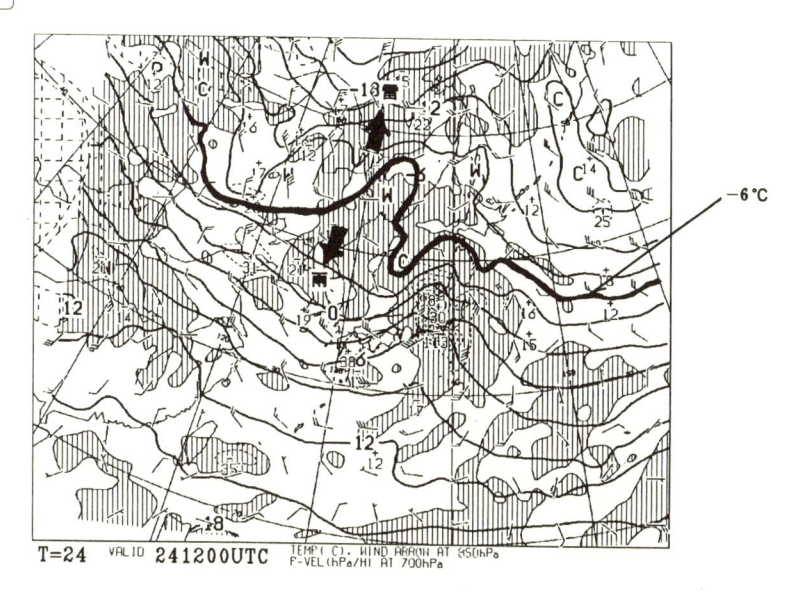

<850hPa 風・気温，700hPa 鉛直p速度 24 時間予想図>

解説 (5)

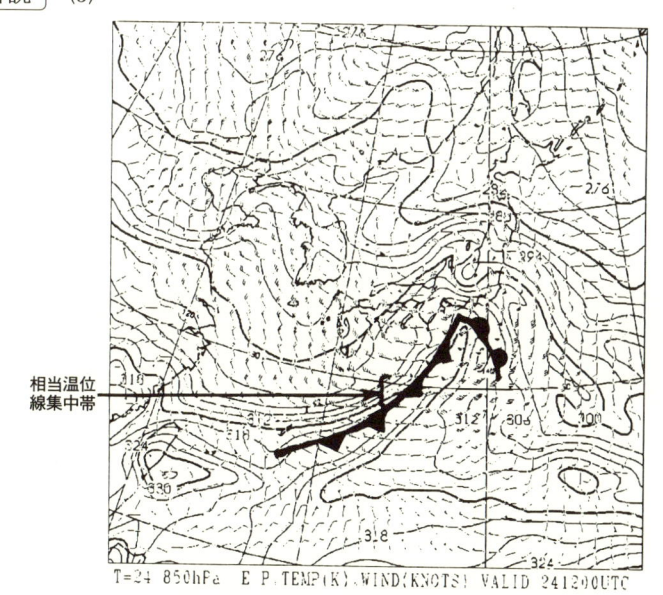

相当温位
線集中帯

<850hPa 風・相当温位 24 時間予想図>

【問2】次の資料を基に以下の問に答えよ

図1　地上気圧・降水量・風 12 時間予想図
図2　500 hPa 高度・渦度 12 時間予想図
図3　850 hPa 風・気温，700 hPa 鉛直 p 速度 12 時間予想図
図4　500 hPa 気温・700 hPa 湿数 12 時間予想図

(1)　図1において東北地方の東海上に低気圧が予想されている。この低気圧の今後の発達状況について予想せよ。

(2)　(1)でそのように答えた理由を150字程度で答えよ。

【問2】

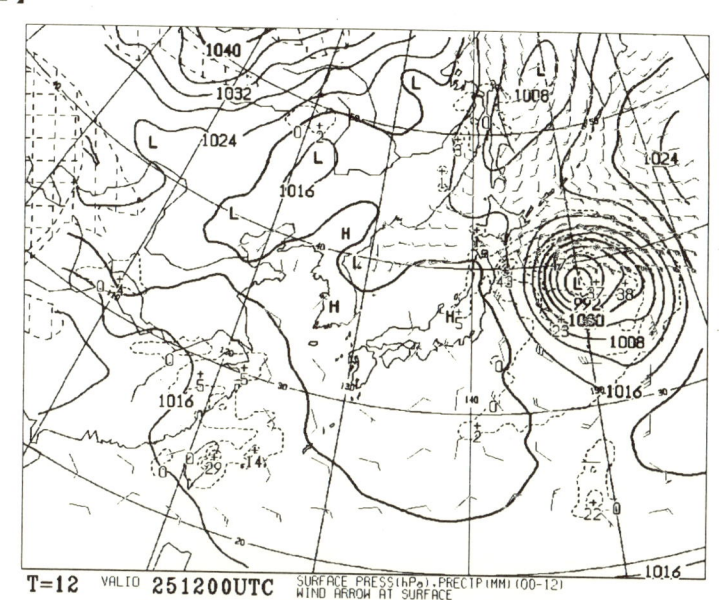

図1 地上気圧・降水量・風12時間予想図

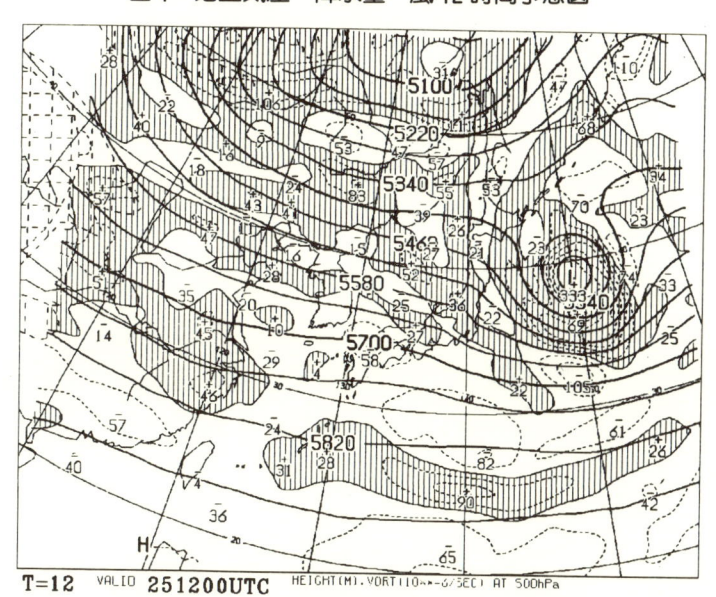

図2 500hPa高度・渦度12時間予想図

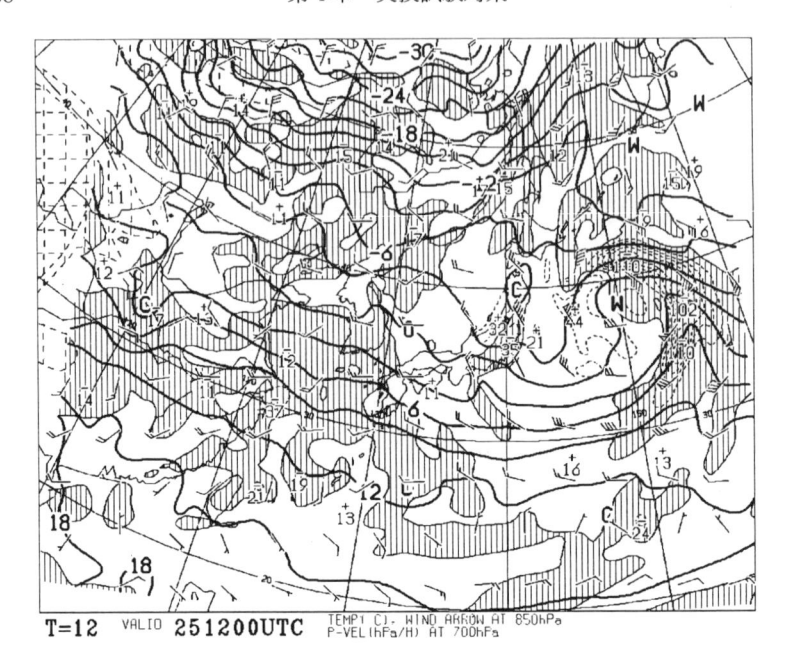

図3 850hPa風・気温，700hPa鉛直p速度12時間予想図

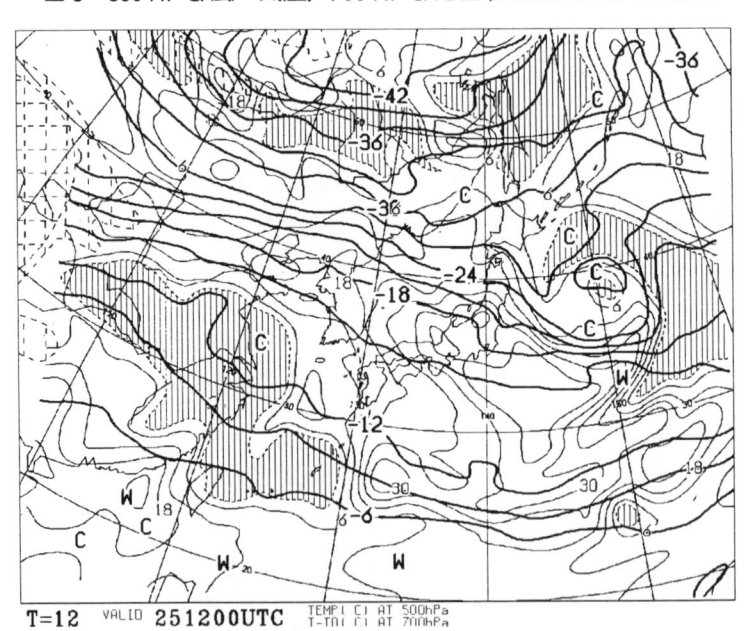

図4 500hPa気温・700hPa湿数12時間予想図

解答

(1) 閉塞過程で最盛期である

(2) 500 hPa 低気圧中心と地上低気圧の中心がほぼ同じ位置にあり渦管は鉛直な状態にある。700 hPa の湿数が大きい乾燥した下降流域が低気圧中心に入り込む分布となり，850 hPa 面では暖気移流が低気圧前面から低気圧北側へ，寒気移流が低気圧後面から低気圧南側へ回り込む分布となっている。

[解説]

(2) 低気圧の閉塞過程では以下のポイントに注目する。
- 地上天気図の閉塞前線の存在。
- 地上気圧があまり変化しなくなる。
- 850 hPa 面の暖気が低気圧北側へ寒気が低気圧南側へ回り込む。
- 700 hPa 面の乾燥・下降流域が低気圧中心に入り込む（ドライスロット）。
- 500 hPa 面の低気圧中心または正渦度極大域と地上低気圧中心が鉛直な位置関係にある。
- 衛星画像でも低気圧中心に乾燥域が認められる。

§13. 模擬問題

【問2】解説
(1), (2)

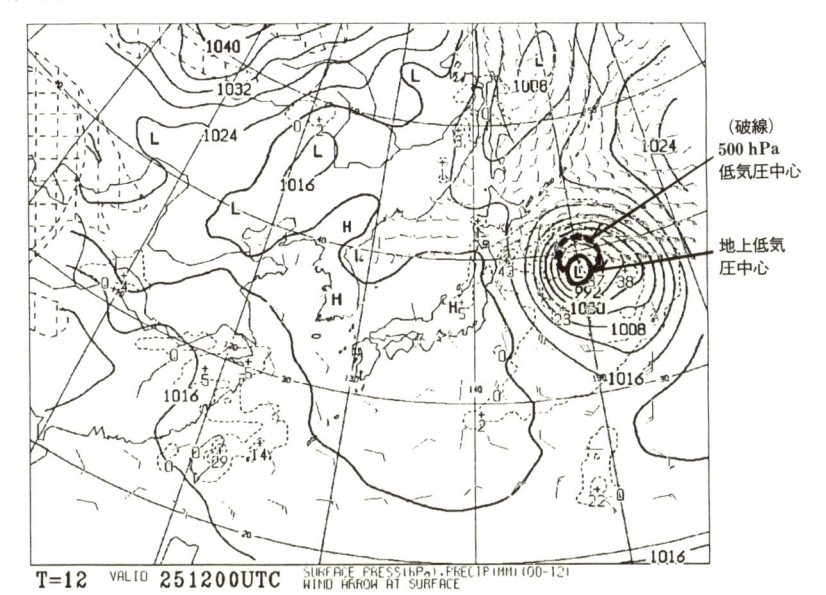

<地上気圧・降水量・風12時間予想図>

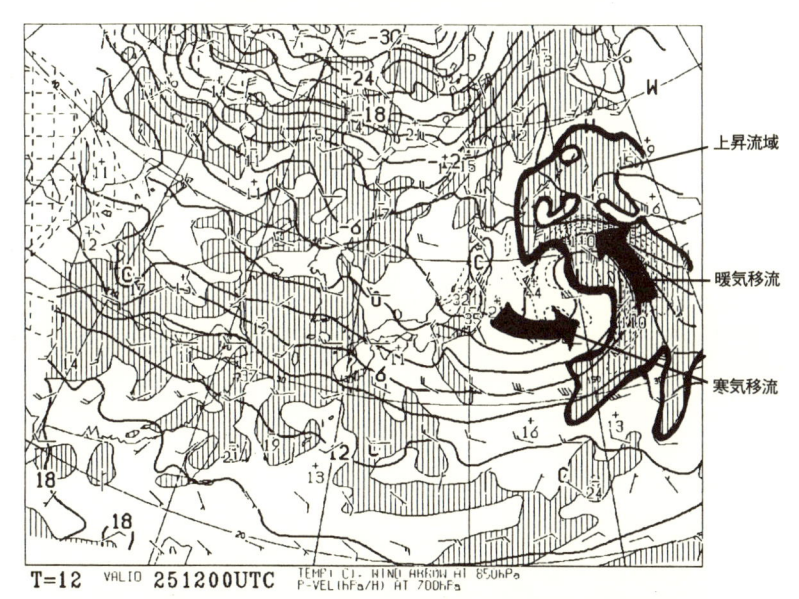

<850hPa風・気温, 700hPa鉛直p速度12時間予想図>

【問3】次の文章の（ ）内を埋めて文章を完成せよ。

　　冬季の一般的な気圧配置は(ア)である。このような気圧配置の場合には大陸側から季節風が吹き出す。この大陸からの風は相対的にみて日本海の海面水温よりも気温が(イ)。そのためこの大陸から流れ込む大気は日本海海上から(ウ)や(エ)の補給を受け，(オ)で(カ)を形成する。こうした現象は気象画像でも(キ)として確認できる。

(ア)　西高東低型　北高型　東高西低型　南北型
(イ)　高い　低い　変わらない
(ウ)　顕熱　冷却熱
(エ)　水蒸気　乾燥大気　該当なし
(オ)　下層　中層　上層
(カ)　層状雲　対流雲
(キ)　層状雲域　筋状の雲列　渦状の雲域

|解答|

(ア)　西高東低型　(イ)　低い　(ウ)　顕熱　(エ)　水蒸気
(オ)　下層　(カ)　対流雲　(キ)　筋状の雲列

§13. 模擬問題   273

【問4】次の文章の（　）内に語句を入れ，文章を完成させよ．

　台風は，熱帯地方等で発生する熱帯低気圧の内最大風速が(ア)以上のものである．台風は大きさと強さによって分類され，例えば風速15 m以上の半径が350 km，中心付近の最大風速35 mであれば台風の大きさの階級は「(イ)」で，強さの階級は「(ウ)」となる．

　台風を発達させるエネルギーは海洋から供給される(エ)と(オ)である．このため台風が北上し海面水温が(カ)箇所に達し，(エ)，(オ)の補給が減少したり，陸上に上陸して(キ)が増加すると台風はエネルギー源を失い衰退する．

　台風の構造は，台風が活発な頃は台風の中心位置が下層から上層までほぼ同じ位置にある．また台風の中心付近の気温に比べて(ク)．これは，台風の中心付近では(ケ)によって湿った大気が(エ)を放出するためである．また，台風の上層では(コ)の循環が見られる．

　台風の転向点で方向を変えると台風は次第に(サ)に変わる．このとき上層の正渦度の中心は地上の(サ)の中心に対して(シ)に傾き正渦度の大きさも(ス)なる．

　台風に伴って(セ)，(ソ)，(タ)といった気象災害が予想される．特に(タ)は満潮時刻と台風の中心の接近時刻が一致したときに著しくなるので十分な警戒が必要となる．

　台風の進路予想図には(チ)と(ツ)の2つの円が描かれている．(チ)は台風中心が移動すると予想される範囲で，この中に台風の中心が入る確立は(テ)である．

解答

(ア)　17.2 m/s　(イ)　中型（並の大きさ）　(ウ)強い
(エ)　潜熱　(オ)　顕熱　(カ)　低い　(キ)　地面摩擦
(ク)　高い　(ケ)　上昇流　(コ)　時計回り（高気圧性）
(サ)　温帯低気圧　(シ)　北東より　(ス)　小さく
(セ)　大雨　(ソ)　暴風　(タ)　高潮　(チ)　予報円
(ツ)　暴風警戒域　(テ)　70 %
※(セ)，(ソ)は順不同

【問5】以下の問に答えよ。

(1) ある日の地上実況天気図を見たところ，A，B，C 3地点の気象状況は以下のように表現されていた。この情報からA，B，C 3地点の現在天気・全雲量（8分量）・海面気圧（hPa）・気温（℃）・風向（16方位）・風速（kt）を読み取り答えよ。

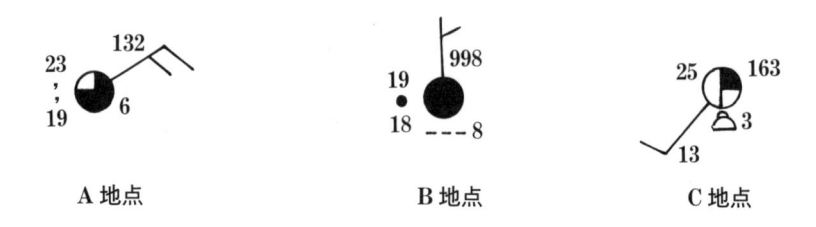

A 地点　　　　　　B 地点　　　　　　C 地点

(2) 図1はある日のレーダーエコー合成図である。図において囲まれた(イ)〜(ニ)の領域について最大の降水強度と高度を読み取り答えよ。

§13. 模擬問題   275

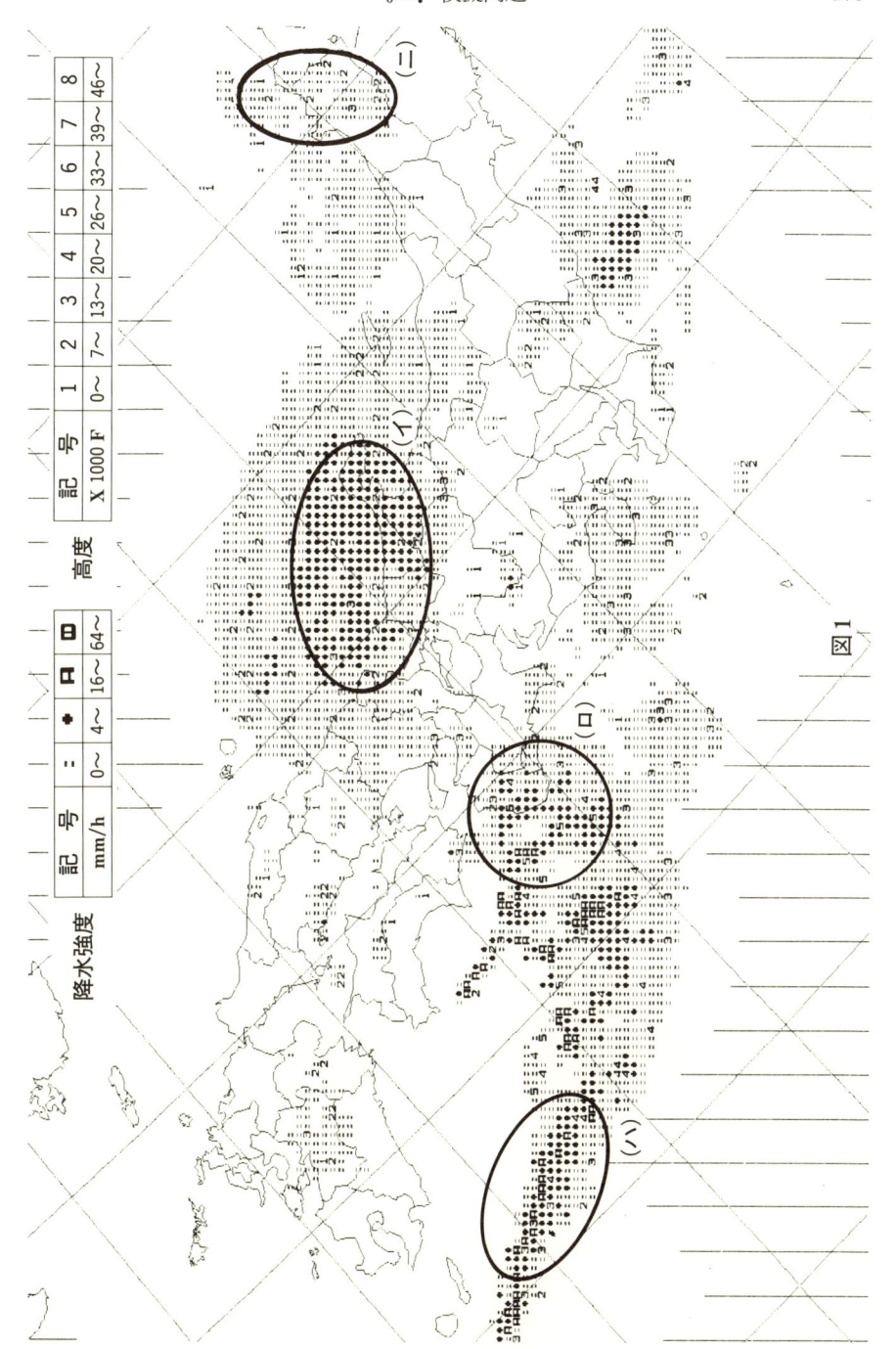

記号	X 1000 F	1	2	3	4	5	6	7	8
高度		0〜	7〜	13〜	20〜	26〜	33〜	39〜	46〜

記号	mm/h	∷	＋	日	目
降水強度		0〜	4〜	16〜	64〜

図1

解答

(1)

	A 地点	B 地点	C 地点
現在天気	並の霧雨。前1時間に止み間あり。	弱い雨。前1時間に止み間あり。	晴れ
全雲量（8分量）	6	8	3
海面気圧（hPa）	1013.2	999.8	1016.3
気温（℃）	23	19	25
風向（16方位）	東北東	北	南西
風速（kt）	15	5	10

(2)

	降水強度（mm/h）	高度（×1000 F）
(イ)	4〜16	13〜20
(ロ)	16〜64	26〜33
(ハ)	16〜64	20〜26
(ニ)	0〜4	13〜20

（参考文献）

一般気象学　小倉義光著　東京大学出版会

最新　天気予報の技術　天気予報技術研究会編　東京堂出版

新・天気予報の手引き　安斎政雄著（財）日本気象協会

大気科学講座（全4冊）東京大学出版会

気象予報士試験問題と正解（第1回〜第10回）（財）気象業務支援センター

気象FAXの利用法（財）日本気象協会

気象FAXの利用法 Part II（財）日本気象協会

気象の大百科　二宮洸三　新田尚　山岸米二郎共編　オーム社

気象予報士のための天気予報用語集　新田尚監修　天気予報技術研究会編　東京堂出版

最新天気予報技術講習会教材（第1分冊）（財）気象業務支援センター

最新天気予報技術講習会教材（第2分冊）（財）気象業務支援センター

　　　　　　　　　　　　　　　　　　　　　　　　　　　以　上

(添付資料2：日本付近地図)

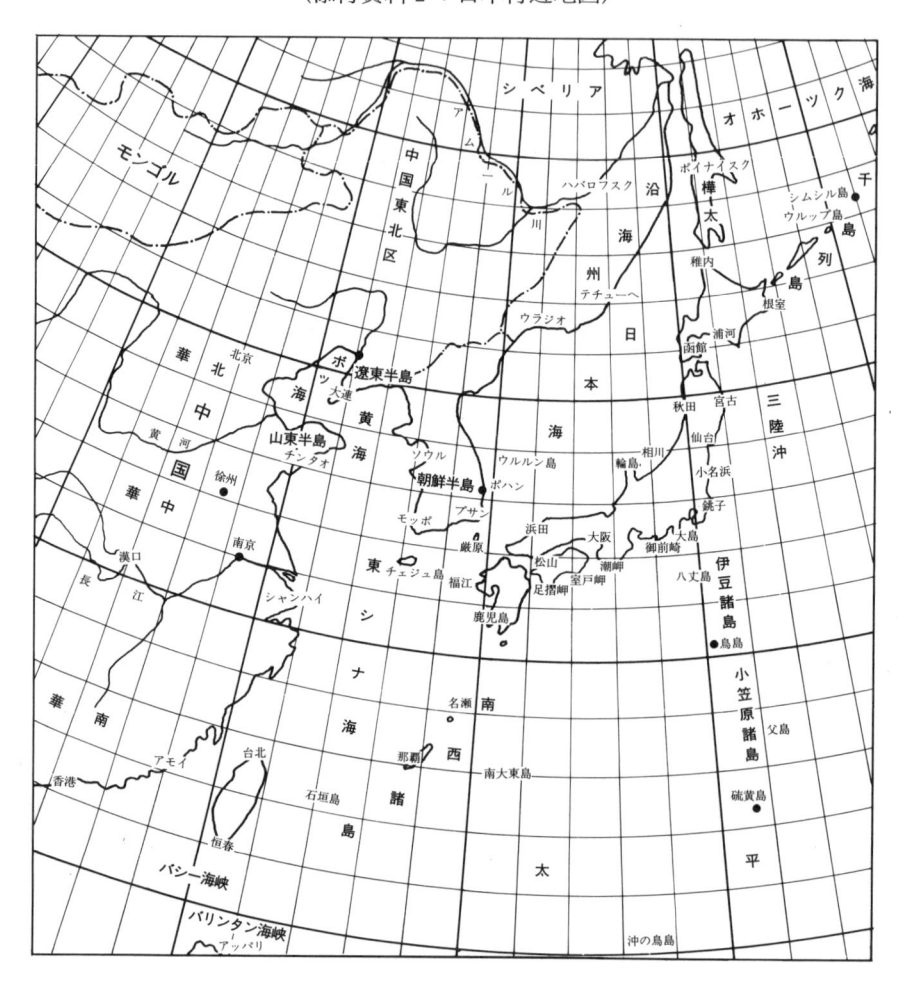

著者略歴

浅野 祐一（あさのゆういち）
1995年3月　慶應義塾大学大学院修士課修了
1998年10月　気象予報士試験合格

よくわかる！　気象予報士試験

編　著	浅野祐一
印刷・製本	㈱太洋社

発行所	株式会社 弘文社	〒546-0012 大阪市東住吉区中野2丁目1番27号 ☎　(06) 6797—7441 FAX (06) 6702—4732 振替口座 00940-2-43630 東住吉郵便局私書箱1号
代表者	岡崎　達	

落丁・乱丁本はお取り替えいたします。